前端架构师

基础建设与架构设计思想

侯策／著

电子工业出版社
Publishing House of Electronics Industry
北京·BEIJING

内 容 简 介

快速发展的红利、优胜劣汰的挑战、与生俱来的混乱、同混乱抗衡的规范……这些都是前端从业者无法逃避的现状。有人说，做好业务支撑是活在当下，而做好技术基建是活好未来。当业务量到达一定量级时，成为"规范制定者"，成为"思考者"，像"架构师"一样思考问题，才能最终成为"优胜者"。

本书内容不是简单的思维模式输出，不是纯粹"阳春白雪"的理论，也不是社区搜索即得的 Webpack 配置罗列和原理复述，而是从项目痛点中提取出的基础建设的意义，以及从个人发展瓶颈中总结出的工程化架构和底层设计原理。本书不仅能帮助开发者夯实基础，还能为开发者实现技术进阶提供帮助和启发。

图书在版编目（CIP）数据

前端架构师：基础建设与架构设计思想 / 侯策著. —北京：电子工业出版社，2022.8
ISBN 978-7-121-43982-7

Ⅰ. ①前… Ⅱ. ①侯… Ⅲ. ①程序设计 Ⅳ.①TP311.1

中国版本图书馆 CIP 数据核字（2022）第 127492 号

责任编辑：孙奇俏
印　　刷：三河市君旺印务有限公司
装　　订：三河市君旺印务有限公司
出版发行：电子工业出版社
　　　　　北京市海淀区万寿路 173 信箱　　　邮编 100036
开　　本：787×980　　1/16　　印张：23.5　　字数：526.4 千字
版　　次：2022 年 8 月第 1 版
印　　次：2022 年 8 月第 2 次印刷
定　　价：108.00 元

凡所购买电子工业出版社图书有缺损问题，请向购买书店调换。若书店售缺，请与本社发行部联系，联系及邮购电话：（010）88254888，88258888。

质量投诉请发邮件至 zlts@phei.com.cn，盗版侵权举报请发邮件至 dbqq@phei.com.cn。

本书咨询联系方式：（010）51260888-819，faq@phei.com.cn。

赞　誉

在我近十年策划会议的职业生涯里，每每和会议听众了解前端需求，总会听到他们抱怨"轮子太多""框架太新""学不过来"……但我在和讲师们及联席主席沟通时发现，他们其实始终在关注那些"不变"的，前端始终"万变不离其宗"——永远是为用户界面服务的，永远是为提升生产效率服务的。这是工程化要解决的问题，抓住工程化这条主线，用规范、工具和框架解决前端开发及前后端协作的问题，才能保证自己立于不败之地。

非常庆幸看到这本书出现，作者通过对真实的项目经验进行总结，帮助业界归纳出避免混乱和提升效能的行之有效的方法，以及实现前端工程化的锦囊妙计。希望拿到本书的读者能学以致用，让前端技术发挥更大的价值。

全球软件案例研究峰会（TOP100Summit）内容主理人、msup 研究院院长，赵强

现代 Web 开发日益复杂化和多元化，前端工程化已成为复杂业务中不可或缺的提效方案。本书从工程化角度切入，延伸到前端架构设计领域，既包含理论知识，也有大量真实案例。在前端开发尚未形成最佳范式的背景下，本书可以帮助我们在业务需求和架构设计中寻找团队降本增效的方法论和创新灵感。

DCloud CTO、uni-app 产品负责人，崔红保

近几年，基于前端技术开发的应用已渗透到越来越多的场景，这也对前端工程化基建和前端应用架构提出了更多的挑战。本书比较系统地介绍了前端工程化基建领域的关键场景和相关生态，并且结合作者多年的从业经历，分享了现代化前端工程架构的实践方案，相信可以为读者带来一些新的启发。

字节跳动软件工程师，李玉北

每个前端工程师都有一个架构师的梦，然而很多前端工程师在日复一日、年复一年的业务代码中遇到了瓶颈，不知道如何进一步提升自己，因此在迭代如此之快的前端领域感到迷茫。本书会教你如何像架构师一样思考，如何突破技术瓶颈。

Deno 核心代码贡献者，justjavac（@迷渡）

现代 Web 开发是一个庞大复杂的体系，在这个体系当中，工程化是一个不可或缺的部分。工程化构建的好坏将直接影响 Web 开发的效率和体验。本书由浅入深地介绍了 Web 开发中的工程体系相关知识，阅读和学习之后，读者可以快速构建适合个人或团队的工程体系，还可以深入了解工程化架构方面的知识。可以说，不管你是 Web 初学者还是具有一定经验的 Web 开发者，都能从中获益！

W3cplus.com 站长，大漠

前端工程化是一门准实践学科，很多人具有前端开发经验但不一定有过前端工程化经验。从 0 到 1 开发一个项目是很考验架构和设计能力的。这本书补全了许多人缺失的前端工程化经验，让一些没有这方面积累的技术人员能感受到搭建复杂工程化项目的魅力，很值得一读。

新浪移动前端开发专家、前端 Leader，付强（@小燐）

在当下的众多中小型公司中，研发效率（即交付能力）向来是技术团队的软肋。在刀耕火种的业务阶段，短期内可以靠加人头、加工时的方式来"堆"代码，但人越多、事越杂的时候就会越难持续。前端早早聊大会举办至今，也从用户中搜集到许多诸如此类的反馈，不少同学都陷入没有成长性需求中，痛苦不堪。很开心在当下看到侯策的这本书，它出现得正是时候，可以帮助诸多团队的负责人提升架构能力，还可以帮助团队开发人员逐阶段、有节奏地推进基础建设，解放生产力，进而大幅支撑业务增长、快速响应业务变化。

前端早早聊大会创始人，Scott

正如书中所言，你以为收藏的是知识，其实收藏的是"知道"。想要掌握更多硬核知识，我想这本书会适合你。本书作者侯策对各种打包工具的使用方法、原理、优化策略都做了非常详细的解释，对跨端方案、全栈知识也进行了细致梳理，相信新手能从中获得完整的前端知识体系，有经验者则能成为更好的架构师。

阿里云业务中台体验技术负责人，城池

本书作者侯策是留学欧洲的技术 Geek，有广阔的技术视野。归国后做过一线开发人员、全栈工程师，以及技术团队管理者。他往往能够从前端技术发展脉络、工程人员成长轨迹、技术团队综合管理这三个视角来审视一个合格的前端开发工程师发展为架构师所需具备的素质及成长路径。

本书结合行业痛点，深入浅出地介绍了前端架构师所需具备的思考维度和技术素养。从工具层面，本书能帮助读者了解并精通前端开发的架构生态、框架原理、经典设计模式。从实战角度，本书涵盖了全链路 Node.js 前端开发攻略。其中诸多篇内容，如第 11、12、14 篇等，深入前端框架内部，审视 JavaScript 编译层面的代码翻译与执行逻辑，对前端开发者而言是一部"内功"精进宝典。又如第四部分"前端架构设计实战"，作者对自己如何提升开发效率的经验进行汇总，给出具体的实践方案与工具策略，将宝贵经验提升到了范式乃至哲学的高度，相信能够帮助读者应对一系列的开发实践问题。

总体来说，这本书一改市面上一些前端技术书以框架或包为中心的"重技巧却少思考"的现状，是少有的将前端开发实践理论化、系统化、范式化、路径化的"圭臬"！

百度大数据实验室主任研发架构师，熊昊一博士

某种程度上来说，我很怀念 jQuery 时代。那时，入门前端非常简单，但今天的前端领域已有了庞大的知识体系，涵盖纷繁复杂的领域知识。从 TodoMVC 到企业中的实际项目，这中间有多少工程概念是需要理解和掌握的呢？本书对此做了较为全面的总结，应当能帮助到对此困惑的读者。

稿定科技前端工程师、《JavaScript 二十年》译者，王译锋（@雪碧）

本书是作者上一部作品《前端开发核心知识进阶：从夯实基础到突破瓶颈》的延展和进阶，本书围绕前端基建与架构主题，系统化介绍了大量必备知识，涵盖内容十分广泛。本书的亮点是深入介绍了技术背后的原理及作者多年的一线实践经验，干货满满。

知名前端博主、《React 状态管理与同构实战》作者，颜海镜

在当今信息融合、链路共享、极速触达的生活环境下，互联网技术已不断深入其他行业，并作为解决问题、赋能创新的手段被广泛应用在多端、跨平台场景中。本书从前端技术入门到架构原理剖析，由浅入深，结合实战进行讲解。无论是前端初学者用于入门，还是泛前端"老鸟"进行知识拓展，相信本书都能提供帮助。

字节跳动前端工程师，师绍琨

前端工程化有时会被人狭隘地理解为 Webpack，有时会被理解为某个工程脚手架，甚至会被部分同学单纯地理解为编译、构建、部署或流水线一类的概念。但是本书中介绍的架构师心中的前端工程化，并不仅仅是前面提到的这些。本书基于大家在实际开发过程中碰到的问题，将上述知识串联起来，能够帮助开发者形成适合自己的前端工程化方案。

字节跳动资深工程师，陈辰

前 言

像架构师一样思考，突破技术瓶颈

透过工程基建，架构有迹可循。

前端开发是一个庞大的体系，纷繁复杂的知识点铸成了一张信息密度极高的图谱。在开发过程中，一行代码就可能使宿主引擎陷入性能瓶颈；团队中的代码量呈几何级数式增长，可能愈发尾大不掉，掣肘业务的发展。这些技术环节，或宏观或微观，都与工程化基建、架构设计息息相关。

如何打造一个顺滑的工程化流程，为研发效率不断助力？如何建设一个稳定可靠的基础设施，为业务产出保驾护航？对于这些问题，我在多年的工作中反复思考、不断实践，如今也有了一些经验和感悟。

但事实上，让我将这些积累幻化成文字是需要一个契机的，下面我先从写本书的初心及本书涉及的技术内容谈起。

求贤若渴的伯乐和凤毛麟角的人才

作为团队管理者，一直以来我都被人才招聘所困扰。经历了数百场面试，我看到了太多千篇一律的"皮囊"。

- 我精通 Vue.js，看过 Vue.js 源码 = 我能熟记 Object.defineProperty/Proxy，也知道发布/订阅模式。

- 我精通 AST = 我知道 AST 是抽象语法树，知道能用它做些什么。

- 我能熟练使用 Babel = 我能记清楚很多 Babel 配置项，甚至默写出 Babel Plugin 模板代码。

当知识技术成为应试八股文时，人才招聘就会沦为"面试造火箭，工作拧螺丝"的逢场作戏。

对于上述问题，我不禁会追问：

你知道 Vue.js 完整版本和运行时版本的区别吗？

如果你不知道 Vue.js 运行时版本不包含模板编译器，大概率也无法说清 Vue.js 在模板编译环节具体做了什么。如果只知道实现数据劫持和发布/订阅模式的几个 API，又何谈精通原理？

请你手写一个"匹配有效括号"算法，你能做到吗？

如果连 LeetCode 上 easy 难度的编译原理相关算法题都无法做出，何谈理解分词、AST 这些概念？

如何设计一个 C 端 Polyfill 方案？

如果不清楚@babel/preset-env 的 useBuiltIns 不同配置背后的设计理念，何谈了解 Babel？更别说设计一个性能更好的降级方案了。

另一方面，我很理解求职者，他们也面临困惑。

- 该如何避免相似的工作做了 3 年，却没能积累下 3 年的工作经验？
- 该如何从繁杂且千篇一律的业务需求中抽身出来，花时间总结经验、提高自己？
- 该如何为团队带来更高的价值，体现经验和能力？

为了破局，焦虑的开发者渐渐成为"短期速成知识"的收藏者。你以为收藏的是知识，其实收藏的是"知道"；你以为掌握了知识，其实只是囤积了一堆"知道"。

近些年我也一直在思考：如何抽象出真正有价值的开发知识？如何发现并解决技术成长瓶颈，培养人才？于是，我将自己在海外和 BAT 服务多年积累的经验分享给大家，将长时间以来我认为最有价值的信息系统性地整理输出——这正是我写这本书的初心。

从前端工程化基建和架构设计的价值谈起

从当前的招聘情况和开发社区中呈现的景象来看，短平快、碎片化的内容（比如快速搞定"面经题目"）很容易演变成跳槽加薪的"兴奋剂"，但是在某种程度上，它们只能成为缓解焦虑的"精神鸦片"。

试想，如果你资质平平，缺少团队中"大牛"的指点，工作内容只是在已有项目中写几个页面或配合运营活动，如此往复，技术水平一定无法提高，工作三四年后可能和应届生并无差别。

这种情况出现的主要原因还是大部分开发者无法接触到好项目。这里的"好项目"是指：你能在项目中从 0 到 1 打造应用的基础设施、确定应用的工程化方案、实现应用构建和发布的流程、设计应用中的公共方法和底层架构。只有系统地研究这些内容，开发者才能真正打通自身的"任督二脉"，实现个人和团队价值的最大化。

我将上述内容总结定义为：前端工程化基建和架构设计。

这是每位开发者成长道路上的稀缺资源。一轮又一轮的业务需求是烦琐和机械的，但工程化基建和架构设计却是万丈高楼的根基，是巨型航母的引擎和发动机，是区分一般开发者和一流架构师的分水岭。因此，前端工程化基建和架构设计的价值对于个人、业务来说都是不言而喻的。

我理解的"前端工程化基建和架构设计"

我们知道，前端目前处在前所未有的地位高度：前端职场既快速发展着，也迎接着优胜劣汰；前端技术有着与生俱来的混乱，也有着与这种混乱抗衡的规范。这些都给前端工程化基建带来了更大的挑战，对技术架构设计能力也提出了更高的要求。

对于实际业务来说，在前端工程化基建当中：

- 团队作战并非单打独斗，那么如何设计工作流程，打造一个众人皆赞的项目根基？

- 项目依赖纷繁复杂，如何做好依赖管理和公共库管理？

- 如何深入理解框架，真正做到精通框架和准确拿捏技术选型？

- 从最基本的网络请求库说起，如何设计一个稳定灵活的多端 Fetch 库？

- 如何借助 Low Code 或 No Code 技术，实现越来越智能的应用搭建方案？

- 如何统一中后台项目架构，提升跨业务线的产研效率？

- 如何开发设计一套适合业务的组件库，封装分层样式，最大限度做到复用，提升开发效率？

- 如何设计跨端方案，"Write Once，Run Everywhere"是否真的可行？

- 如何处理各种模块化规范，以及精确做到代码拆分？

- 如何区分开发边界，比如前端如何更好地利用 Node.js 方案开疆扩土？

以上这些都直接决定了前端的业务价值，体现了前端团队的技术能力。那到底什么才是我理解的"前端工程化基建和架构设计"呢？

我以身边常见的一些小事儿为例：不管是菜鸟还是经验丰富的开发者，都有过被配置文件搞到焦头烂额的时候，一不小心就引起命令行报错，编译不通过，终端上只显示了短短几行英文字母，却都是 warning 和 error。

也许你可以通过搜索引擎找到临时解决方案，匆匆忙忙重新回到业务开发中追赶工期。但报错的本源到底是什么，究竟什么是真正高效的解决方案？如果不深入探究，你很快还会因为类似的问题浪费大把时间，同时技术能力毫无提升。

再试想，对于开发时遇见的一些诡异问题，你也许会删除一次 node_moudles，并重新执行 npm install 命令，然后发现"重启大法"有时候真能奇迹般地解决问题。可是你对其中的原理却鲜有探究，也不清楚这是否是一种优雅的解决方案。

又或者，为了实现一个通用功能（也许就是为了找到一个函数参数的用法），你不得不翻看项目中的"屎山代码"，浪费大把时间。可是面对历史代码，你却完全不敢重构。经过日积月累，"历史"逐渐成为"天坑"，"屎山代码"成为业务桎梏。

基于多年对一线开发过程的观察，以及对人才成长的思考，我心中的"前端工程化基建和架构设计"已不是简单的思维模式输出，不是"阳春白雪"的理论，也不是社区搜索即得的 Webpack 配置罗列和原理复述，而是从项目中的痛点提取基础建设的意义，从个人发展瓶颈总结工程化架构和底层设计思想。基于此，这本书的内容呼之欲出。

本书内容

事实上，前端工程化基建和架构设计相关话题在网上少之又少。我几乎翻遍了社区所有的相关课程和图书，它们更多的是讲解 Webpack 的配置和相关源码，以及列举 npm 基础用法等。我一直在思考，什么样的内容能够帮助读者突破"会用"的表层，从更高的视角看待问题。

本书包括五个部分，涵盖 30 个主题（30 篇），其中每一部分的内容简介如下。

第一部分　前端工程化管理工具（01~05）

以 npm 和 Yarn 包管理工具切入工程化主题，通过 Webpack 和 Vite 构建工具加深读者对工程化的理解。事实上，工具的背后是原理，因此我不会枯燥地列举某个工具的优缺点和基本使用方式，而是会深入介绍几个极具代表性的工具的技术原理和演变过程。只有吃透这些内容，才能真正理解工程化架构。希望通过这一部分，读者能够认识到如何刨根问底地学习，如何像一名架构师一样思考。

第二部分　现代化前端开发和架构生态（06~16）

这部分将一网打尽大部分开发者每天都会接触却很少真正理解的知识点。希望通过第二部分，读者能够真正意识到，Webpack 工程师的职责并不是写写配置文件那么简单，Babel 生态体系也不是使用 AST 技术玩转编译原理而已。这部分内容能够帮助读者培养前端工程化基础建设思想，这也是设计一个公共库、主导一项技术方案的基础知识。

第三部分　核心框架原理与代码设计模式（17~22）

在这一部分中，我们将一起来探索经典代码的奥秘，体会设计模式和数据结构的艺术，请读者结合业务实践，思考优秀的设计思想如何在工作中落地。同时，我们会针对目前前端社区所流行的框架进行剖析，相信通过不断学习经典思想和剖析源码内容，各位读者都能有新的收获。

第四部分　前端架构设计实战（23~26）

在这一部分中，我会一步一步带领大家从 0 到 1 实现一个完整的应用项目或公共库。这些工程实践并不是社区上泛滥的 Todo MVC，而是代表先进设计理念的现代化工程架构项目（比如设计实现前端+移动端离线包方案）。同时在这一部分中，我也会对编译和构建、部署和发布这些热门话题进行重点介绍。

第五部分　前端全链路——Node.js 全栈开发（27~30）

在这一部分中，我们以实战的方式灵活运用并实践 Node.js。这一部分不会讲解 Node.js 的基础内容，读者需要先储备相关知识。我们的重点会放在 Node.js 的应用和发展上，比如我会带大家设计并完成一个真正意义上的企业级网关，其中涉及网络知识、Node.js 理论知识、权限和代理知识等。再比如，我会带大家研究并实现一个完善可靠的 Node.js 服务系统，它可能涉及异步消息队列、数据存储，以及微服务等传统后端知识，让读者能够真正在团队项目中落地 Node.js 技术，不断开疆扩土。

总之，这本书内容很多，干货满满。

客观来说，我绝不相信一本"武功秘籍"就能让一个人一路打怪升级，一步登天。我更想让这本书成为一个促成你我交流的机会，在输出自己经验积累的同时，我希望它能帮助到每一个人。你准备好了吗？来和我一起，像架构师一样思考吧！

致谢

本书初稿完结于壬寅年春季的最后一个节气——谷雨。谷雨意为"雨生百谷"，田中的秧苗初插、作物新种，只有得到雨水的充分滋润，谷类作物才能苗壮成长。

一本书的问世，自然也少不了养料和雨露的浇灌。为此，我想特别感谢一路支持和鼓励我的家人及好友——一酱、颜海镜等。感谢他们的陪伴，以及为我提供的素材和修改建议。我还要感谢电子工业出版社的孙奇俏编辑，这已不是我们第一次合作，她的专业能力始终让我钦佩，这种认真负责的态度，始终是我创作的勇气源泉和力量后盾。

在这个时间节点，我们仍然面临着疫情的严峻挑战，国际时局也风云变幻。一本书的问世，自然不能实现世界和平的美好愿景，但希望它能帮助每一位读者找到内心的一片静土，感受到学习进步带给我们的力量！

侯策

读者服务

微信扫码回复：43982

· 加入本书读者交流群，与作者互动

· 获取【百场业界大咖直播合集】（持续更新），仅需 1 元

目　录

Contents

第一部分　前端工程化管理工具

第二部分　现代化前端开发和架构生态

第四部分　前端架构设计实战

第一部分

以 npm 和 Yarn 包管理工具切入工程化主题，通过 Webpack 和 Vite 构建工具加深读者对工程化的理解。事实上，工具的背后是原理，因此我不会枯燥地列举某个工具的优缺点和基本使用方式，而是会深入介绍几个极具代表性的工具的技术原理和演变过程。只有吃透这些内容，才能真正理解工程化架构。希望通过这一部分，读者能够认识到如何刨根问底地学习，如何像一名架构师一样思考。

前端工程化管理工具

01

安装机制及企业级部署私服原理

前端工程化离不开 npm（node package manager）或 Yarn 这些管理工具。npm 或 Yarn 在工程项目中除了负责依赖的安装和维护，还能通过 npm scripts 串联起各个职能部分，让独立的环节自动运转起来。

无论是 npm 还是 Yarn，它们的体系都非常庞大，在使用过程中你很可能产生如下疑问。

- 项目依赖出现问题时，使用"删除大法"，即删除 node_modules 和 lockfiles，再重新安装，这样操作是否存在风险？

- 将所有依赖安装到 dependencies 中，不区分 devDependencies 会有问题吗？

- 应用依赖公共库 A 和公共库 B，同时公共库 A 也依赖公共库 B，那么公共库 B 会被多次安装或重复打包吗？

- 在一个项目中，既有人用 npm，也有人用 Yarn，这会引发什么问题？

- 我们是否应该提交 lockfiles 文件到项目仓库呢？

接下来，我们就进一步来聊一聊这些问题。

npm 内部机制与核心原理

我们先来看看 npm 的核心目标：

Bring the best of open source to you, your team and your company.

给你、你的团队和你的公司带来最好的开源库。

通过这句话，我们可以知道 npm 最重要的任务是安装和维护开源库。在平时开发中，"删除

node_modules，重新安装"是一个屡试不爽的解决 npm 安装类问题的方法，但是其中的作用原理是什么？这样的操作是否规范呢？

在本篇中，我们先从 npm 内部机制出发来剖析此类问题。了解安装机制和原理后，相信你对于工程中依赖的问题，将会有更加系统化的认知。

npm 安装机制与背后思想

npm 的安装机制非常值得探究。Ruby 的 Gem、Python 的 pip 都是全局安装机制，但是 npm 的安装机制秉承了不同的设计哲学。

它会优先安装依赖包到当前项目目录，使得不同应用项目的依赖各成体系，同时还能减轻包作者的 API 兼容性压力，但这样做的缺陷也很明显：如果项目 A 和项目 B 都依赖相同的公共库 C，那么公共库 C 一般会在项目 A 和项目 B 中各被安装一次。这就说明，同一个依赖包可能在电脑上被多次安装。

当然，对于一些工具模块，比如 supervisor 和 gulp，仍然可以使用全局安装模式进行安装，这样方便注册 path 环境变量，利于我们在任何地方直接使用 supervisor、gulp 命令。不过，一般建议不同项目维护自己局部的 gulp 开发工具以适配不同的项目需求。

言归正传，我们通过流程图来分析 npm 的安装机制，如图 1-1 所示。

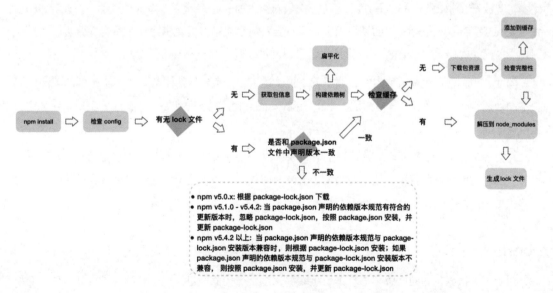

图 1-1

执行 npm install 命令之后，首先检查 config，获取 npm 配置，这里的优先级为：项目级的.npmrc 文件 > 用户级的.npmrc 文件 > 全局的.npmrc 文件 > npm 内置的.npmrc 文件。

然后检查项目中有无 package-lock.json 文件（简称为 lock 文件）。

如果有 package-lock.json 文件，则检查 package-lock.json 文件和 package.json 文件中声明的版本是否一致。

- 一致，直接使用 package-lock.json 中的信息，从缓存或网络资源中加载依赖。

- 不一致，则根据 npm 版本进行处理（不同 npm 版本处理会有所不同，具体处理方式如图 1-1 所示）。

如果没有 package-lock.json 文件，则根据 package.json 文件递归构建依赖树，然后按照构建好的依赖树下载完整的依赖资源，在下载时会检查是否有相关缓存。

- 有，则将缓存内容解压到 node_modules 中。

- 没有，则先从 npm 远程仓库下载包资源，检查包的完整性，并将其添加到缓存，同时解压到 node_modules 中。

最后生成 package-lock.json 文件。

构建依赖树时，当前依赖项目无论是直接依赖还是子依赖的依赖，我们都应该遵循扁平化原则优先将其放置在 node_modules 根目录下（遵循最新版本的 npm 规范）。在这个过程中，遇到相同模块应先判断已放置在依赖树中的模块版本是否符合对新模块版本的要求，如果符合就跳过，不符合则在当前模块的 node_modules 下放置该模块（遵循最新版本的 npm 规范）。

图 1-1 中标注了更细节的内容，这里就不再赘述了。大家要格外注意图 1-1 中标明的不同 npm 版本的处理情况，并学会从这种"历史问题"中总结 npm 使用的在最佳实践：在同一个项目团队中，应该保证 npm 版本一致。

在前端工程中，依赖嵌套依赖，一个中型项目的 node_moduels 安装包可能已是海量。如果安装包每次都通过网络下载获取，这无疑会增加安装时间成本。对于这个问题，借助缓存始终是一个好的解决思路，接下来我们介绍 npm 自带的缓存机制。

npm 缓存机制

对于一个依赖包的同一版本进行本地化缓存，这是当代依赖包管理工具的常见设计。使用时要先执行以下命令。

```
npm config get cache
```

得到配置缓存的根目录在/Users/cehou/.npm 下（对于 macOS 系统，这是 npm 默认的缓存位置）。通过 cd 命令进入/Users/cehou/.npm 目录可以看到_cacache 文件夹。事实上，在 npm v5 版本之后，缓存数据均放在根目录的_cacache 文件夹中，如图 1-2 所示。

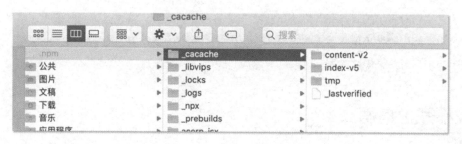

图 1-2

我们可以使用以下命令清除/Users/cehou/.npm/_cacache 中的文件。

```
npm cache clean --force
```

接下来打开_cacache 文件夹查看 npm 缓存了哪些内容，可以看到其中共有 3 个目录，如下。

- content-v2

- index-v5

- tmp

content-v2 里面存放的基本是一些二进制文件。为了使这些二进制文件可读，我们将文件的扩展名改为.tgz，然后进行解压，得到的结果其实就是 npm 包资源。

index-v5 中存放的是一些描述性文件，事实上这些文件就是 content-v2 中文件的索引。

这些缓存是如何被储存并被利用的呢？

这就和 npm install 机制联系在一起了。当 npm install 执行时，会通过 pacote 将相应的包资源解压在对应的 node_modules 下面。npm 下载依赖时，会先将依赖下载到缓存中，再将其解压到项目的 node_modules 下。pacote 依赖 npm-registry-fetch 来下载包资源，npm-registry-fetch 可以通过设置 cache 属性在给定的路径下根据 IETF RFC 7234 生成缓存数据。

接着，在每次安装资源时，根据 package-lock.json 中存储的 integrity、version、name 信息生成一

个唯一的 key，这个 key 能对应到 index-v5 下的缓存记录。如果发现有缓存资源，就会找到 tar 包的 hash 值，根据 hash 值找到缓存的 tar 包，并再次通过 pacote 将对应的二进制文件解压到相应的项目 node_modules 下，省去了网络下载资源的时间。

注意：这里提到的缓存策略是从 npm v5 版本开始的。在 npm v5 版本之前，每个缓存模块在 ~/.npm 文件夹中以模块名的形式直接存储，储存结构是{cache}/{name}/{version}。

了解这些相对底层的内容可以帮助开发者排查 npm 相关问题，这也是区别一般程序员和架构师的细节之一。能不能在理论学习上多走一步，也决定了我们的技术能力能不能更上一层楼。这里我们进行了初步学习，希望这些内容可以成为你探究底层原理的开始。

npm 不完全指南

接下来，我想介绍几个实用的 npm 小技巧，这些技巧并不包括"npm 快捷键"等常见内容，主要是从工程开发角度聚焦的更广泛的内容。首先，我将从 npm 使用技巧及一些常见使用误区来展开。

自定义 npm init

npm 支持自定义 npm init，快速创建一个符合自己需求的自定义项目。想象一下，npm init 命令本身并不复杂，它的功能其实就是调用 Shell 脚本输出一个初始化的 package.json 文件。相应地，我们要自定义 npm init 命令，就是写一个 Node.js 脚本，它的 module.exports 即为 package.json 配置内容。

为了实现更加灵活的自定义功能，我们可以使用 prompt()方法，获取用户输入的内容及动态产出的内容。

```
const desc = prompt('请输入项目描述', '项目描述...')
module.exports = {
  key: 'value',
  name: prompt('name?', process.cwd().split('/').pop()),
  version: prompt('version?', '0.0.1'),
  description: desc,
  main: 'index.js',
  repository: prompt('github repository url', '', function (url) {
    if (url) {
      run('touch README.md');
      run('git init');
      run('git add README.md');
      run('git commit -m "first commit"');
```

```
  run(`git remote add origin ${url}`);
  run('git push -u origin master');
  }
 return url;
})
}
```

假设该脚本名为.npm-init.js，执行以下命令来确保 npm init 所对应的脚本指向正确的文件。

```
npm config set init-module ~\.npm-init.js
```

我们也可以通过配置 npm init 默认字段来自定义 npm init 的内容，如下。

```
npm config set init.author.name "Lucas"
npm config set init.author.email "lucasXXXXXX@gmail.com"
npm config set init.author.url "lucasXXXXX.com"
npm config set init.license "MIT"
```

利用 npm link 高效进行本地调试以验证包的可用性

当我们开发一个公共包时，总会有这样的困扰：假如我想开发一个组件库，其中的某个组件开发完成之后，如何验证该组件能不能在我的业务项目中正常运行呢？

除了编写一个完备的测试，常见的思路就是在组件库开发中设计 examples 目录或演示 demo，启动一个开发服务以验证组件的运行情况。

然而真实应用场景是复杂的，如果能在某个项目中率先尝试就太好了，但我们又不能发布一个不安全的包版本供业务项目使用。另一个"笨"方法是，手动复制组件并将产出文件打包到业务项目的 node_modules 中进行验证，但是这种做法既不安全也会使得项目混乱，同时过于依赖手动执行，可以说非常原始。

那么如何高效地在本地调试以验证包的可用性呢？这个时候，我们就可以使用 npm link 命令。简单来说，它可以将模块链接到对应的业务项目中运行。

来看一个具体场景。假设你正在开发项目 project 1，其中有一个包 package 1，对应 npm 模块包的名称是 npm-package-1，我们在 package 1 中加入新功能 feature A，现在要验证在 project 1 项目中能否正常使用 package 1 的 feature A 功能，应该怎么做？

我们先在 package 1 目录中执行 npm link 命令，这样 npm link 通过链接目录和可执行文件，可实现 npm 包命令的全局可执行。然后在 project 1 中创建链接，执行 npm link npm-package-1 命令，这时 npm 就会去/usr/local/lib/node_modules/路径下寻找是否有 npm-package-1 这个包，如果有就建立软链接。

这样一来，我们就可以在 project 1 的 node_modules 中看到链接过来的模块包 npm-package-1，此时的 npm-package-1 支持最新开发的 feature A 功能，我们也可以在 project 1 中正常对 npm-package-1 进行开发调试。当然别忘了，调试结束后可以执行 npm unlink 命令以取消关联。

从工作原理上看，npm link 的本质就是软链接，它主要做了两件事。

- 为目标 npm 模块（npm-package-1）创建软链接，将其链接到/usr/local/lib/node_modules/全局模块安装路径下。

- 为目标 npm 模块（npm-package-1）的可执行 bin 文件创建软链接，将其链接到全局 node 命令安装路径/usr/local/bin/下。

通过刚才的场景，你可以看到，npm link 能够在工程上解决依赖包在任何一个真实项目中进行调试时遇到的问题，并且操作起来更加方便快捷。

npx 的作用

npx 在 npm v5.2 版本中被引入，解决了使用 npm 时面临的快速开发、调试，以及在项目内使用全局模块的痛点。

在传统 npm 模式下，如果需要使用代码检测工具 ESLint，就要先进行安装，命令如下。

```
npm install eslint --save-dev
```

然后在项目根目录下执行以下命令，或者通过项目脚本和 package.json 的 npm scripts 字段调用 ESLint。

```
./node_modules/.bin/eslint --init
./node_modules/.bin/eslint yourfile.js
```

而使用 npx 就简单多了，只需要以下两个操作步骤。

```
npx eslint --init
npx eslint yourfile.js
```

那么，为什么 npx 操作起来如此便捷呢？

这是因为它可以直接运行 node_modules/.bin 文件夹下的文件。在运行命令时，npx 可以自动去 node_modules/.bin 路径和环境变量$PATH 里面检查命令是否存在，而不需要再在 package.json 中定义相关的 script。

npx 另一个更实用的特点是，它在执行模块时会优先安装依赖，但是在安装成功后便删除此依赖，避免了全局安装带来的问题。例如，运行如下命令后，npx 会将 create-react-app 下载到一个临时目录下，使用以后再删除。

```
npx create-react-app cra-project
```

更多关于 npx 的介绍，大家可以去官方网站进行查看。

现在，你已经对 npm 有了一个初步了解，接下来我们一同看看 npm 的实操部分：多源镜像和企业级部署私服原理。

npm 多源镜像和企业级部署私服原理

npm 中的源（registry）其实就是一个查询服务。以 npmjs.org 为例，它的查询服务网址后面加上模块名就会得到一个 JSON 对象，访问新的网址就能查看该模块的所有版本信息。比如，在 npmjs.org 查询服务网址后面加上 react 并访问，就会看到 react 模块的所有版本信息。

我们可以通过 npm config set 命令来设置安装源或某个作用范围域对应的安装源，很多企业也会搭建自己的 npm 源。我们常常会遇到需要使用多个安装源的项目，这时就可以通过 npm-preinstall 的钩子和 npm 脚本，在安装公共依赖前自动进行源切换。

```
"scripts": {
  "preinstall": "node ./bin/preinstall.js"
}
```

其中，preinstall.js 脚本的逻辑是通过 Node.js 执行 npm config set 命令，代码如下。

```
require(' child_process').exec('npm config get registry', function(error, stdout, stderr)
{
 if (!stdout.toString().match(/registry\.x\.com/)) {
  exec('npm config set @xscope:registry https://xxx.com/npm/')
 }
})
```

国内很多开发者使用的 nrm（npm registry manager）是 npm 的镜像源管理工具，使用它可以快速地在 npm 源间进行切换，这当然也是一种选择。

你的公司是否也正在部署一个私有 npm 镜像呢？你有没有想过公司为什么要这样做呢？

虽然 npm 并没有被屏蔽，但是下载第三方依赖包的速度缓慢，这严重影响 CI/CD 流程和本地开发效率。部署镜像后，一般可以确保 npm 服务高速、稳定，还可以使发布私有模块的操作更加安全。

除此之外，确立审核机制也可以保障私有服务器上的 npm 模块质量更好、更安全。

那么，如何部署一个私有 npm 镜像呢？现在社区上主要推崇 3 种工具：nexus、verdaccio 及 cnpm。

它们的工作原理基本相同，我们以 nexus 架构为例简单说明，如图 1-3 所示。

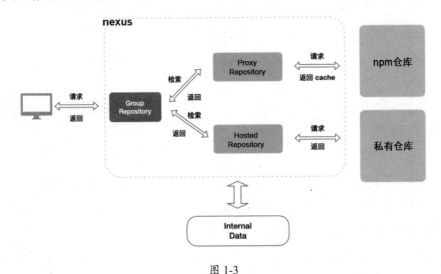

图 1-3

nexus 工作在客户端和外部 npm 之间，并通过 Group Repository 合并 npm 仓库及私有仓库，这样就起到了代理转发的作用。

了解 npm 私服原理，我们就不畏惧任何"雷区"。这部分我也总结了两个社区中的常见问题。

1. npm 的配置优先级

npm 可以通过默认配置帮我们预设好对项目的影响动作，但是 npm 的配置优先级需要开发者明确掌握。

如图 1-4 所示，优先级从左到右依次降低。我们在使用 npm 时需要了解其配置作用域，排除干扰，以免在进行了"一顿神操作"之后却没能找到相应的起作用配置。

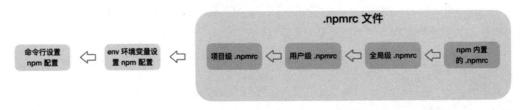

图 1-4

2. npm 镜像和依赖安装问题

另外一个常见的问题就是 npm 镜像和依赖安装，关于 npm 镜像和依赖安装问题，归根到底还是网络环境导致的，建议有条件的情况下能从网络层面解决问题。没有条件也不要紧，办法总比困难多，可以通过设置安装源镜像来解决相关问题。

总结

关于 npm 的核心理念及安装机制，我们暂且分析到这里。在本篇中，我们梳理了 npm 的安装逻辑，在了解其安装原理的基础上，对其中一些常见的使用误区及使用技巧进行了分析。另外，本篇具体介绍了 npm 多源镜像和企业级部署私服的原理，其中涉及的各种环节并不复杂，但是往往被开发者忽略，导致项目开发受阻或架构混乱。通过学习本篇内容，希望你在设计一个完整的工程流程机制方面能有所感悟。

02

Yarn 安装理念及依赖管理困境破解

在上一篇中,我们讲解了 npm 的技巧和原理,但在前端工程化这个领域,重要的知识点除了 npm,还有不可忽视的 Yarn。

Yarn 是一个由 Facebook、Google、Exponent 和 Tilde 联合构建的新的 JavaScript 包管理器。它的出现是为了解决 npm 的某些不足(比如 npm 对于依赖完整性和一致性的保障问题,以及 npm 安装速度过慢的问题等),虽然 npm 经过版本迭代已汲取了 Yarn 的一些优势特点(比如一致性安装校验算法),但我们依然有必要关注 Yarn 的理念。

Yarn 和 npm 的关系,有点像当年的 Io.js 和 Node.js,殊途同归,都是为了进一步解放和优化生产力。这里需要说明的是,不管是哪种工具,你应该全面了解其思想,做到优劣心中有数,这样才能驾驭它,让它为自己的项目架构服务。

当 npm 还处在 v3 版本时期,一个名为 Yarn 的包管理方案横空出世。2016 年,npm 项目中还没有 package-lock.json 文件,因此安装速度很慢,稳定性、确定性也较差,而 Yarn 的出现很好地解决了 npm 存在的问题,具体如下。

- 确定性:通过 yarn.lock 安装机制保证确定性,无论安装顺序如何,相同的依赖关系在任何机器和环境下都可以以相同的方式被安装。

- 采用模块扁平安装模式:将不同版本的依赖包按照一定策略归纳为单个版本依赖包,以避免创建多个副本造成冗余(npm 目前也有相同的优化成果)。

- 网络性能更好:Yarn 采用请求排队的理念,类似于并发连接池,能够更好地利用网络资源,同时引入了安装失败时的重试机制。

- 采用缓存机制，实现了离线模式（npm 目前也有类似的实现）。

我们先来看看 yarn.lock 文件的结构，如下。

```
"@babel/cli@^7.1.6", "@babel/cli@^7.5.5":
 version "7.8.4"
 resolved
"http://npm.in.zhihu.com/@babel%2fcli/-/cli-7.8.4.tgz#505fb053721a98777b2b175323ea4f0
90b7d3c1c"
 integrity sha1-UF+wU3IamHd7KxdTI+pPCQt9PBw=
 dependencies:
   commander "^4.0.1"
   convert-source-map "^1.1.0"
   fs-readdir-recursive "^1.1.0"
   glob "^7.0.0"
   lodash "^4.17.13"
   make-dir "^2.1.0"
   slash "^2.0.0"
   source-map "^0.5.0"
 optionalDependencies:
   chokidar "^2.1.8"
```

该文件结构整体上和 package-lock.json 文件结构类似，只不过 yarn.lock 文件中没有使用 JSON 格式，而是采用了一种自定义的标记格式，新的格式仍然具有较高的可读性。

相比于 npm，Yarn 的另一个显著区别是，yarn.lock 文件中子依赖的版本号是不固定的。这就说明，单独一个 yarn.lock 文件确定不了 node_modules 目录结构，还需要和 package.json 文件配合。

其实，不管是 npm 还是 Yarn，它们都是包管理工具，如果想在项目中进行 npm 和 Yarn 之间的切换，并不麻烦。甚至还有一个专门的 synp 工具，它可以将 yarn.lock 文件转换为 package-lock.json 文件，反之亦然。

关于 Yarn 缓存，我们可以通过 yarn cache dir 命令查看缓存目录，并通过目录查看缓存内容，如图 2-1 所示。

值得一提的是，Yarn 默认使用 prefer-online 模式，即优先使用网络数据。网络数据请求失败时，再去请求缓存数据。

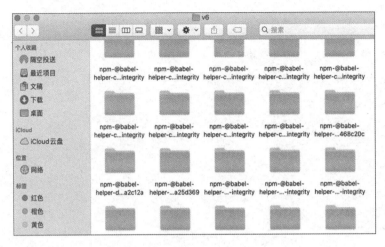

图 2-1

最后，我们来看一看 Yarn 区别于 npm 的独有命令，如下。

```
yarn import
yarn licenses
yarn pack
yarn why
yarn autoclean
```

而 npm 的独有命令如下。

```
npm rebuild
```

现在，你应该已经对 Yarn 有了初步了解，接下来我们来分析 Yarn 的安装机制和背后思想。

Yarn 的安装机制和背后思想

这里我们先来看一下 Yarn 的安装理念。简单来说，Yarn 的安装过程主要有 5 个步骤，如图 2-2 所示。

图 2-2

1. 检测包（Checking Packages）

这一步主要是检测项目中是否存在一些 npm 相关文件，比如 package-lock.json 文件等。如果存在，会提示用户：这些文件的存在可能会导致冲突。这一步也会检测系统 OS、CPU 等信息。

2. 解析包（Resolving Packages）

这一步会解析依赖树中每一个包的版本信息。

首先获取当前项目中的 dependencies、devDependencies、optionalDependencies 等内容，这些内容属于首层依赖，是通过 package.json 文件定义的。

接着遍历首层依赖，获取包的版本信息，并递归查找每个包下的嵌套依赖的版本信息，将解析过的包和正在解析的包用一个 Set 数据结构来存储，这样就能保证同一个版本的包不会被重复解析。

- 对于没有解析过的包 A，首次尝试从 yarn.lock 文件中获取版本信息，并将其状态标记为"已解析"。

- 如果在 yarn.lock 文件中没有找到包 A，则向 Registry 发起请求，获取已知的满足版本要求的最高版本的包信息，获取后将当前包状态标记为"已解析"。

总之，在经过解析包这一步之后，我们就确定了所有依赖的具体版本信息及下载地址。解析包的流程如图 2-3 所示。

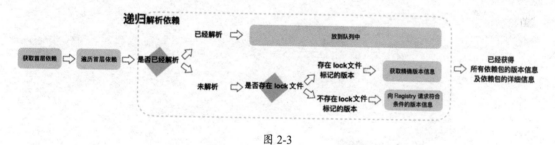

图 2-3

3. 获取包（Fetching Packages）

这一步首先需要检查缓存中是否存在当前依赖包，同时将缓存中不存在的依赖包下载到缓存目录。这一步说起来简单，做起来还是有一些注意事项的。

比如，如何判断缓存中是否存在当前的依赖包？其实，Yarn 会根据 cacheFolder + slug + node_modules + pkg.name 生成一个路径（path），判断系统中是否存在该路径，如果存在，证明缓存中已经存在依赖包，不用重新下载。这个路径是依赖包缓存的具体路径。

对于没有进行缓存的包，Yarn 会维护一个 fetch 队列，按照规则进行网络请求。如果下载包地址是一个 file 协议，或者是一个相对路径，就说明该地址指向一个本地目录，此时调用 Fetch From Local 即可从离线缓存中获取包；否则需要调用 Fetch From External 来获取包。最终获取结果通过 fs.createWriteStream 写入缓存目录。获取包的流程如图 2-4 所示。

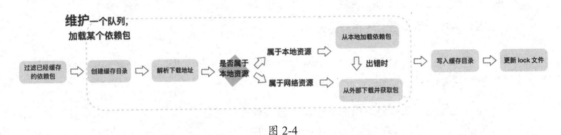

图 2-4

4. 链接包（Linking Packages）

上一步将依赖包下载到缓存目录，这一步遵循扁平化原则，将项目中的依赖包复制到项目的 node_modules 目录下。在复制依赖包之前，Yarn 会先解析 peerDependencies 内容，如果找不到匹配 peerDependencies 信息的包，则进行 Warning 提示，并最终将依赖包复制到项目中。

这里提到的扁平化原则是核心原则，后面会详细讲解。链接包的流程如图 2-5 所示。

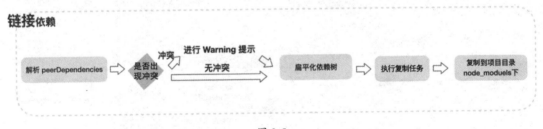

图 2-5

5. 构建包（Building Packages）

如果依赖包中存在二进制的包，则需要对它进行编译，编译会在这一步进行。

了解 npm 和 Yarn 的安装原理并不是"终点"，因为一个应用项目的依赖是错综复杂的。接下来我将从"依赖地狱"说起，深入介绍依赖机制。

破解依赖管理困境

早期的 npm(npm v2)设计非常简单，在安装依赖时需将依赖放到项目的 node_modules 目录下，如果某个项目直接依赖模块 A，还间接依赖模块 B，则模块 B 会被下载到模块 A 的 node_modules 目录下，循环往复，最终形成一颗巨大的依赖树。

这样的 node_modules 目录虽然结构简单明了、符合预期，但对大型项目并不友好，比如其中可能有很多重复的依赖包，而且会形成"依赖地狱"。如何理解"依赖地狱"呢？

- 项目依赖树的层级非常深，不利于调试和排查问题。

- 依赖树的不同分支里可能存在同版本的依赖。比如项目直接依赖模块 A 和模块 B，同时又都间接依赖相同版本的模块 C，那么模块 C 会重复出现在模块 A 和模块 B 的 node_modules 目录下。

这种重复安装问题浪费了较多的空间资源，也使得安装过程过慢，甚至会因为目录层级太深导致文件路径太长，最终导致在 Windows 系统下删除 node_modules 目录失败。因此在 npm v3 之后，node_modules 改成了扁平结构。

按照上面的例子（项目直接依赖模块 A v1.0，模块 A v1.0 还依赖模块 B v1.0），我们得到图 2-6 所示的不同版本 npm 的安装结构图。

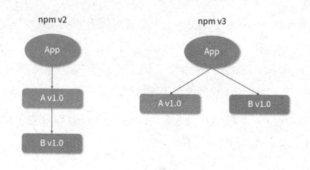

图 2-6

当项目中新添加了模块 C v1.0 依赖，而它又依赖另一个版本的模块 B v2.0 时，若版本要求不一致导致冲突，即模块 B v2.0 没办法放在项目平铺目录下的 node_moduls 中，此时，npm v3 会将模块 C v1.0 依赖的模块 B v2.0 安装在模块 C v1.0 的 node_modules 目录下。此时，不同版本 npm 的安装结构对比如图 2-7 所示。

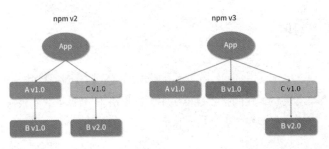

图 2-7

接下来，在 npm v3 中，假如项目还需要依赖一个模块 D v1.0，而模块 D v1.0 也依赖模块 B v2.0，此时我们会得到如图 2-8 所示的安装结构图。

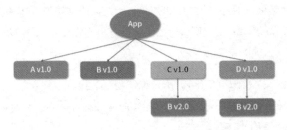

图 2-8

这里我想请你思考一个问题：为什么是模块 B v1.0 出现在项目顶层 node_modules 目录中，而不是模块 B v2.0 出现在顶层 node_modules 目录中呢？

其实这取决于模块 A v1.0 和模块 C v1.0 的安装顺序。因为模块 A v1.0 先安装，所以模块 A v1.0 的依赖模块 B v1.0 会率先被安装在顶层 node_modules 目录下，接着模块 C v1.0 和模块 D v1.0 依次被安装，模块 C v1.0 和模块 D v1.0 的依赖模块 B v2.0 就不得不被安装在模块 C v1.0 和模块 D v1.0 的 node_modules 目录下了。因此，模块的安装顺序可能影响 node_modules 下的文件结构。

假设这时项目中又添加了一个模块 E v1.0，它依赖模块 B v1.0，安装模块 E v1.0 之后，我们会得到如图 2-9 所示的结构。

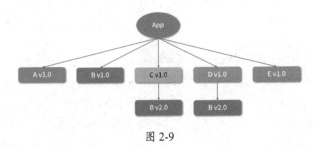

图 2-9

此时在对应的 package.json 文件中，依赖模块的顺序如下。

```
{
  A: "1.0",
  C: "1.0",
  D: "1.0",
  E: "1.0"
}
```

如果我们想将模块 A v1.0 的版本更新为 v2.0，并让模块 A v2.0 依赖模块 B v2.0，npm v3 会怎么处理呢？整个过程应该是这样的。

- 删除模块 A v1.0。

- 安装模块 A v2.0。

- 留下模块 B v1.0 ，因为模块 E v1.0 还在依赖它。

- 将模块 B v2.0 安装在模块 A v2.0 下，因为顶层已经有模块 B v1.0 了。

更新后，安装结构如图 2-10 所示。

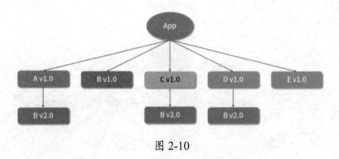

图 2-10

这时模块 B v2.0 分别出现在了模块 A v1.0、模块 C v1.0、模块 D v1.0 下——它重复存在了。

通过这一系列操作我们可以发现，npm 包的安装顺序对于依赖树的影响很大。模块安装顺序可能影响 node_modules 目录下的文件数量。

对于上述情况，一个更理想的安装结构应该如图 2-11 所示。

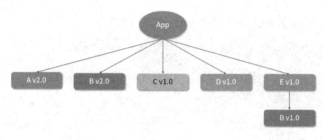

图 2-11

回到图 2-10 所示的示例情况下，假设模块 E v2.0 发布了，并且它也依赖模块 B v2.0，npm v3 进行更新时会怎么做呢？

- 删除模块 E v1.0。

- 安装模块 E v2.0。

- 删除模块 B v1.0。

- 安装模块 B v2.0 到顶层 node_modules 目录下，因为现在顶层没有任何版本的模块 B 了。

此时，我们可以得到如图 2-12 所示的安装结构。

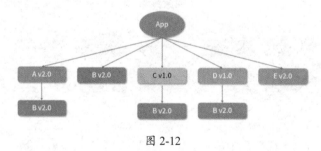

图 2-12

明显可以看到，结构中出现了较多重复的模块 B v2.0。我们可以删除 node_modules 目录，重新安装，利用 npm 的依赖分析能力，得到一个更清爽的结构。实际上，更优雅的方式是使用 npm dedupe 命令，更新后的安装结构如图 2-13 所示。

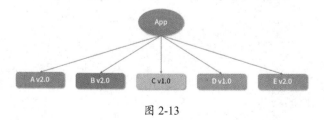

图 2-13

实际上，Yarn 在安装依赖时会自动执行 dedupe 命令。整个优化安装的过程遵循扁平化原则，该原则是需要我们掌握的关键内容。

总结

在本篇中，我们解析了 Yarn 的安装原理。依赖包安装并不只是从远程下载文件那么简单，这其中涉及缓存、系统文件路径、安装依赖树解析、安装结构算法等内容。希望各位读者深入理解，不断实践。

03

CI 环境下的 npm 优化及工程化问题解析

在前面两篇中,我们围绕着 npm 和 Yarn 的核心原理展开了讲解。npm 和 Yarn 涉及项目开发的方方面面,其本身设计复杂度也较高,因此本篇将继续讲解 CI 环境下的 npm 优化及更多工程化相关问题。希望通过本篇的学习,你能学会在 CI 环境下使用包管理工具的方法,并能够在非本地环境下(一般是在容器上)使用包管理工具解决实际问题。

CI 环境下的 npm 优化

CI 环境下的 npm 配置和本地环境下的 npm 操作有些许不同,我们首先来看看 CI 环境下的 npm 优化方法。

合理使用 npm ci 命令和 npm install 命令

顾名思义,npm ci 命令就是专门为 CI 环境准备的安装命令,相比于 npm install 命令,它的不同之处有以下几点。

- npm ci 命令要求项目中必须存在 package-lock.json 或 npm-shrinkwrap.json 文件。
- npm ci 命令完全根据 package-lock.json 文件安装依赖,这样可以保证开发团队成员使用版本一致的依赖。
- 因为 npm ci 命令完全根据 package-lock.json 文件安装依赖,因此在安装过程中,它不需要求解依赖满足问题及构造依赖树,安装过程更加迅速。

- npm ci 命令在执行安装时会先删除项目中现有的 node_modules 目录，重新安装。

- npm ci 命令只能一次性安装项目中所有的依赖包，无法安装单个依赖包。

- 如果 package-lock.json 文件和 package.json 文件冲突，那么执行 npm ci 命令时会直接报错。

- 执行 npm ci 命令永远不会改变 package.json 文件和 package-lock.json 文件的内容。

基于以上特性，我们在 CI 环境下使用 npm ci 命令代替 npm install 命令时，一般会获得更加稳定、一致、迅速的安装体验。

使用 package-lock.json 文件缩短依赖安装时间

项目中使用 package-lock.json 文件一般可以显著缩短依赖安装时间。这是因为 package-lock.json 文件中已经缓存了每个包的具体版本信息和下载链接，不需要再去远程仓库进行查询即可直接进入文件完整性校验环节，减少了大量网络请求。

除了上面所述内容，在 CI 环境下，缓存 node_modules 目录文件也是企业使用包管理工具时常用的优化方法。

更多工程化相关问题解析

下面我将剖析几个问题，加深你对工程化概念的理解，同时对工程化中可能遇到的问题进行预演。

为什么需要 lockfiles，要不要将 lockfiles 提交到仓库

npm 从 v5 版本开始增加了 package-lock.json 文件。我们知道，package-lock.json 文件的作用是锁定依赖安装结构，目的是保证在任意机器上执行 npm install 命令时都会得到相同的 node_modules 安装结果。

我们需要明确，为什么单一的 package.json 文件不能确定唯一的依赖树。

- 不同版本 npm 的安装依赖策略和算法不同。

- npm install 命令将根据 package.json 文件中的 semver-range version 更新依赖，某些依赖项自上次安装以来，可能已发布了新版本。

因此，保证项目依赖能够完整准确地被还原，就是 lockfiles 出现的原因。

上一篇已经解析了 yarn.lock 文件的结构，这里我们来看一下 package-lock.json 文件的结构，示例如下。

```
"@babel/core": {
    "version": "7.2.0",
    "resolved": "http://npm.in.zhihu.com/@babel%2fcore/-/core-7.2.0.tgz",
    "integrity": "sha1-pN04FJAZmOkzQPAIbphn/voWOto=",
    "dev": true,
    "requires": {
      "@babel/code-frame": "^7.0.0",
      // ...
    },
    "dependencies": {
      "@babel/generator": {
        "version": "7.2.0",
        "resolved": "http://npm.in.zhihu.com/@babel%2fgenerator/-/generator-
          7.2.0.tgz",
        "integrity": "sha1-6vOCH6AwHZ1K74jmPUvMGbc7oWw=",
        "dev": true,
        "requires": {
          "@babel/types": "^7.2.0",
          "jsesc": "^2.5.1",
          "lodash": "^4.17.10",
          "source-map": "^0.5.0",
          "trim-right": "^1.0.1"
        }
      },
      // ...
    }
  },
  // ...
}
```

通过上述示例，我们看到，一个 package-lock.json 文件的 dependencies 部分主要由以下几项构成。

- version：依赖包的版本号。

- resolved：依赖包安装源（可简单理解为下载地址）。

- integrity：表明包完整性的 hash 值。

- dev：指明该模块是否为顶级模块的开发依赖。

- requires：依赖包所需的所有依赖项，对应 package.json 文件里 dependencies 中的依赖项。

- dependencies：node_modules 目录中的依赖包（特殊情况下才存在）。

事实上，并不是所有的子依赖都有 dependencies 属性，只有子依赖的依赖和当前已安装在根目录下的 node_modules 中的依赖冲突时才会有这个属性。这就涉及嵌套依赖管理了，我们已经在上一篇中做了说明。

至于要不要提交 lockfiles 到仓库，这就需要看项目定位了，具体考虑如下。

- 如果开发一个应用，建议将 package-lock.json 文件提交到代码版本仓库。这样可以保证项目组成员、运维部署成员或 CI 系统，在执行 npm install 命令后能得到完全一致的依赖安装内容。

- 如果你的目标是开发一个供外部使用的库，那就要谨慎考虑了，因为库项目一般是被其他项目依赖的，在不使用 package-lock.json 文件的情况下，就可以复用主项目已经加载过的包，避免依赖重复，可减小体积。

- 如果开发的库依赖了一个具有精确版本号的模块，那么提交 lockfiles 到仓库可能会造成同一个依赖的不同版本都被下载的情况。作为库开发者，如果真的有使用某个特定版本依赖的需要，一个更好的方式是定义 peerDependencies 内容。

因此，推荐的做法是，将 lockfiles 和 package-lock.json 一起提交到代码库中，执行 npm publish 命令发布库的时候，lockfiles 会被忽略而不会被直接发布出去。

理解上述要点并不够，对于 lockfiles 的处理要更加精细。这里我列出几条建议供大家参考。

- 早期 npm 锁定版本的方式是使用 npm-shrinkwrap.json 文件，它与 package-lock.json 文件的不同点在于，npm 包发布的时候默认将 npm-shrinkwrap.json 文件同时发布，因此类库或组件在选择文件提交时需要慎重。

- 使用 package-lock.json 文件是 npm v5.x 版本的新增特性，而 npm 在 v5.6 以上版本才逐步稳定，在 v5.0~v5.6 中间，对 package-lock.json 文件的处理逻辑有过几次更新。

- 在 npm v5.0.x 版本中，执行 npm install 命令时会根据 package-lock.json 文件下载依赖，不管 package.json 里的内容是什么。

- 在 npm v5.1.0 版本到 npm v5.4.2 版本之间，执行 npm install 时将无视 package-lock.json 文件，而下载最新的 npm 包并更新 package-lock.json 文件。

- 在 npm v5.4.2 版本后，需注意以下事项。

  ▪ 如果项目中只有 package.json 文件，执行 npm install 命令之后，会根据 package.json 成一个 package-lock.json 文件。

▪ 如果项目中存在 package.json 文件和 package-lock.json 文件，同时 package.json 文件的 semver-range 版本和 package-lock.json 中版本兼容，即使此时有新的适用版本，npm install 还是会根据 package-lock.json 下载。

▪ 如果项目中存在 package.json 文件和 package-lock.json 文件，同时 package.json 文件的 semver-range 版本和 package-lock.json 文件定义的版本不兼容，则执行 npm install 命令时，package-lock.json 文件会自动更新版本，与 package.json 文件的 semver-range 版本兼容。

▪ 如果 package-lock.json 文件和 npm-shrinkwrap.json 文件同时存在于项目根目录下，则 package-lock.json 文件将会被忽略。

以上内容可以结合 01 篇中的 npm 安装流程进一步理解。

为什么有 xxxDependencies

npm 设计了以下几种依赖类型声明。

- dependencies：项目依赖。

- devDependencies：开发依赖。

- peerDependencies：同版本依赖。

- bundledDependencies：捆绑依赖。

- optionalDependencies：可选依赖。

它们起到的作用和声明意义各不相同。

dependencies 表示项目依赖，这些依赖都会成为线上生产环境中的代码组成部分。当它关联的 npm 包被下载时，dependencies 下的模块也会作为依赖一起被下载。

devDependencies 表示开发依赖，不会被自动下载，因为 devDependencies 一般只在开发阶段起作用，或只在开发环境中被用到。如 Webpack，预处理器 babel-loader、scss-loader，测试工具 E2E、Chai 等，这些都是辅助开发的工具包，无须在生产环境中使用。

这里需要说明的是，并不是只有 dependencies 下的模块才会被一起打包，而 devDependencies 下的模块一定不会被打包。实际上，模块是否作为依赖被打包，完全取决于项目里是否引入了该模块。dependencies 和 devDependencies 在业务中更多起到规范作用，在实际的应用项目中，使用 npm install

命令安装依赖时，dependencies 和 devDependencies 下的内容都会被下载。

　　peerDependencies 表示同版本依赖，简单来说就是，如果你安装我，那么你最好也安装我对应的依赖。举个例子，假设 react-ui@1.2.2 只提供一套基于 React 的 UI 组件库，它需要宿主环境提供指定的 React 版本来搭配使用，此时我们需要在 react-ui 的 package.json 文件中配置如下内容。

```
"peerDependencies": {
    "React": "^17.0.0"
}
```

　　举一个实例，对于插件类（Plugin）项目，比如开发一个 Koa 中间件，很明显这类插件或组件脱离本体（Koa）是不能单独运行且毫无意义的，但是这类插件又无须声明对本体的依赖，更好的方式是使用宿主项目中的本体依赖。这就是 peerDependencies 主要的使用场景。这类场景有以下特点。

- 插件不能单独运行。

- 插件正确运行的前提是，必须先下载并安装核心依赖库。

- 不建议重复下载核心依赖库。

- 插件 API 的设计必须要符合核心依赖库的插件编写规范。

- 在项目中，同一插件体系下的核心依赖库版本最好相同。

　　bundledDependencies 表示捆绑依赖，和 npm pack 打包命令有关。假设 package.json 文件中有如下配置。

```
{
 "name": "test",
 "version": "1.0.0",
 "dependencies": {
   "dep": "^0.0.2",
   ...
 },
 "devDependencies": {
   ...
   "devD1": "^1.0.0"
 },
 "bundledDependencies": [
   "bundleD1",
   "bundleD2"
 ]
}
```

　　在执行 npm pack 命令时，会产出一个 test-1.0.0.tgz 压缩包，该压缩包中包含 bundle D1 和 bundle

D2 两个安装包。业务方使用 npm install test-1.0.0.tgz 命令时也会安装 bundle D1 和 bundle D2 包。

需要注意的是，bundledDependencies 中指定的依赖包必须先在 dependencies 和 devDependencies 中声明过，否则在执行 npm pack 命令阶段会报错。

optionalDependencies 表示可选依赖，该依赖即使安装失败，也不会影响整个安装过程。一般我们很少使用它，也不建议大家使用它，因为它大概率会增加项目的不确定性和复杂性。

学习了以上内容，现在你已经知道了 npm 规范中相关依赖声明的含义了，接下来我们再来谈谈版本规范，帮助你进一步了解依赖库锁定版本行为。

再谈版本规范：依赖库锁定版本行为解析

npm 遵循 SemVer 版本规范，具体内容可以参考语义化版本 2.0.0，这里不再展开。这部分内容将聚焦工程建设的一个细节——依赖库锁定版本行为。

Vue.js 官方网站上有以下内容：

> 每个 Vue.js 包的新版本发布时，一个相应版本的 vue-template-compiler 也会随之发布。编译器的版本必须和基本的 Vue.js 包版本保持同步，这样 vue-loader 就会生成兼容运行时的代码。这意味着每次升级项目中的 Vue.js 包时，也应该同步升级 vue-template-compiler。

据此，我们需要考虑的是，作为库开发者，如何保证依赖包之间的最低版本要求？

先来看看 create-react-app 的做法。在 create-react-app 的核心 react-script 当中，它利用 verify PackageTree 方法，对业务项目中的依赖进行比对和限制，源码如下。

```
function verifyPackageTree() {
  const depsToCheck = [
    'babel-eslint',
    'babel-jest',
    'babel-loader',
    'eslint',
    'jest',
    'webpack',
    'webpack-dev-server',
  ];
  const getSemverRegex = () =>
    /\bv?(?:0|[1-9]\d*)\.(?:0|[1-9]\d*)\.(?:0|[1-9]\d*)(?:-[\da-z-]+(?:\.[\da-z-]+)*)?(?:\+[\da-z-]+(?:\.[\da-z-]+)*)?\b/gi;
  const ownPackageJson = require('../../package.json');
  const expectedVersionsByDep = {};
  depsToCheck.forEach(dep => {
```

```
  const expectedVersion = ownPackageJson.dependencies[dep];
  if (!expectedVersion) {
    throw new Error('This dependency list is outdated, fix it.');
  }
  if (!getSemverRegex().test(expectedVersion)) {
    throw new Error(
      `The ${dep} package should be pinned, instead got version ${expectedVersion}.`
    );
  }
  expectedVersionsByDep[dep] = expectedVersion;
});

let currentDir = __dirname;

while (true) {
  const previousDir = currentDir;
  currentDir = path.resolve(currentDir, '..');
  if (currentDir === previousDir) {
    // 到根节点
    break;
  }
  const maybeNodeModules = path.resolve(currentDir, 'node_modules');
  if (!fs.existsSync(maybeNodeModules)) {
    continue;
  }
  depsToCheck.forEach(dep => {
    const maybeDep = path.resolve(maybeNodeModules, dep);
    if (!fs.existsSync(maybeDep)) {
      return;
    }
    const maybeDepPackageJson = path.resolve(maybeDep, 'package.json');
    if (!fs.existsSync(maybeDepPackageJson)) {
      return;
    }
    const depPackageJson = JSON.parse(
      fs.readFileSync(maybeDepPackageJson, 'utf8')
    );
    const expectedVersion = expectedVersionsByDep[dep];
    if (!semver.satisfies(depPackageJson.version, expectedVersion)) {
      console.error(//...);
      process.exit(1);
    }
  });
}
}
```

根据上述代码，我们不难发现，create-react-app 会对项目中的 babel-eslint、babel-jest、babel-loader、eslint、jest、webpack、webpack-dev-server 这些核心依赖进行检索，确认它们是否符合 create-react-app 对核心依赖版本的要求。如果不符合要求，那么 create-react-app 的构建过程会直接报错并退出。

create-react-app 这么处理的理由是，需要用到上述依赖项的某些确定版本以保障 create-react-app 源码的相关功能稳定。

我认为这么处理看似强硬，实则是对前端社区、npm 版本混乱现象的一种妥协。这种妥协确实能保证 create-react-app 的正常构建。因此现阶段来看，这种处理方式也不失为一种值得推荐的做法。而作为 create-react-app 的使用者，我们依然可以通过 SKIP_PREFLIGHT_CHECK 这个环境变量跳过核心依赖版本检查，对应源码如下。

```
const verifyPackageTree = require('./utils/verifyPackageTree');
if (process.env.SKIP_PREFLIGHT_CHECK !== 'true') {
  verifyPackageTree();
}
```

create-react-app 的锁定版本行为无疑彰显了目前前端社区中工程依赖问题的方方面面，从这个细节管中窥豹，希望能引起大家更深入的思考。

最佳实操建议

前面我们讲了很多 npm 的原理和设计理念，对于实操，我有以下想法，供大家参考。

- 优先使用 npm v5.4.2 以上版本，以保证 npm 最基本的先进性和稳定性。

- 第一次搭建项目时使用 npm install <package> 命令安装依赖包，并提交 package.json 文件、package-lock.json 文件，而不提交 node_modules 目录。

- 其他项目成员首次拉取项目代码后，需执行一次 npm install 命令安装依赖包。

- 对于升级依赖包，需求如下。

  - 依靠 npm update 命令升级到新的小版本。

  - 依靠 npm install <package-name>@<version> 命令升级大版本。

  - 也可以手动修改 package.json 版本号，并执行 npm install 命令来升级版本。

  - 本地验证升级后的新版本无问题，提交新的 package.json 文件、package-lock.json 文件。

- 对于降级依赖包，需求如下。

  - 执行 npm install <package-name>@<old-version>命令，验证没问题后，提交新的 package.json 文件、package-lock.json 文件。

- 对于删除某些依赖包，需求如下。

  - 执行 npm uninstall <package>命令，验证没问题后，提交新的 package.json 文件、package-lock.json 文件。

  - 或者手动操作 package.json 文件，删除依赖包，执行 npm install 命令，验证没问题后，提交新的 package.json 文件、package-lock.json 文件。

- 任何团队成员提交 package.json 文件、package-lock.json 文件更新后，其他成员应该拉取代码后执行 npm install 命令更新依赖。

- 任何时候都不要修改 package-lock.json 文件。

- 如果 package-lock.json 文件出现冲突或问题，建议将本地的 package-lock.json 文件删除，引入远程的 package-lock.json 文件和 package.json 文件，再执行 npm install 命令。

如果以上建议你都能理解并能解释其中缘由，那么 01~03 篇的内容你已经大致掌握了。

总结

通过本篇的学习，相信你已经掌握了在 CI 环境下优化包管理器的方法及更多、更全面的 npm 设计规范。无论是在本地开发，还是在 CI 环境下，希望你在面对包管理方面的问题时能够游刃有余。

随着前端的发展，npm/Yarn 也在互相借鉴，不断改进。比如 npm v7 版本会带来一流的 Monorepo 支持。npm/Yarn 相关话题不是一个独立的知识点，它是成体系的知识面，甚至可以算得上是一个完整的生态。这部分知识我们没有面面俱到，主要聚焦在依赖管理、安装机制、CI 提效等话题上。更多 npm 相关内容，比如 npm scripts、公共库相关设计、npm 发包、npm 安全、package.json 文件操作等话题，我们会在后面的篇幅中继续讲解。

不管是在本地环境下还是在 CI 环境下开发，不管是使用 npm 还是 Yarn，都离不开构建工具。下一篇我们会对比主流构建工具，继续深入工程化和基建的深水区。

04

主流构建工具的设计考量

现代化前端架构离不开构建工具的加持。对构建工具的理解、选择和应用决定了我们是否能够打造一个使用流畅且接近完美的产品。

提到构建工具,作为经验丰富的前端开发者,相信你一定能列举出不同时代的代表:从 Browserify + Gulp 到 Parcel,从 Webpack 到 Rollup,甚至 Vite,相信你都不陌生。没错,前端发展到现在,构建工具琳琅满目且成熟稳定。但这些构建工具的实现和设计非常复杂,甚至出现了"面向构建工具编程"的调侃。

事实上,能够熟悉并精通构建工具的开发者凤毛麟角。请注意,这里的"熟悉并精通"并不是要求你对不同构建工具的配置参数如数家珍,而是真正把握构建流程。在"6 个月就会出现一股新的技术潮流"的前端领域,能始终把握构建工具的奥秘,这是区分资深架构师和程序员的一个重要标志。

如何真正了解构建流程,甚至能够自己开发一个构建工具呢?在本篇中,我们通过"横向对比构建工具"这个新颖的角度,来介绍构建工具背后的架构理念。

从 Tooling.Report 中,我们能学到什么

Tooling.Report 是由 Chrome core team 核心成员及业内著名开发者打造的构建工具对比平台。这个平台对比了 Webpack、Rollup、Parcel、Browserify 在不同维度下的表现,如图 4-1 所示。

图 4-1

我们先来看看评测数据：Rollup 得分最高，Parcel 得分最低，Webpack 和 Rollup 得分接近。测评得分只是一个方面，实际表现也和不同构建工具的设计目标有关。

比如，Webpack 构建主要依赖插件和 loader，因此它的能力虽然强大，但配置信息较为烦琐。Parcel 的设计目标之一就是零配置、开箱即用，但在功能的集成上相对有限。

从横向发展来看，各大构建工具之间也在互相借鉴发展。比如，以 Webpack 为首的工具编译速度较慢，即便启动增量构建也无法解决初始时期构建时间过长的问题。而 Parcel 内置了多核并行构建能力，利用多线程实现编译，在初始构建阶段就能获得较理想的构建速度。同时，Parcel 还内置了文件系统缓存能力，可以保存每个文件的编译结果。在这一方面，Webpack 新版本（v5）也有相应跟进。

因此，在构建工具的横向对比上，功能是否强大是一方面，构建效率也是开发者需要考虑的核心指标。

那么对于构建工具来说，在一个现代化的项目中，哪些功能是"必备"的呢？从这些功能上，我们能学到哪些基建和工程化知识呢？

还是以上面的评测分数为例，这些分数来自 6 个维度，如图 4-2 所示。

在 code splitting 方面，Rollup 表现最好，这是 Rollup 现代化的一个重要体现，而 Browserify 表现最差。在 hashing、importing modules 及 transformation 方面，各大构建工具表现相对趋近。在 output module formats 上，除了 Browserify，其他工具表现相对一致。

这里需要深入思考：这 6 个维度到底是什么，为什么它们能作为评测标准？

实际上，这个问题反映的技术信息是，一个现代化构建工具或构建方案需要重点考量/实现哪些环节。下面我们针对这 6 个维度逐一进行分析。

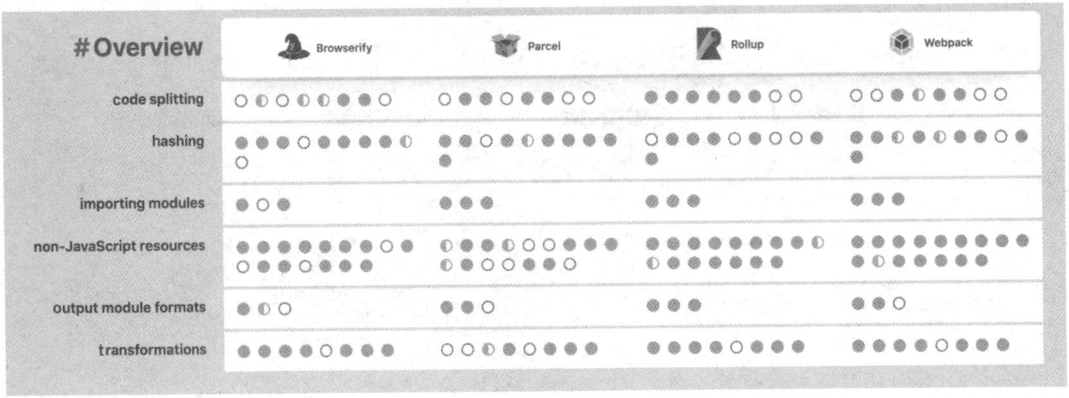

#Overview	Browserify	Parcel	Rollup	Webpack
code splitting				
hashing				
importing modules				
non-JavaScript resources				
output module formats				
transformations				

图 4-2

code splitting

code splitting，即代码分割。这意味着在构建打包时要导出公共模块，避免重复打包，以及在页面加载运行时实现最合理的按需加载策略。

实际上，code splitting 是一个很宽泛的话题，其中的问题包括：不同模块间的代码分割机制能否支持不同的上下文环境（Web worker 环境等特殊上下文）；如何实现对动态导入语法特性的支持；应用配置多入口/单入口是否支持重复模块的抽取及打包；代码模块间是否支持 Living Bindings（如果被依赖的模块中的值发生了变化，则会映射到所有依赖该值的模块中）。

code splitting 是现代化构建工具的标配，因为它直接决定了前端的静态资源产出情况，影响着项目应用的性能表现。

hashing

hashing，即对打包资源进行版本信息映射。这个话题背后的重要技术点是最大化利用缓存机制。我们知道，有效的缓存策略将直接影响页面加载表现，决定用户体验。那么对于构建工具来说，为了实现更合理的 hash 机制，构建工具就需要分析各种打包资源，导出模块间的依赖关系，依据依赖关系上下文决定产出包的 hash 值。因为一个资源的变动会引起其依赖下游的关联资源的变动，因此构建工具进行打包的前提就是对各个模块的依赖关系进行分析，并根据依赖关系支持开发者自定义 hash 策略。

这就涉及一个知识点：如何区分 Webpack 中的 hash、chunkhash、contenthash？

hash 反映了项目的构建版本，因此同一次构建过程中生成的 hash 值都是一样的。换句话说，如果项目里的某个模块发生了改变，触发了项目的重新构建，那么文件的 hash 值将会相应改变。

但使用 hash 策略会存在一个问题：即使某个模块的内容压根没有改变，重新构建后也会产生一个新的 hash 值，使得缓存命中率较低。

针对以上问题，chunkhash 和 contenthash 的情况就不一样了，chunkhash 会根据入口文件（Entry）进行依赖解析，contenthash 则会根据文件具体内容生成 hash 值。

我们来具体分析，假设应用项目做到了将公共库和业务项目入口文件区分开单独打包，则采用 chunkhash 策略时，改动业务项目入口文件，不会引起公共库的 hash 值改变，对应示例如下。

```
entry:{
    main: path.join(__dirname,'./main.js'),
    vendor: ['react']
},
output:{
    path:path.join(__dirname,'./build'),
    publicPath: '/build/',
    filname: 'bundle.[chunkhash].js'
}
```

我们再看一个例子，在 index.js 文件中对 index.css 进行引用，如下。

```
require('./index.css')
```

此时，因为 index.js 文件和 index.css 文件具有依赖关系，所以它们共用相同的 chunkhash 值。如果 index.js 文件内容发生变化，即使 index.css 中内容没有改动，在使用 chunkhash 策略时，被单独拆分的 index.css 的 hash 值也发生了变化。如果想让 index.css 完全根据文件内容来确定 hash 值，则可以使用 contenthash 策略。

importing modules

importing modules，即依赖机制。它对于一个构建流程或工具来说非常重要，因为历史和设计原因，前端开发者一般要面对包括 ESM、CommonJS 等在内的不同模块化方案。而一个构建工具在设计时自然就要兼容不同类型的 importing modules 方案。除此之外，由于 Node.js 的 npm 机制，构建工具也要支持从 node_modules 引入公共包。

non-JavaScript resources

non-JavaScript resources 是指对导入其他非 JavaScript 类型资源的支持。这里的资源可以是 HTML 文档、CSS 样式资源、JSON 资源、富媒体资源等。这些资源也是构成一个应用的关键内容，构建流程和工具当然要对此支持。

output module formats

output module formats 即输出模块化，对应 importing modules，构建输出内容的模块化方式需要更加灵活，比如，开发者可配置符合 ESM、CommonJS 等规范的构建内容导出机制。

transformations

transformations 即编译，现代化前端开发离不开编译、转义过程。比如对 JavaScript 代码的压缩、对未引用代码的删除（DCE）等。这里需要注意的是，我们在设计构建工具时，对类似 JSX、Vue.js 等文件的编译不会内置到构建工具中，而是利用 Babel 等社区能力将该功能"无缝融合"到构建流程中。构建工具只做分内的事情，其他扩展能力需通过插件化机制来完成。

以上 6 个维度都能展开作为一个独立且丰富的话题深入讨论。设计这些内容是因为，我希望你能从大局观上对构建流程和构建工具要做哪些事情，以及为什么要做这些事情有一个更清晰的认知。

总结

本篇我们从 Tooling.Report 入手，根据其集成分析的结果，横向对比了各大构建工具。其实对比只是一方面，更重要的是通过对比结果了解各个构建工具的功能，以及基础建设和工程化要考虑的内容。搞清楚这些，我们就能以更广阔的视角进行技术选型，审视基础建设和工程化。

05

Vite 实现：源码分析与工程构建

在本篇中，我将结合成熟构建方案（以 Webpack 为例）的"不足"，从源码实现的角度带大家分析 Vite 的设计哲学，同时为后面的"实现自己的构建工具"等相关内容打下基础。

Vite 的"横空出世"

Vite 是由 Vue.js 的作者尤雨溪开发的 Web 开发工具，尤雨溪在微博上推广时对 Vite 做了简短介绍：

> Vite，一个基于浏览器原生 ES imports 的开发服务器。利用浏览器去解析 imports，在服务器端按需编译返回，完全跳过了打包这个概念，服务器随起随用。不仅有 Vue.js 文件支持，还搞定了热更新，而且热更新的速度不会随着模块增多而变慢。针对生产环境则可以把同一份代码用 Rollup 打包。虽然现在还比较粗糙，但这个方向我觉得是有潜力的，做得好可以彻底解决改一行代码等半天热更新的问题。

从这段话中，我们能够提炼一些关键点。

- Vite 基于 ESM，因此实现了快速启动和即时模块热更新。
- Vite 在服务器端实现了按需编译。

经验丰富的开发者通过上述介绍，似乎就能给出 Vite 的基本工作流程，甚至可以说得更直白一些：Vite 在开发环境下并不执行打包和构建过程。

开发者在代码中写到的 ESM 导入语法会直接发送给服务器，而服务器也直接将 ESM 模块内容运行处理并下发给浏览器。接着，现代浏览器通过解析 script modules 向每一个导入的模块发起 HTTP 请求，服务器继续对这些 HTTP 请求进行处理并响应。

Vite 实现原理解读

Vite 思想比较容易理解，实现起来也并不复杂。接下来，我们就对 Vite 源码进行分析，帮助你更好地体会它的设计哲学和实现技巧。

首先来打造一个学习环境，创建一个基于 Vite 的应用，并启动以下命令。

```
npm init vite-app vite-app
cd vite-app
npm install
npm run dev
```

执行上述命令后，我们将得到以下目录结构，如图 5-1 所示。

图 5-1

通过浏览器请求 http://localhost:3000/，得到的内容即应用项目中 index.html 文件的内容，如图 5-2 所示。

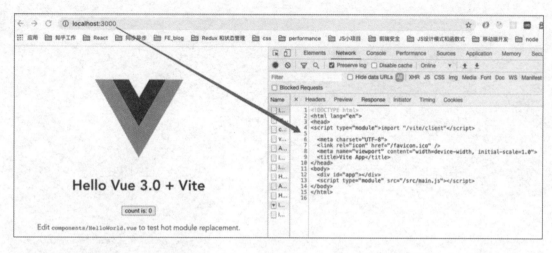

图 5-2

在项目的 packaga.json 文件中，我们可以看到如下内容。

```
"scripts": {
    "dev": "vite",
    // ...
},
```

找到 Vite 源码，命令行的实现如下。

```
if (!options.command || options.command === 'serve') {
    runServe(options)
} else if (options.command === 'build') {
    runBuild(options)
} else if (options.command === 'optimize') {
    runOptimize(options)
} else {
    console.error(chalk.red(`unknown command: ${options.command}`))
    process.exit(1)
}
```

上面的代码根据不同的命令行命令，执行不同的入口函数。

在开发模式下，Vite 通过 runServe 方法启动一个 koaServer，实现对浏览器请求的响应，runServer 方法实现如下。

```
const server = require('./server').createServer(options)
```

上述代码中出现的 createServer 方法，其简单实现如下。

```
export function createServer(config: ServerConfig): Server {
  const {
```

```
  root = process.cwd(),
  configureServer = [],
  resolvers = [],
  alias = {},
  transforms = [],
  vueCustomBlockTransforms = {},
  optimizeDeps = {},
  enableEsbuild = true
} = config
// 创建 Koa 实例
const app = new Koa<State, Context>()
const server = resolveServer(config, app.callback())

const resolver = createResolver(root, resolvers, alias)

// 相关上下文信息
const context: ServerPluginContext = {
  root,
  app,
  server,
  resolver,
  config,
  port: config.port || 3000
}

// 一个简单的中间件，扩充 context 上下文内容
app.use((ctx, next) => {
  Object.assign(ctx, context)
  ctx.read = cachedRead.bind(null, ctx)
  return next()
})

const resolvedPlugins = [
  // ...
]

resolvedPlugins.forEach((m) => m && m(context))

const listen = server.listen.bind(server)
server.listen = (async (port: number, ...args: any[]) => {
  if (optimizeDeps.auto !== false) {
    await require('../optimizer').optimizeDeps(config)
  }
  const listener = listen(port, ...args)
  context.port = server.address().port
  return listener
}) as any
```

```
return server
}
```

在浏览器中访问 http://localhost:3000/，得到主体内容，如下。

```
<body>
 <di v id="app"></div>
 <script type="module" src="/src/main.js"></script>
</body>
```

依据 ESM 规范在浏览器 script 标签中的实现，对于<script type="module" src="./bar.js"> </script>
内容：当出现 script 标签的 type 属性为 module 时，浏览器将会请求模块相应内容。

另一种 ESM 规范在浏览器 script 标签中的实现如下。

```
<script type="module">
 import { bar } from './bar.js`
</script>
```

浏览器会发起 HTTP 请求，请求 HTTP Server 托管的 bar.js 文件。

Vite Server 处理 http://localhost:3000/src/main.js 请求后，最终返回了以下内容，如图 5-3 所示。

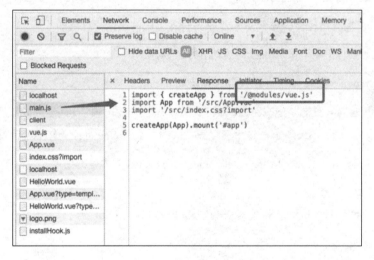

图 5-3

返回内容和项目中的./src/main.js 文件内容略有差别，项目中的./src/main.js 文件内容如下。

```
import { createApp } from 'vue'
import App from './App.vue'
import './index.css'
```

而此刻在浏览器中得到的内容如下。

```
import { createApp } from '/@modules/vue.js'
import App from '/src/App.vue'
import '/src/index.css?import'
```

其中 import { createApp } from 'vue'变为 import { createApp } from '/@modules/vue.js'，原因很明显，import 对应的路径只支持以"/"、"./"或"../"开头的内容，直接使用模块名会立即报错。

所以 Vite Server 在处理请求时，会通过 serverPluginModuleRewrite 这个中间件将 import from 'A' 中的 A 改动为 from '/@modules/A'，源码如下。

```
const resolvedPlugins = [
  // ...
  moduleRewritePlugin,
  // ...
]
resolvedPlugins.forEach((m) => m && m(context))
```

上述代码中出现的 moduleRewritePlugin 插件实现起来也并不困难，主要通过 rewriteImports 方法来执行 resolveImport 方法，并进行改写。这里不再展开讲解，大家可以自行学习。

整个过程和调用链路较长，对于 Vite 处理 import 方法的规范，总结如下。

- 在 Koa 中间件里获取请求 path 对应的 body 内容。
- 通过 es-module-lexer 解析资源 AST，并获取 import 的内容。
- 如果判断 import 资源是绝对路径，即可认为该资源为 npm 模块，并返回处理后的资源路径。比如 vue → /@modules/vue。这个变化在上面的两个./src/main.js 文件中可以看到。

对于形如 import App from './App.vue'和 import './index.css'的内容的处理，过程与上述情况类似，具体如下。

- 在 Koa 中间件里获取请求 path 对应的 body 内容。
- 通过 es-module-lexer 解析资源 AST，并获取 import 的内容。
- 如果判断 import 资源是相对路径，即可认为该资源为项目应用中的资源，并返回处理后的资源路径。比如./App.vue → /src/App.vue。

接下来浏览器根据 main.js 文件的内容，分别请求以下内容。

```
/@modules/vue.js
/src/App.vue
/src/index.css?import
```

/@module/类请求较为容易，我们只需要完成下面三步。

- 在 Koa 中间件里获取请求 path 对应的 body 内容。
- 判断路径是否以/@module/开头，如果是，则取出包名（这里为 vue.js）。
- 去 node_modules 文件中找到对应的 npm 库，返回内容。

上述步骤在 Vite 中使用 serverPluginModuleResolve 中间件实现。

接着，对/src/App.vue 类请求进行处理，这就涉及 Vite 服务器的编译能力了。我们先看结果，对比项目中的 App.vue，浏览器请求得到的结果大变样，如图 5-4 所示。

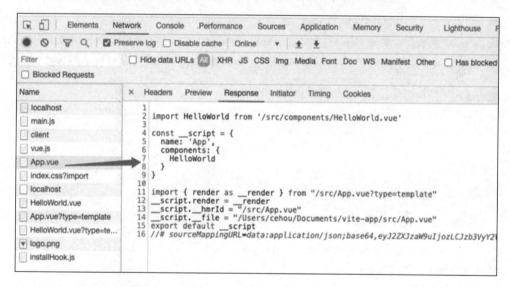

图 5-4

实际上，App.vue 这样的单文件组件对应 script、style 和 template，在经过 Vite Server 处理后，服务器端对 script、style 和 template 三部分分别处理，对应的中间件为 serverPluginVue。这个中间件的实现很简单，即对.vue 文件请求进行处理，通过 parseSFC 方法解析单文件组件，并通过 compileSFCMain 方法将单文件组件拆分为图 5-4 中的内容，对应中间件关键内容可在源码 vuePlugin 中找到。源码中涉及 parseSFC 具体操作，具体是调用@vue/compiler-sfc 进行单文件组件解析。上述过程的精简逻辑如下，希望能帮助你理解。

```
if (!query.type) {
 ctx.body = `
  const __script = ${descriptor.script.content.replace('export default ', '')}
```

```
    // 在单文件组件中，对于 style 部分，应编译为对应 style 样式的 import 请求
    ${descriptor.styles.length ? `import "${url}?type=style"` : ''}

    // 在单文件组件中，对于 template 部分，应编译为对应 template 样式的 import 请求
    import { render as __render } from "${url}?type=template"

    // 渲染 template 的内容
    __script.render = __render;
    export default __script;
  `;
}
```

总而言之，每一个.vue 单文件组件都被拆分成了多个请求。比如上面的场景，浏览器接收 App.vue 对应的实际内容后，发出 HelloWorld.vue 及 App.vue?type=template 请求（通过 type 来表明是 template 类型还是 style 类型）。Koa Server 分别进行处理并返回内容，这些请求也会分别被上面提到的 serverPluginVue 中间件处理：对于 template 类型请求，使用@vue/compiler-dom 进行编译并返回内容。

上述过程的精简逻辑如下，希望能帮助你理解。

```
if (query.type === 'template') {
    const template = descriptor.template;
    const render = require('@vue/compiler-dom').compile(template.content, {
      mode: 'module',
    }).code;
    ctx.type = 'application/javascript';
    ctx.body = render;
}
```

对于上面提到的 http://localhost:3000/src/index.css?import 请求，需通过 serverPluginVue 来实现解析，相对比较复杂，代码如下。

```
// style 类型请求
if (query.type === 'style') {
  const index = Number(query.index)
  const styleBlock = descriptor.styles[index]
  if (styleBlock.src) {
    filePath = await resolveSrcImport(root, styleBlock, ctx, resolver)
  }
  const id = hash_sum(publicPath)
  // 调用 compileSFCStyle 方法来编译单文件组件
  const result = await compileSFCStyle(
    root,
    styleBlock,
    index,
    filePath,
    publicPath,
    config
```

```
  )
  ctx.type = 'js'
  // 返回样式内容
  ctx.body = codegenCss(`${id}-${index}`, result.code, result.modules)
  return etagCacheCheck(ctx)
}
```

调用 serverPluginCss 中间件的 codegenCss 方法，如下。

```
export function codegenCss(
  id: string,
  css: string,
  modules?: Record<string, string>
): string {
  // 样式代码模板
  let code =
    `import { updateStyle } from "${clientPublicPath}"\n` +
    `const css = ${JSON.stringify(css)}\n` +
    `updateStyle(${JSON.stringify(id)}, css)\n`
  if (modules) {
    code += dataToEsm(modules, { namedExports: true })
  } else {
    code += `export default css`
  }
  return code
}
```

该方法会在浏览器中执行 updateStyle 方法，源码如下。

```
const supportsConstructedSheet = (() => {
  try {
    // 生成 CSSStyleSheet 实例，试探是否支持 ConstructedSheet
    new CSSStyleSheet()
    return true
  } catch (e) {}
  return false
})()

export function updateStyle(id: string, content: string) {
  let style = sheetsMap.get(id)
  if (supportsConstructedSheet && !content.includes('@import')) {
    if (style && !(style instanceof CSSStyleSheet)) {
      removeStyle(id)
      style = undefined
    }

    if (!style) {
      // 生成 CSSStyleSheet 实例
      style = new CSSStyleSheet()
```

```
    style.replaceSync(content)
    document.adoptedStyleSheets = [...document.adoptedStyleSheets, style]
  } else {
    style.replaceSync(content)
  }
} else {
if (style && !(style instanceof HTMLStyleElement)) {
    removeStyle(id)
    style = undefined
  }

  if (!style) {
    // 生成新的 style 标签并插入 document 当中
    style = document.createElement('style')
    style.setAttribute('type', 'text/css')
    style.innerHTML = content
    document.head.appendChild(style)
  } else {
    style.innerHTML = content
  }
}
sheetsMap.set(id, style)
}
```

经过上述步骤，即可完成在浏览器中插入样式的操作。

至此，我们解析并列举了较多源码内容。以上内容需要一步步梳理，强烈建议你打开 Vite 源码，自己剖析。

Vite 这种 bundleless 方案的运行原理如图 5-5 所示。

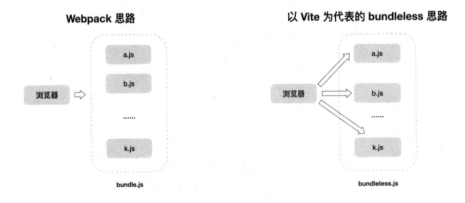

图 5-5

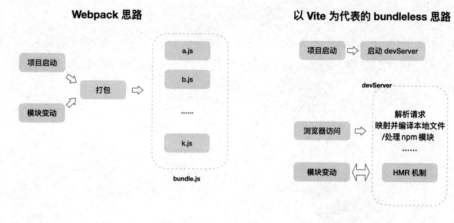

图 5-5（续）

接下来我们对 vite 的实现原理进行简单总结。

- Vite 利用浏览器原生支持 ESM 这一特性，省略了对模块的打包，不需要生成 bundle，因此初次启动更快，对 HMR 机制支持友好。

- 在 Vite 开发模式下，通过启动 Koa 服务器在服务器端完成模块的改写（比如单文件的解析编译等）和请求处理，可实现真正的按需编译。

- Vite Server 的所有逻辑基本都依赖中间件实现。这些中间件拦截请求之后完成了如下操作。

  - 处理 ESM 语法，比如将业务代码中的 import 第三方依赖路径转为浏览器可识别的依赖路径。

  - 对 .ts、.vue 文件进行即时编译。

  - 对 Sass/Less 需要预编译的模块进行编译。

  - 和浏览器端建立 Socket 连接，实现 HMR。

Vite HMR 实现原理

Vite 的打包命令使用 Rollup 实现，这并没有什么特别之处，我们不再展开。而 Vite 的 HMR 特性，主要是按照以下步骤实现的。

- 通过 watcher 监听文件改动。

- 通过服务器端编译资源，并推送新模块内容给浏览器。

- 浏览器收到新的模块内容，执行框架层面的 rerender/reload 操作。

当浏览器请求 HTML 页面时，服务器端通过 serverPluginHtml 插件向 HTML 内容注入一段脚本。如图 5-6 所示，我们可以看到，index.html 中就有一段引入了/vite/client 的代码，用于进行 WebSocket 的注册和监听。

图 5-6

对于/vite/client 请求的处理，在服务器端由 serverPluginClient 插件完成，代码如下。

```
export const clientPlugin: ServerPlugin = ({ app, config }) => {
  const clientCode = fs
    .readFileSync(clientFilePath, 'utf-8')
    .replace('__MODE__', JSON.stringify(config.mode || 'development'))
    .replace(
      '__DEFINES__',
      JSON.stringify({
        ...defaultDefines,
        ...config.define
      })
    )
  // 相应中间件处理
  app.use(async (ctx, next) => {
    if (ctx.path === clientPublicPath) {
      ctx.type = 'js'
      ctx.status = 200
      // 返回具体内容
      ctx.body = clientCode.replace('__PORT__', ctx.port.toString())
    } else {
```

```
  // 兼容历史逻辑，进行错误提示
  if (ctx.path === legacyPublicPath) {
    console.error(
      chalk.red(
        '[vite] client import path has changed from "/vite/hmr" to "/vite/client".' +
        'please update your code accordingly.'
      )
    )
  }
  return next()
  }
})
}
```

返回的/vite/src/client/client.js 代码在浏览器端主要通过 WebSocket 监听一些更新的内容，并对这些更新分别进行处理。

在服务器端，我们通过 chokidar 创建一个用于监听文件改动的 watcher，代码如下。

```
const watcher = chokidar.watch(root, {
    ignored: [/node_modules/, /\.git/],
    // #610
    awaitWriteFinish: {
      stabilityThreshold: 100,
      pollInterval: 10
    }
}) as HMRWatcher
```

另外，我们通过 serverPluginHmr 发布变动，通知浏览器。更多源码不再一一贴出。这里我总结了上述操作的流程图供大家参考，如图 5-7 所示。

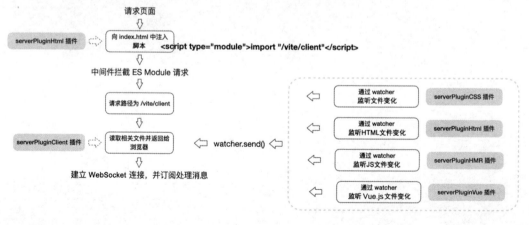

图 5-7

总结

本篇聚焦 Vite 实现，分析了如何利用 ESM 构建一个 bundleless 风格的现代化开发工程方案。源码较多，也涉及一定的工程化架构设计内容，但 Vite 实现流程清晰，易读性高，源码阅读性很好。

事实上，Vite 依赖优化的灵感来自 Snowpack，这类 bundleless 工具也代表着一种新趋势、新方向。我认为，夯实技术功底固然是很重要的，但培养技术敏感度也非常关键。

第二部分

这部分将一网打尽大部分开发者每天都会接触却很少真正理解的知识点。希望通过第二部分，读者能够真正意识到，Webpack 工程师的职责并不是写写配置文件那么简单，Babel 生态体系也不是使用 AST 技术玩转编译原理而已。这部分内容能够帮助读者培养前端工程化基础建设思想，这也是设计一个公共库、主导一项技术方案的基础知识。

现代化前端开发和架构生态

06

谈谈 core-js 及 polyfill 理念

即便你不熟悉 core-js，也一定在项目中直接或间接地使用过它。core-js 是一个 JavaScript 标准库，其中包含了兼容 ECMAScript 2020 多项特性的 polyfill[①]，以及 ECMAScript 在 proposals 阶段的特性、WHATWG/W3C 新特性等。因此，core-js 是一个现代化前端项目的"标准套件"。

除了 core-js 本身的重要性，它的实现理念、设计方式都值得我们学习。事实上，core-js 可以说是前端开发的一扇大门，具体原因如下。

- 通过 core-js，我们可以窥见前端工程化的方方面面。

- core-js 和 Babel 深度绑定，因此学习 core-js 也能帮助开发者更好地理解 Babel 生态，进而加深对前端生态的理解。

- 通过对 core-js 的解析，我们正好可以梳理前端领域一个极具特色的概念——polyfill。

因此，在本篇中，我们就来深入谈谈 core-js 及 polyfill 理念。

core-js 工程一览

core-js 是一个通过 Lerna 搭建的 Monorepo 风格的项目，在它的包文件中，我们能看到五个相关包：core-js、core-js-pure、core-js-compact、core-js-builder、core-js-bundle。

core-js 包实现的基础 polyfill 能力是整个 core-js 的核心逻辑。

---

① polyfill，也可称为垫片、补丁。在不同场景下，对这个词的使用习惯也不同，不会刻意统一。

比如我们可以按照以下方式引入全局 polyfill。

```
import 'core-js';
```

或者按照以下方式，按需在业务项目入口引入某些 polyfill。

```
import 'core-js/features/array/from';
```

core-js 为什么有这么多的包呢？实际上，它们各司其职又紧密配合。

core-js-pure 提供了不污染全局变量的 polyfill 能力，比如我们可以按照以下方式来实现独立导出命名空间的操作，进而避免污染全局变量。

```
import _from from 'core-js-pure/features/array/from';
import _flat from 'core-js-pure/features/array/flat';
```

core-js-compact 维护了遵循 Browserslist 规范的 polyfill 需求数据，可以帮助我们找到"符合目标环境"的 polyfill 需求集合，示例如下。

```
const {
  list, // array of required modules
  targets, // object with targets for each module
} = require('core-js-compat')({
  targets: '> 2.5%'
});
```

执行以上代码，我们可以筛选出全球浏览器使用份额大于 2.5%的区域，并提供在这个区域内需要支持的 polyfill 能力。

core-js-builder 可以结合 core-js-compact 及 core-js 使用，并利用 Webpack 能力，根据需求打包 core-js 代码，示例如下。

```
require('core-js-builder')({
  targets: '> 0.5%',
  filename: './my-core-js-bundle.js',
}).then(code => {}).catch(error => {});
```

执行以上代码，符合需求的 core-js polyfill 将被打包到 my-core-js-bundle.js 文件中。整个流程的代码如下。

```
require('./packages/core-js-builder')({ filename:
'./packages/core-js-bundle/index.js' }).then(done).catch(error => {
  // eslint-disable-next-line no-console
  console.error(error);
  process.exit(1);
});
```

总之，根据分包的设计，我们能发现，core-js 将自身能力充分解耦，提供的多个包都可以被其他项目所依赖。

- core-js-compact 可以被 Babel 生态使用，由 Babel 分析出环境需要的 polyfill。
- core-js-builder 可以被 Node.js 服务使用，构建出不同场景所需的 polyfill 包。

从宏观设计上来说，core-js 体现了工程复用能力。下面我们通过一个微观的 polyfill 实现案例，进一步帮助大家加深理解。

如何复用一个 polyfill

Array.prototype.every 是一个常见且常用的数组原型方法。该方法用于判断一个数组内的所有元素是否都能通过某个指定函数的测试，并最终返回一个布尔值来表示测试是否通过。它的浏览器兼容性如图 6-1 所示。

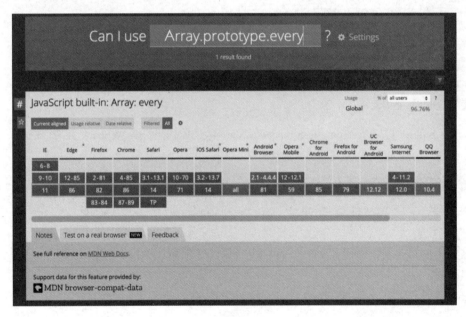

图 6-1

Array.prototype.every 的函数签名如下。

```
arr.every(callback(element[, index[, array]])[, thisArg])
```

　　对于一个有经验的前端程序员来说，如果浏览器不支持 Array.prototype.every，手动编写一个支持 Array.prototype.every 的 polyfill 并不困难。

```
if (!Array.prototype.every) {
 Array.prototype.every = function(callbackfn, thisArg) {
   'use strict';
   var T, k;

   if (this == null) {
     throw new TypeError('this is null or not defined');
   }

   var O = Object(this);

   var len = O.length >>> 0;

   if (typeof callbackfn !== 'function') {
     throw new TypeError();
   }

   if (arguments.length > 1) {
     T = thisArg;
   }

   k = 0;

   while (k < len) {

     var kValue;

     if (k in O) {
       kValue = O[k];
       var testResult = callbackfn.call(T, kValue, k, O);
       if (!testResult) {
         return false;
       }
     }
     k++;
   }
   return true;
 };
}
```

　　核心思路很容易理解：遍历数组，令数组的每一项执行回调方法，返回一个值表明是否通过测试。但是站在工程化的角度，从 core-js 的视角出发就不是这么简单了。

　　比如，我们知道 core-js-pure 不同于 core-js，它提供了不污染命名空间的引用方式，因此上述

Array.prototype.every 的 polyfill 核心逻辑实现，就需要被 core-js-pure 和 core-js 同时引用，只要区分最后导出的方式即可。那么按照这个思路，我们如何让 polyfill 被最大限度地复用呢？

实际上，Array.prototype.every 的 polyfill 核心逻辑在./packages/core-js/modules/es.array. every.js 中实现，源码如下。

```
'use strict';
var $ = require('../internals/export');
var $every = require('../internals/array-iteration').every;
var arrayMethodIsStrict = require('../internals/array-method-is-strict');
var arrayMethodUsesToLength = require('../internals/array-method-uses-to-length');

var STRICT_METHOD = arrayMethodIsStrict('every');
var USES_TO_LENGTH = arrayMethodUsesToLength('every');

$({ target: 'Array', proto: true, forced: !STRICT_METHOD || !USES_TO_LENGTH }, {
  every: function every(callbackfn /* , thisArg */) {
    // 调用 $every 方法
    return $every(this, callbackfn, arguments.length > 1 ? arguments[1] : undefined);
  }
});
```

对应的$every 的源码如下。

```
var bind = require('../internals/function-bind-context');
var IndexedObject = require('../internals/indexed-object');
var toObject = require('../internals/to-object');
var toLength = require('../internals/to-length');
var arraySpeciesCreate = require('../internals/array-species-create');

var push = [].push;

// 对 Array.prototype.{ forEach, map, filter, some, every, find, findIndex }等方法
// 进行模拟和接入
var createMethod = function (TYPE) {
  // 通过魔法常量来表示具体需要对哪种方法进行模拟
  var IS_MAP = TYPE == 1;
  var IS_FILTER = TYPE == 2;
  var IS_SOME = TYPE == 3;
  var IS_EVERY = TYPE == 4;
  var IS_FIND_INDEX = TYPE == 6;
  var NO_HOLES = TYPE == 5 || IS_FIND_INDEX;
  return function ($this, callbackfn, that, specificCreate) {
    var O = toObject($this);
    var self = IndexedObject(O);
    // 通过 bind 方法创建一个 boundFunction, 保留 this 指向
    var boundFunction = bind(callbackfn, that, 3);
```

```
    var length = toLength(self.length);
    var index = 0;
    var create = specificCreate || arraySpeciesCreate;
    var target = IS_MAP ? create($this, length) : IS_FILTER ? create($this, 0) : undefined;
    var value, result;
    // 循环遍历并执行回调方法
    for (;length > index; index++) if (NO_HOLES || index in self) {
      value = self[index];
      result = boundFunction(value, index, O);
      if (TYPE) {
        if (IS_MAP) target[index] = result; // map
        else if (result) switch (TYPE) {
          case 3: return true;             // some
          case 5: return value;            // find
          case 6: return index;            // findIndex
          case 2: push.call(target, value); // filter
        } else if (IS_EVERY) return false;  // every
      }
    }
    return IS_FIND_INDEX ? -1 : IS_SOME || IS_EVERY ? IS_EVERY : target;
  };
};

module.exports = {
  forEach: createMethod(0),
  map: createMethod(1),
  filter: createMethod(2),
  some: createMethod(3),
  every: createMethod(4),
  find: createMethod(5),
  findIndex: createMethod(6)
};
```

以上代码同样使用遍历方式，并由 ../internals/function-bind-context 提供 this 绑定能力，用魔法常量处理 forEach、map、filter、some、every、find、findIndex 这些数组原型方法。

重点是，在 core-js 中，作者通过 ../internals/export 方法导出了实现原型，源码如下。

```
module.exports = function (options, source) {
  var TARGET = options.target;
  var GLOBAL = options.global;
  var STATIC = options.stat;
  var FORCED, target, key, targetProperty, sourceProperty, descriptor;
  if (GLOBAL) {
    target = global;
  } else if (STATIC) {
    target = global[TARGET] || setGlobal(TARGET, {});
  } else {
```

```
    target = (global[TARGET] || {}).prototype;
  }
  if (target) for (key in source) {
    sourceProperty = source[key];
    if (options.noTargetGet) {
      descriptor = getOwnPropertyDescriptor(target, key);
      targetProperty = descriptor && descriptor.value;
    } else targetProperty = target[key];
    FORCED = isForced(GLOBAL ? key : TARGET + (STATIC ? '.' : '#') + key, options.forced);

    if (!FORCED && targetProperty !== undefined) {
      if (typeof sourceProperty === typeof targetProperty) continue;
      copyConstructorProperties(sourceProperty, targetProperty);
    }

    if (options.sham || (targetProperty && targetProperty.sham)) {
      createNonEnumerableProperty(sourceProperty, 'sham', true);
    }

    redefine(target, key, sourceProperty, options);
  }
};
```

对应 Array.prototype.every 源码，参数为 target: 'Array', proto: true，表明 core-js 需要在数组 Array 的原型之上以"污染数组原型"的方式来扩展方法，而 core-js-pure 则单独维护了一份 export 镜像../internals/export。

同时，core-js-pure 包中的 override 文件在构建阶段复制了 packages/core-js/内的核心逻辑，提供了复写核心 polyfill 逻辑的能力，通过构建流程实现 core-js-pure 与 override 内容的替换。

```
{
    expand: true,
    cwd: './packages/core-js-pure/override/',
    src: '**',
    dest: './packages/core-js-pure',
}
```

这是一种非常巧妙的"利用构建能力实现复用"的方案。但我认为，既然是 Monorepo 风格的仓库，也许一种更好的设计是将 core-js 核心 polyfill 单独放入一个包中，由 core-js 和 core-js-pure 分别进行引用——这种方式更能利用 Monorepo 的能力，且能减少构建过程中的魔法常量处理。

寻找最佳的 polyfill 方案

前文多次提到了 polyfill（垫片、补丁），这里我们正式对 polyfill 进行定义：

A polyfill, or polyfiller, is a piece of code (or plugin) that provides the technology that you, the developer, expect the browser to provide natively. Flattening the API landscape if you will.

简单来说，polyfill 就是用社区上提供的一段代码，让我们在不兼容某些新特性的浏览器上使用该新特性。

随着前端的发展，尤其是 ECMAScript 的迅速成长及浏览器的频繁更新换代，前端使用 polyfill 的情况屡见不鲜。那么如何能在工程中寻找并设计一个"最完美"的 polyfill 方案呢？注意，这里的最完美指的是侵入性最小，工程化、自动化程度最高，业务影响最低。

手动打补丁是一种方案。这种方式最为简单直接，也能天然做到"按需打补丁"，但这不是一种工程化的解决方案，方案原始且难以维护，同时对 polyfill 的实现要求较高。

于是，es5-shim 和 es6-shim 等"轮子"出现了，它们伴随着前端开发走过了一段艰辛的岁月。但 es5-shim 和 es6-shim 这种笨重的解决方案很快被 babel-polyfill 取代，babel-polyfill 融合了 core-js 和 regenerator-runtime。

但如果粗暴地使用 babel-polyfill 一次性将全量 polyfill 导入项目，不和@babel/preset-env 等方案结合，babel-polyfill 会将其所包含的所有 polyfill 都应用在项目当中，这样直接造成了项目所占内存过大，且存在污染全局变量的潜在问题。

于是，babel-polyfill 结合@babel/preset-env + useBuiltins（entry）+ preset-env targets 的方案诞生且迅速流行起来，@babel/preset-env 定义了 Babel 所需插件，同时 Babel 根据 preset-env targets 配置的支持环境自动按需加载 polyfill，使用方式如下。

```
{
  "presets": [
    ["@babel/env", {
      useBuiltIns: 'entry',
      targets: { chrome: 44 }
    }]
  ]
}
```

在工程代码入口处需要添加 import '@babel/polyfill'，并被编译为以下形式。

```
import "core-js/XXXX/XXXX";
import "core-js/XXXX/XXXXX";
```

这样的方式省力省心，也是 core-js 和 Babel 深度绑定并结合的典型案例。

上文提到，babel-polyfill 融合了 core-js 和 regenerator-runtime，既然如此，我们也可以不使用 babel-polyfill 而直接使用 core-js。这里我对比了 babel-polyfill、core-js、es5-shim、es6-shim 的使用频率，如图 6-2 所示。

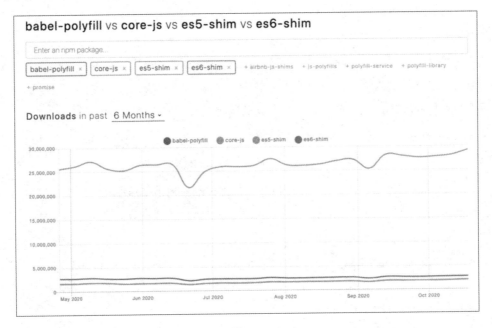

图 6-2

图 6-2 显示，core-js 使用频率最高，这是因为它既可以在项目中单独使用，也可以和 Babel 绑定，作为低层依赖出现。

我们再来考虑这样一种情况：如果某个业务的代码中并没有用到配置环境填充的 polyfill，那么这些 polyfill 的引入反而带来了引用浪费的问题。实际上，环境需要是一回事，代码是否需要却是另一回事。比如，我的 MPA（多页面应用）项目需要提供 Promise polyfill，但是某个业务页面中并没有使用 Promise 特性，理想情况下并不需要在当前页面中引入 Promise polyfill bundle。

针对这种情况，@babel/preset-env + useBuiltins（usage）+ preset-env targets 的解决方案出现了。注意这里的 useBuiltins 被配置为 usage，它可以真正根据代码情况分析 AST（抽象语法树）并进行更细粒度的按需引用。但是这种基于静态编译按需加载 polyfill 的操作也是相对的，因为 JavaScript 是一种弱规则的动态语言，比如这样的代码 foo.includes(() => {//...}) ，我们无法判断出这里的 includes 是数组原型方法还是字符串原型方法，因此一般做法是，将数组原型方法和字符串原型方法同时打包为 polyfill bundle。

除了在打包构建阶段植入 polyfill，另外一个思路是"在线动态打补丁"。这种方案以 Polyfill.io 为代表，它提供了 CDN 服务，使用者可以根据环境生成打包链接，如图 6-3 所示。

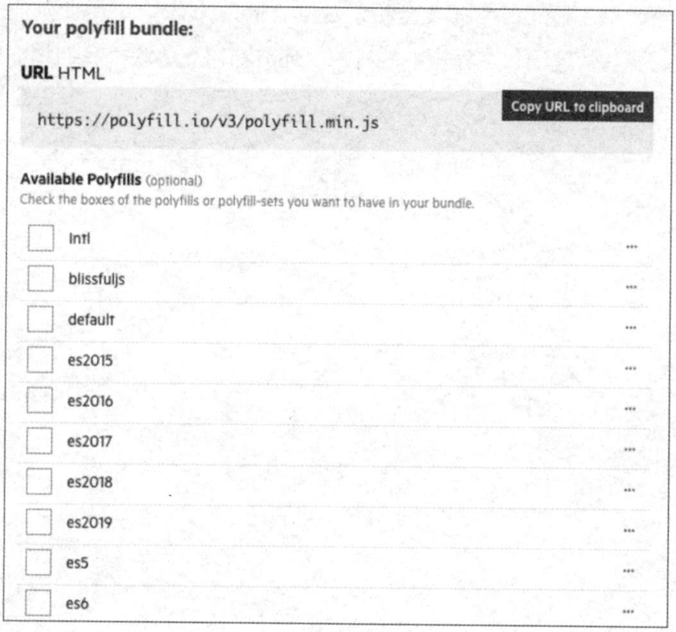

图 6-3

例如对于打包链接 https://polyfill.io/v3/polyfill.min.js?features=es2015，在业务中我们可以直接引入 polyfill bundle。

```
<script src="https://polyfill.io/v3/polyfill.min.js?features=es2015"></script>
```

在高版本浏览器上可能会返回空内容，因为该浏览器已经支持了 ES2015 特性。但在低版本浏览器中，我们将得到真实的 polyfill bundle。

从工程化的角度来说，一个趋于完美的 polyfill 设计应该满足的核心原则是"按需打补丁"，这个"按需"主要包括两方面。

- 按照用户终端环境打补丁。
- 按照业务代码使用情况打补丁。

按需打补丁意味着 bundle 体积更小，直接决定了应用的性能。

总结

从对前端项目的影响程度上来讲，core-js 不只是一个 polyfill 仓库；从前端技术设计的角度来看，core-js 能让我们获得更多启发和灵感。本篇分析了 core-js 的设计实现，并由此延伸出了工程中 polyfill 设计的方方面面。前端基础建设和工程化中的每一个环节都相互关联，我们将在后面的篇章中继续探索。

07

梳理混乱的 Babel，拒绝编译报错

Babel 在前端领域拥有举足轻重的历史地位，几乎所有的大型前端应用项目都离不开 Babel 的支持。同时，Babel 还是一个工具链（toolchain），是前端基础建设中绝对重要的一环。

作为前端工程师，你可能配置过 Babel，也可能看过一些关于 Babel 插件或原理的文章。但我认为，"配置工程师"只是我们的起点，通过阅读几篇关于 Babel 插件编写的文章并不能真正掌握 Babel 的设计思想和原理。对于 Babel 的学习不能停留在配置层面，我们需要从更高的角度认识 Babel 在工程设计上的思想和原理。本篇将深入 Babel 生态，介绍前端基建工程中最重要的一环。

Babel 是什么

Babel 官方对其的介绍如下：

Babel is a JavaScript compiler.

Babel 其实就是一个 JavaScript 的"编译器"。但是一个简单的编译器如何能成为影响前端项目的"大杀器"呢？究其原因，主要是前端语言特性和宿主环境（浏览器、Node.js 等）高速发展，但宿主环境无法第一时间支持新语言特性，而开发者又需要兼容各种宿主环境，因此语言特性的降级成为刚需。

另一方面，前端框架"自定义 DSL"的风格越来越明显，使得前端各种代码被编译为 JavaScript 代码的需求成为标配。因此，Babel 的职责半径越来越大，它需要完成以下内容。

- 语法转换，一般是高级语言特性的降级。

- polyfill 特性的实现和接入。

- 源码转换，比如 JSX 等。

为了完成这些工作，Babel 不能大包大揽地实现一切，更不能用面条式的毫无设计模式可言的方式来编码。因此，从工程化的角度来讲，Babel 的设计需要秉承以下理念。

- 可插拔（Pluggable），比如 Babel 需要有一套灵活的插件机制，方便接入各种工具。

- 可调试（Debuggable），比如 Babel 在编译过程中要提供一套 Source Map 来帮助使用者在编译结果和编译前源码之间建立映射关系，方便调试。

- 基于协定（Compact），主要是指实现灵活的配置方式，比如大家熟悉的 Babel loose 模式，Babel 提供 loose 选项可帮助开发者在"尽量还原规范"和"更小的编译产出体积"之间找到平衡。

总结一下，编译是 Babel 的核心目标，因此它自身的实现基于编译原理，深入 AST（抽象语法树）来生成目标代码，同时需要工程化协作，需要和各种工具（如 Webpack）相互配合。因此，Babel 一定是庞大、复杂的。下面我们就一起来了解这个"庞然大物"的运作方式和实现原理。

Babel Monorepo 架构包解析

为了以最完美的方式支持上述需求，Babel 家族可谓枝繁叶茂。Babel 是一个使用 Lerna 构建的 Monorepo 风格的仓库，其./packages 目录下有 140 多个包，其中 Babel 的部分包大家可能见过或者使用过，但并不确定它们能起到什么作用，而有些包你可能都没有听说过。总的来说，这些包的作用可以分为两种。

- Babel 的一些包的意义是在工程上起作用，因此对于业务来说是不透明的，比如一些插件可能被 Babel preset 预设机制打包并对外输出。

- Babel 的另一些包是供纯工程项目使用的，或者运行在 Node.js 环境中，这些包相对来讲大家会更熟悉。

下面，我会对一些 Babel 家族的重点成员进行梳理，并简单说明它们的基本使用原理。

@babel/core 是 Babel 实现转换的核心，它可以根据配置进行源码的编译转换，示例如下。

```
var babel = require("@babel/core");
```

```
babel.transform(code, options, function(err, result) {
  result; // => { code, map, ast }
});
```

　　@babel/cli 是 Babel 提供的命令行，可以在终端中通过命令行方式运行，编译文件或目录。其实现原理是，使用 commander 库搭建基本的命令行。以编译文件为例，其关键源码如下。

```
import * as util from "./util";

const results = await Promise.all(
  _filenames.map(async function (filename: string): Promise<Object> {
    let sourceFilename = filename;
    if (cliOptions.outFile) {
      sourceFilename = path.relative(
        path.dirname(cliOptions.outFile),
        sourceFilename,
      );
    }
    // 获取文件名
    sourceFilename = slash(sourceFilename);

    try {
      return await util.compile(filename, {
        ...babelOptions,
        sourceFileName: sourceFilename,
        // 获取 sourceMaps 配置项
        sourceMaps:
          babelOptions.sourceMaps === "inline"
            ? true
            : babelOptions.sourceMaps,
      });
    } catch (err) {
      if (!cliOptions.watch) {
        throw err;
      }

      console.error(err);
      return null;
    }
  }),
);
```

　　在上述代码中，@babel/cli 使用了 util.compile 方法执行关键的编译操作，该方法定义在 babel-cli/src/babel/util.js 中。

```
import * as babel from "@babel/core";
// 核心编译方法
export function compile(
```

```
  filename: string,
  opts: Object | Function,
): Promise<Object> {
  // 编译配置
  opts = {
    ...opts,
    caller: CALLER,
  };

  return new Promise((resolve, reject) => {
    // 调用 transformFile 方法执行编译过程
    babel.transformFile(filename, opts, (err, result) => {
      if (err) reject(err);
      else resolve(result);
    });
  });
}
```

由此可见，@babel/cli 负责获取配置内容，并最终依赖@babel/core 完成编译。

事实上，关于上述原理，我们可以在@babel/cli 的 package.json 文件中找到线索，请看如下代码。

```
"peerDependencies": {
    "@babel/core": "^7.0.0-0"
},
```

作为@babel/cli 的关键依赖，@babel/core 提供了基础的编译能力。

上面我们梳理了@babel/cli 和@babel/core 包，希望帮助你形成 Babel 各个包之间协同分工的整体感知，这也是 Monorepo 风格仓库常见的设计形式。接下来，我们再继续看更多的"家族成员"。

@babel/standalone 这个包非常有趣，它可以在非 Node.js 环境（比如浏览器环境）下自动编译 type 值为 text/babel 或 text/jsx 的 script 标签，示例如下。

```html
<script src="https://unpkg.com/@babel/standalone/babel.min.js"></script>
<script type="text/babel">
    const getMessage = () => "Hello World";
    document.getElementById('output').innerHTML = getMessage();
</script>
```

上述编译行为由以下代码支持。

```
import {
  transformFromAst as babelTransformFromAst,
  transform as babelTransform,
  buildExternalHelpers as babelBuildExternalHelpers,
} from "@babel/core";
```

　　@babel/standalone 可以在浏览器中直接执行，因此这个包对于浏览器环境动态插入具有高级语言特性的脚本、在线自动解析编译非常有意义。我们知道的 Babel 官网也用到了这个包，JSFiddle、JS Bin 等也都是使用@babel/standalone 的受益者。

　　我认为，在前端发展方向之一——Web IDE 和智能化方向上，类似的设计和技术将会有更多的施展空间，@babel/standalone 能为现代化前端发展提供思路和启发。

　　我们知道@babel/core 被多个 Babel 包应用，而@babel/core 的能力由更底层的@babel/parser、@babel/code-frame、@babel/generator、@babel/traverse、@babel/types 等包提供。这些 Babel 家族成员提供了基础的 AST 处理能力。

　　@babel/parser 是 Babel 用来对 JavaScript 语言进行解析的解析器。

　　@babel/parser 的实现主要依赖并参考了 acorn 和 acorn-jsx，典型用法如下。

```
require("@babel/parser").parse("code", {
  sourceType: "module",

  plugins: [
    "jsx",
    "flow"
  ]
});
```

　　@bable/parser 源码实现如下。

```
export function parse(input: string, options?: Options): File {
  if (options?.sourceType === "unambiguous") {
    options = {
      ...options,
    };
    try {
      options.sourceType = "module";
      // 获取相应的编译器
      const parser = getParser(options, input);
      // 使用编译器将源码转为 AST 代码
      const ast = parser.parse();

      if (parser.sawUnambiguousESM) {
        return ast;
      }

      if (parser.ambiguousScriptDifferentAst) {
        try {
          options.sourceType = "script";
          return getParser(options, input).parse();
```

```
    } catch {}
  } else {
    ast.program.sourceType = "script";
  }

  return ast;
} catch (moduleError) {
  try {
    options.sourceType = "script";
    return getParser(options, input).parse();
  } catch {}

  throw moduleError;
  }
} else {
  return getParser(options, input).parse();
}
}
```

由上述代码可见，require("@babel/parser").parse()方法可以返回一个针对源码编译得到的 AST，这里的 AST 符合 Babel AST 格式要求。

有了 AST，我们还需要对它进行修改，以产出编译后的代码。这就涉及对 AST 的遍历了，此时 @babel/traverse 将派上用场，使用方式如下。

```
traverse(ast, {
  enter(path) {
    if (path.isIdentifier({ name: "n" })) {
      path.node.name = "x";
    }
  }
});
```

遍历的同时，如何对 AST 上的指定内容进行修改呢？这就要引出另一个家族成员@babel/types 了，该包提供了对具体的 AST 节点进行修改的能力。

得到编译后的 AST 之后，最后使用@babel/generator 对新的 AST 进行聚合并生成 JavaScript 代码，如下。

```
const output = generate(
  ast,
  {
    /* options */
  },
  code
);
```

以上便是一个典型的 Babel 底层编译示例，流程如图 7-1 所示。

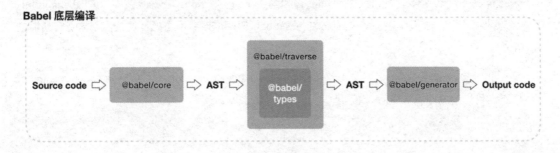

图 7-1

图 7-1 也是 Babel 插件运作的基础。基于对 AST 的操作，Babel 将上述所有能力开放给插件，让第三方能够更方便地操作 AST，并聚合成最终编译产出的代码。

基于以上原理，Babel 具备了编译处理能力，但在工程中运用时，我们一般不会感知这些内容，你可能也很少直接操作@babel/core、@babel/types 等，而是对 @babel/preset-env 更加熟悉，毕竟@babel/preset-env 才是在业务中直接暴露给开发者的包。

在工程中，我们需要 Babel 做到的是编译降级，而这个编译降级一般通过@babel/preset-env 来配置。@babel/preset-env 允许我们配置需要支持的目标环境（一般是浏览器范围或 Node.js 版本范围），利用 babel-polyfill 完成补丁接入。

结合上一篇内容，@babel/polyfill 其实就是 core-js 和 regenerator-runtime 两个包的结合，在源码层面，@babel/polyfill 通过 build-dist.sh 脚本，利用 Browserify 进行打包，具体如下。

```sh
#!/bin/sh
set -ex

mkdir -p dist

yarn browserify lib/index.js \
  --insert-global-vars 'global' \
  --plugin bundle-collapser/plugin \
  --plugin derequire/plugin \
  >dist/polyfill.js
yarn uglifyjs dist/polyfill.js \
  --compress keep_fnames,keep_fargs \
  --mangle keep_fnames \
  >dist/polyfill.min.js
```

这里需要注意，@babel/polyfill 并非重点，大家了解即可。

新的 Babel 生态（@babel/preset-env 7.4.0 版本）鼓励开发者直接在代码中引入 core-js 和 regenerator-runtime。但是不管是直接引入 core-js 和 regenerator-runtime，还是直接引入@babel/polyfill，其实都是引入了全量的 polyfill，那么@babel/preset-env 如何根据目标适配环境按需引入业务所需的 polyfill 呢？

事实上，@babel/preset-env 通过配置 targets 参数，遵循 Browserslist 规范，结合 core-js-compat，即可筛选出目标适配环境所需的 polyfill（或 plugin），关键源码如下。

```
export default declare((api, opts) => {

  // 规范参数
  const {
    bugfixes,
    configPath,
    debug,
    exclude: optionsExclude,
    forceAllTransforms,
    ignoreBrowserslistConfig,
    include: optionsInclude,
    loose,
    modules,
    shippedProposals,
    spec,
    targets: optionsTargets,
    useBuiltIns,
    corejs: { version: corejs, proposals },
    browserslistEnv,
  } = normalizeOptions(opts);

  let hasUglifyTarget = false;

  // 获取对应的 targets 参数
  const targets = getTargets(
    (optionsTargets: InputTargets),
    { ignoreBrowserslistConfig, configPath, browserslistEnv },
  );
  const include = transformIncludesAndExcludes(optionsInclude);
  const exclude = transformIncludesAndExcludes(optionsExclude);

  const transformTargets = forceAllTransforms || hasUglifyTarget ? {} : targets;

  // 获取需要兼容的内容
  const compatData = getPluginList(shippedProposals, bugfixes);

  const modulesPluginNames = getModulesPluginNames({
    modules,
```

```
    transformations: moduleTransformations,
    shouldTransformESM: modules !== "auto" || !api.caller?.(supportsStaticESM),
    shouldTransformDynamicImport:
      modules !== "auto" || !api.caller?.(supportsDynamicImport),
    shouldTransformExportNamespaceFrom: !shouldSkipExportNamespaceFrom,
    shouldParseTopLevelAwait: !api.caller || api.caller(supportsTopLevelAwait),
});

// 获取目标 plugin 名称
const pluginNames = filterItems(
  compatData,
  include.plugins,
  exclude.plugins,
  transformTargets,
  modulesPluginNames,
  getOptionSpecificExcludesFor({ loose }),
  pluginSyntaxMap,
);
removeUnnecessaryItems(pluginNames, overlappingPlugins);

const polyfillPlugins = getPolyfillPlugins({
  useBuiltIns,
  corejs,
  polyfillTargets: targets,
  include: include.builtIns,
  exclude: exclude.builtIns,
  proposals,
  shippedProposals,
  regenerator: pluginNames.has("transform-regenerator"),
  debug,
});

const pluginUseBuiltIns = useBuiltIns !== false;
// 根据 pluginNames 返回一个 plugin 配置列表
const plugins = Array.from(pluginNames)
  .map(pluginName => {
    if (
      pluginName === "proposal-class-properties" ||
      pluginName === "proposal-private-methods" ||
      pluginName === "proposal-private-property-in-object"
    ) {
      return [
        getPlugin(pluginName),
        {
          loose: loose
            ? "#__internal__@babel/preset-env__prefer-true-but-false-is-ok-if-it-
prevents-an-error"
            : "#__internal__@babel/preset-env__prefer-false-but-true-is-ok-if-it-
```

```
prevents-an-error",
        },
      ];
    }
    return [
      getPlugin(pluginName),
      { spec, loose, useBuiltIns: pluginUseBuiltIns },
    ];
  })
  .concat(polyfillPlugins);

 return { plugins };
});
```

这部分内容可以与上一篇结合学习，相信你会对前端"按需引入 polyfill"有一个更加清晰的认知。

至于 Babel 家族的其他成员，相信你也一定见过@babel/plugin-transform-runtime，它可以重复使用 Babel 注入的 helper 函数，达到节省代码空间的目的。

比如，对于一段简单的代码 class Person{}，经过 Babel 编译后将得到以下内容。

```
function _instanceof(left, right) {
 if (right != null && typeof Symbol !== "undefined" &&  right[Symbol.hasInstance]) {
  return !!right[Symbol.hasInstance](left);
 }
 else {
  return left instanceof right;
 }
}

function _classCallCheck(instance, Constructor) {
 if (!_instanceof(instance, Constructor)) { throw new TypeError("Cannot call a class as
a function"); }
}

var Person = function Person() {
 _classCallCheck(this, Person);
};
```

其中_instanceof 和_classCallCheck 都是 Babel 内置的 helper 函数。如果每个类的编译结果都在代码中植入这些 helper 函数的具体内容，则会对产出代码的体积产生明显的负面影响。在启用@babel/plugin-transform-runtime 插件后，上述编译结果将变为以下形式。

```
var _interopRequireDefault = require("@babel/runtime/helpers/interopRequireDefault");

var _classCallCheck2 =
```

```
_interopRequireDefault(require("@babel/runtime/helpers/classCallCheck"));

var Person = function Person() {
  (0, _classCallCheck2.default)(this, Person);
};
```

从上述代码中可以看到，_classCallCheck 作为模块依赖被引入文件，基于打包工具的 cache 能力减小产出代码的体积。需要注意的是，_classCallCheck2 这个 helper 函数由@babel/runtime 给出，@babel/runtime 是 Babel 家族的另一个包。

@babel/runtime 中含有 Babel 编译所需的一些运行时 helper 函数，同时提供了 regenerator-runtime 包，对 generator 和 async 函数进行编译降级。

关于@babel/plugin-transform-runtime 和@babel/runtime，总结如下。

- @babel/plugin-transform-runtime 需要和@babel/runtime 配合使用。

- @babel/plugin-transform-runtime 在编译时使用，作为 devDependencies。

- @babel/plugin-transform-runtime 将业务代码进行编译，引用@babel/runtime 提供的 helper 函数，达到缩减编译产出代码体积的目的。

- @babel/runtime 用于运行时，作为 dependencies。

另外，@babel/plugin-transform-runtime 和@babel/runtime 配合使用除了可以实现"代码瘦身"，还能避免污染全局作用域。比如，一个生成器函数 function* foo() {}在经过 Babel 编译后，产出内容如下。

```
var _marked = [foo].map(regeneratorRuntime.mark);

function foo() {
  return regeneratorRuntime.wrap(
    function foo$(_context) {
      while (1) {
        switch ((_context.prev = _context.next)) {
          case 0:
          case "end":
            return _context.stop();
        }
      }
    },
    _marked[0],
    this
  );
}
```

其中，regeneratorRuntime 是一个全局变量，经过上述编译过程后，全局作用域受到了污染。结合@babel/plugin-transform-runtime 和@babel/runtime，上述代码将变为以下形式。

```
// 特别命名为_regenerator 和_regenerator2，避免污染全局作用域
var _regenerator = require("@babel/runtime/regenerator");
var _regenerator2 = _interopRequireDefault(_regenerator);

function _interopRequireDefault(obj) {
  return obj && obj.__esModule ? obj : { default: obj };
}

var _marked = [foo].map(_regenerator2.default.mark);
// 将 await 编译为 Generator 模式
function foo() {
  return _regenerator2.default.wrap(
    function foo$(_context) {
      while (1) {
        switch ((_context.prev = _context.next)) {
          case 0:
          case "end":
            return _context.stop();
        }
      }
    },
    _marked[0],
    this
  );
}
```

此时，regenerator 由 require("@babel/runtime/regenerator") 导出，且导出结果被赋值为一个文件作用域内的_regenerator 变量，从而避免了全局作用域污染。理清这层关系，相信你在使用 Babel 家族成员时，能够更准确地从原理层面理解各项配置功能。

最后，我们再来梳理其他几个重要的 Babel 家族成员及其能力和实现原理。

- @babel/plugin 是 Babel 插件集合。

- @babel/plugin-syntax-*是 Babel 的语法插件。它的作用是扩展@babel/parser 的一些能力，供工程使用。比如，@babel/plugin-syntax-top-level-await 插件提供了使用 top level await 新特性的能力。

- @babel/plugin-proposal-*用于对提议阶段的语言特性进行编译转换。

- @babel/plugin-transform-*是 Babel 的转换插件。比如，简单的 @babel/plugin-transform-react-display-name 插件可以自动适配 React 组件 DisplayName，示例如下。

```
var foo = React.createClass({}); // React <= 15
var bar = createReactClass({}); // React 16+
```

上述调用经过@babel/plugin-transform-react-display-name 的处理后被编译为以下内容。

```
var foo = React.createClass({
  displayName: "foo"
}); // React <= 15
var bar = createReactClass({
  displayName: "bar"
}); // React 16+
```

- @babel/template 封装了基于 AST 的模板能力，可以将字符串代码转换为 AST，在生成一些辅助代码时会用到这个包。

- @babel/node 类似于 Node.js CLI，@babel/node 提供了在命令行执行高级语法的环境，也就是说，相比于 Node.js CLI，它支持更多特性。

- @babel/register 实际上为 require 增加了一个 hook，使用之后，所有被 Node.js 引用的文件都会先被 Babel 转码。

这里请注意，@babel/node 和@babel/register 都是在运行时进行编译转换的，因此会对运行时的性能产生影响。在生产环境中，我们一般不直接使用@babel/node 和@babel/register。

上述内容涉及对业务开发者黑盒的编译产出、源码层面的实现原理、各个包的分工和协调，内容较多，要想做到真正理解并非一夕之功。接下来，我们从更加宏观的角度来加深认识。

Babel 工程生态架构设计和分层理念

了解了上述内容，你也许会问：平时开发中出镜率极高的@babel/loader 怎么没有看到？

事实上，Babel 的生态是内聚的，也是开放的。我们通过 Babel 对代码进行编译，该过程从微观上可视为前端基建的一个环节，这个环节融入在整个工程中，也需要和其他环节相互配合。@babel/loader 就是用于 Babel 与 Webpack 结合的。

在 Webpack 编译生命周期中，@babel/loader 作为一个 Webpack loader 承担着文件编译的职责。我们暂且将@babel/loader 放到 Babel 家族中，可以得到如图 7-2 所示的"全家福"。

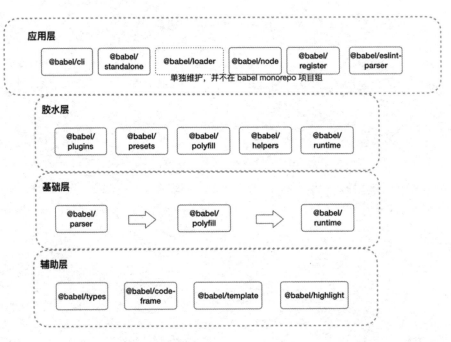

图 7-2

如图 7-2 所示，Babel 生态按照辅助层 → 基础层 → 胶水层 → 应用层四级完成构建。其中某些层级的界定有些模糊，比如@babel/highlight 也可以作为应用层工具。

基础层提供了基础的编译能力，完成分词、解析 AST、生成产出代码的工作。在基础层中，我们将一些抽象能力下沉到辅助层，这些抽象能力被基础层使用。在基础层之上的胶水层，我们构建了如@babel/presets 等预设/插件能力，这些类似"胶水"的包完成了代码编译降级所需补丁的构建、运行时逻辑的模块化抽象等工作。在最上面的应用层，Babel 生态提供了终端命令行、浏览器端编译等应用级别的能力。

分层的意义在于应用，下面我们从一个应用场景来具体分析，看看 Babel 工程化设计能给我们带来什么样的启示。

从@babel/eslint-parser 看 Babel 工程化

相信你一定知道 ESLint，它可以用来帮助我们审查 ECMAScript、JavaScript 代码，其原理是基于 AST 语法分析进行规则校验。那这和 Babel 有什么关联呢？

试想一下，如果业务代码使用了较多的试验性 ECMAScript 语言特性，那么 ESLint 如何识别这些新的语言特性，做到新特性代码检查呢？

事实上，ESLint 的解析工具只支持最终进入 ECMAScript 语言标准的特性，如果想对试验性特性或 Flow/TypeScript 进行代码检查，ESLint 提供了更换 parser 的能力。@babel/eslint-parser 就是配合 ESLint 检查合法 Babel 代码的解析器。

上述实现原理也很简单，ESLint 支持 custom-parser，允许我们使用自定义的第三方编译器，比如下面是一个将 espree 作为 custom-parser 的场景。

```
{
    "parser": "./path/to/awesome-custom-parser.js"
}

var espree = require("espree");
// awesome-custom-parser.js
exports.parseForESLint = function(code, options) {
    return {
        ast: espree.parse(code, options),
        services: {
            foo: function() {
                console.log("foo");
            }
        },
        scopeManager: null,
        visitorKeys: null
    };
};
```

@babel/eslint-parser 源码的实现保留了相同的模板，它通过自定义的 parser 最终返回了 ESLint 所需要的 AST 内容，根据具体的 ESLint 规则进行代码检查。

```
export function parseForESLint(code, options = {}) {
    const normalizedOptions = normalizeESLintConfig(options);
    const ast = baseParse(code, normalizedOptions);
    const scopeManager = analyzeScope(ast, normalizedOptions);

    return { ast, scopeManager, visitorKeys };
}
```

在上述代码中，ast 是 espree 兼容的格式，可以被 ESLint 理解。visitorKeys 定义了编译 AST 的能力，ScopeManager 定义了新（试验）特性的作用域。

由此可见，Babel 生态和前端工程中的各个环节都是打通的。它可以以@babel/loader 的形式和 Webpack 协作，也可以以@babel/eslint-parser 形式和 ESLint 协作。现代化的前端工程是一环扣一环的，作为工程链上的一环，插件化能力、协作能力是设计的重点和关键。

总结

作为前端开发者，你可能会被如何配置 Babel、Webpack 这些工具所困扰，遇到"配置到自己的项目中就各种报错"的问题。此时，你可能花费了一天的时间通过 Google 找到了最终的配置解法，但是解决之道却没搞清楚；你可能看过一些关于 Babel 插件和原理的文章，自以为掌握了 AST、窥探了编译，但真正手写一个分词器 Tokenizer 却一头雾水。

我们需要对 Babel 进行系统学习，学习目的是了解其工程化设计，方便在前端基建的过程中进行最佳配置实践，不再被编译报错所困扰。

08

前端工具链：统一标准化的 babel-preset

公共库是前端生态中的重要角色。公共库的模块化规范、编译标准，甚至压缩方式都有讲究，同时公共库与使用它们的业务项目也要密切配合，这样才能打造一个完善的基建环境。请你仔细审视手上的项目：编译构建过程是否做到了最高效，产出代码是否配备了最高级别的安全保障，是否做到了性能体验最佳？

在本篇中，我们会从公共库的角度出发，梳理当前的前端生态，还原一个趋于完美的公共库设计标准。

从公共库处理的问题，谈如何做好"扫雷人"

让我们以一篇网红文章《报告老板，我们的 H5 页面在 iOS 11 系统上白屏了！》开始本节的内容，先简单梳理和总结一下文章内容，如下。

- 作者发现某些机型上出现页面白屏情况。

- 出现在报错页面上的信息非常明显，即当前浏览器不支持扩展运算符。

- 出错的代码（使用了扩展运算符的代码）是某个公共库代码，它没有使用 Babel 插件进行降级处理，因此线上源码中出现了扩展运算符。

问题找到了，或许直接对出现问题的公共库代码用 Babel 进行编译降级就可以解决，但在文中环境下，需要在 vue.config.js 中加入对问题公共库 module-name/library-name 的 Babel 编译流程。

```
transpileDependencies: [
  'module-name/library-name' // 出现问题的公共库
],
```

vue-cli 对 transpileDependencies 有如下说明：

> 默认情况下，@babel/loader 会忽略所有 node_modules 中的文件。如果想要通过 Babel 显式转译一个依赖，可以在 transpileDependencies 选项中列出这个依赖。

按照上述说法进行操作后，我们却得到了新的报错：Uncaught TypeError: Cannot assign to read only property 'exports' of object '#<Object>'。出现问题的原因如下。

- plugin-transform-runtime 会根据 sourceType 选择注入 import 或者 require，sourceType 的默认值是 module，因此会默认注入 import。

- Webpack 不会处理包含 import/export 的文件中的 module.exports 导出，所以需要让 Babel 自动判断 sourceType，根据文件内是否存在 import/export 来决定注入什么样的代码。

为了适配上述问题，Babel 设置了 sourceType 属性，其中的 unambiguous 表示 Babel 会根据文件上下文（比如是否含有 import/export）来决定是否按照 ESM 语法处理文件，配置如下。

```
module.exports = {
  ... // 省略配置
  sourceType: 'unambiguous',
  ... // 省略配置
}
```

但是这种做法在工程上并不推荐，上述方式对所有编译文件都生效，但也增加了编译成本（因为设置 sourceType:unambiguous 后，编译时需要做的事情更多），同时还存在一个潜在问题：并不是所有的 ESM 模块（这里指使用 ESNext 特性的文件）中都含有 import/export，因此，即便某个待编译文件属于 ESM 模块，也可能被 Babel 错误地判断为 CommonJS 模块，引发误判。

因此，一个更合适的做法是，只对目标第三方库'module-name/library-name'设置 sourceType：unambiguous，这时，Babel overrides 属性就派上用场了，具体使用方式如下。

```
module.exports = {
    ... // 省略配置
    overrides: [
        { include: './node_modules/module-name/library-name/name.common.js',
          // 使用的第三方库
        sourceType: 'unambiguous'
        }
    ],
    ... // 省略配置
};
```

至此，这个"iOS 11 系统白屏"的问题就告一段落了，问题及解决思路如下。

- 出现线上问题。

- 某个公共库没有处理扩展运算符特性。

- 使用 transpileDependencies 选项，用 Babel 编译该公共库。

- 该公共库输出 CommonJS 代码，因此未被处理。

- 设置 sourceType:unambiguous，用 Babel overrides 属性进行处理。

我们回过头再来看这个问题，实际上业务方对线上测试回归不彻底是造成问题的直接原因，但问题其实出现在一个公共库上，因此前端生态的混乱和复杂也许才是更本质的原因。

- 对于公共库，我们应该如何构建编译代码让业务方更有保障地使用它呢？

- 作为使用者，我们应该如何处理第三方公共库，是否还需要对其进行额外的编译和处理？

被动地发现问题、解决问题只会让我们被人"牵着鼻子走"，这不是我们的期望。我们应该从更底层拆解问题。

应用项目构建和公共库构建的差异

首先我们要认清应用项目构建和公共库构建的差异。作为前端团队，我们构建了很多应用项目，对于一个应用项目来说，它"只要能在需要兼容的环境中跑起来"就达到了基本目的。而对于一个公共库来说，它可能被各种环境所引用或需要支持各种兼容需求，因此它要兼顾性能和易用性，要注重质量和广泛度。由此看来，公共库的构建机制在理论上更加复杂。

说到底，如果你能设计出一个好的公共库，那么通常也能使用好一个公共库。因此，下面我们重点讨论如何设计并产出一个企业级公共库，以及如何在业务中更好地使用它。

一个企业级公共库的设计原则

这里说的企业级公共库主要是指在企业内被复用的公共库，它可以被发布到 npm 上进行社区共享，也可以在企业的私有 npm 中被限定范围地共享。总之，企业级公共库是需要在业务中被使用的。我认为一个企业级公共库的设计原则应该包括以下几点。

- 对于开发者，应最大化确保开发体验。

  - 最快地搭建调试和开发环境。

  - 安全地发版维护。

- 对于使用者，应最大化确保使用体验。

  - 公共库文档建设完善。

  - 公共库质量有保障。

  - 接入和使用负担最小。

基于上述原则，在团队里设计一个公共库前，需要考虑以下问题。

- 自研公共库还是使用社区已有的"轮子"？

- 公共库的运行环境是什么？这将决定公共库的编译构建目标。

- 公共库是偏向业务的还是"业务 free"的？这将决定公共库的职责和边界。

上述内容并非纯理论原则，而是可以直接决定公共库实现技术选型的标准。比如，为了建设更完善的文档，尤其是 UI 组件类文档，可以考虑部署静态组件展示站点及用法说明。对于更智能、更工程化的内容，我们可以考虑使用类似 JSDoc 这样的工具来实现 JavaScript API 文档。组件类公共库可以考虑将 Storybook 或 Styleguides 作为标准接入方案。

再比如，我们的公共库适配环境是什么？一般来讲可能需要兼容浏览器、Node.js、同构环境等。不同环境对应不同的编译和打包标准，那么，如果目标是浏览器环境，如何才能实现性能最优解呢？比如，帮助业务方实现 Tree Shaking 等优化技术。

同时，为了减轻业务使用负担，作为企业级公共库，以及对应使用这些企业级公共库的应用项目，可以指定标准的 babel-preset，保证编译产出的统一。这样一来，业务项目（即使用公共库的一方）可以以统一的标准被接入。

下面是我基于对目前前端生态的理解，草拟的一份 babel-preset（该 preset 具有时效性）。

制定一个统一标准化的 babel-preset

在企业中，所有的公共库和应用项目都使用同一套@lucas/babel-xxx-preset，并按照其编译要求进行编译，以保证业务使用时的接入标准统一化。原则上讲，这样的统一化能够有效避免本文开头提到的"线上问题"。同时，@lucas/babel-preset 应该能够适应各种项目需求，比如使用 TypeScript、Flow 等扩展语法。

这里给出一份设计方案，具体如下。

- 支持 NODE_ENV = 'development' | 'production' | 'test' 三种环境，并有对应的优化措施。

- 配置插件默认不开启 Babel loose: true 配置选项，让插件的行为尽可能地遵循规范，但对有较严重性能损耗或有兼容性问题的场景，需要保留修改入口。

- 方案落地后，应该支持应用编译和公共库编译，即可以按照 @lucas/babel-preset/app、@lucas/babel-preset/library 和 @lucas/babel-preset/library/compact、@lucas/babel-preset/dependencies 进行区分使用。

@lucas/babel-preset/app、@lucas/babel-preset/dependencies 都可以作为编译应用项目的预设使用，但它们也有所差别，具体如下。

- @lucas/babel-preset/app 负责编译除 node_modules 以外的业务代码。

- @lucas/babel-preset/dependencies 负责编译 node_modules 第三方代码。

@lucas/babel-preset/library 和 @lucas/babel-preset/library/compact 都可以作为编译公共库的预设使用，它们也有所差别。

- @lucas/babel-preset/library 按照当前 Node.js 环境编译输出代码。

- @lucas/babel-preset/library/compact 会将代码编译降级为 ES5 代码。

对于企业级公共库，建议使用标准 ES 特性来发布；对 Tree Shaking 有强烈需求的库，应同时发布 ES Module 格式代码。企业级公共库发布的代码不包含 polyfill，由使用方统一处理。

对于应用编译，应使用 @babel/preset-env 同时编译应用代码与第三方库代码。我们需要对 node_modules 进行编译，并且为 node_modules 配置 sourceType:unambiguous，以确保第三方依赖包中的 CommonJS 模块能够被正确处理。还需要启用 plugin-transform-runtime 避免同样的代码被重复注入多个文件，以缩减打包后文件的体积。同时自动注入 regenerator-runtime，以避免污染全局作用域。要注入绝对路径引用的 @babel/runtime 包中对应的 helper 函数，以确保能够引用正确版本的 @babel/runtime 包中的文件。

此外，第三方库可能通过 dependencies 依赖自己的 @babel/runtime，而 @babel/runtime 不同版本之间不能确保兼容（比如 6.x 版本和 7.x 版本之间），因此我们为 node_modules 内代码进行 Babel

编译并注入 runtime 时，要使用路径正确的@babel/runtime 包。

基于以上设计，对于 CSR 应用的 Babel 编译流程，预计业务方使用的预设代码如下。

```
// webpack.config.js

module.exports = {
  presets: ['@lucas/babel-preset/app'],
}
// 相关 Webpack 配置
module.exports = {
  module: {
    rules: [
      {
        test: /\.js$/,
        oneOf: [
          {
            exclude: /node_modules/,
            loader: 'babel-loader',
            options: {
              cacheDirectory: true,
            },
          },
          {
            loader: 'babel-loader',
            options: {
              cacheDirectory: true,
              configFile: false,
              // 使用@lucas/babel-preset
              presets: ['@lucas/babel-preset/dependencies'],
              compact: false,
            },
          },
        ],
      },
    ],
  },
}
```

可以看到，上述方式对依赖代码进行了区分（一般我们不需要再编译第三方依赖代码），对于 node_modules，我们开启了 cacheDirectory 缓存。对于应用，我们则使用@babel/loader 进行编译。@lucas/babel-preset/dependencies 的内容如下。

```
const path = require('path')
const {declare} = require('@babel/helper-plugin-utils')

const getAbsoluteRuntimePath = () => {
```

```
      return path.dirname(require.resolve('@babel/runtime/package.json'))
}

module.exports = ({
  targets,
  ignoreBrowserslistConfig = false,
  forceAllTransforms = false,
  transformRuntime = true,
  absoluteRuntime = false,
  supportsDynamicImport = false,
} = {}) => {
  return declare(
    (
      api,
      {modules = 'auto', absoluteRuntimePath = getAbsoluteRuntimePath()},
    ) => {
      api.assertVersion(7)
      // 返回配置内容
      return {
        // https://github.com/webpack/webpack/issues/4039#issuecomment-419284940
        sourceType: 'unambiguous',
        exclude: /@babel\/runtime/,
        presets: [
          [
            require('@babel/preset-env').default,
            {
              // 统一 @babel/preset-env 配置
              useBuiltIns: false,
              modules,
              targets,
              ignoreBrowserslistConfig,
              forceAllTransforms,
              exclude: ['transform-typeof-symbol'],
            },
          ],
        ],
        plugins: [
          transformRuntime && [
            require('@babel/plugin-transform-runtime').default,
            {
              absoluteRuntime: absoluteRuntime ? absoluteRuntimePath : false,
            },
          ],
          require('@babel/plugin-syntax-dynamic-import').default,
          !supportsDynamicImport &&
            !api.caller(caller => caller && caller.supportsDynamicImport) &&
            require('babel-plugin-dynamic-import-node'),
          [
```

```
            require('@babel/plugin-proposal-object-rest-spread').default,
            {loose: true, useBuiltIns: true},
          ],
        ].filter(Boolean),

        env: {
          test: {
            presets: [
              [
                require('@babel/preset-env').default,
                {
                  useBuiltIns: false,
                  targets: {node: 'current'},
                  ignoreBrowserslistConfig: true,
                  exclude: ['transform-typeof-symbol'],
                },
              ],
            ],
            plugins: [
              [
                require('@babel/plugin-transform-runtime').default,
                {
                  absoluteRuntime: absoluteRuntimePath,
                },
              ],
              require('babel-plugin-dynamic-import-node'),
            ],
          },
        },
      }
    },
  )
}
```

基于以上设计，对于 SSR 应用的编译（需要编译适配 Node.js 环境）方法如下。

```
// webpack.config.js
const target = process.env.BUILD_TARGET // 'web' | 'node'

module.exports = {
  target,
  module: {
    rules: [
      {
        test: /\.js$/,
        oneOf: [
          {
            exclude: /node_modules/,
```

```
        loader: 'babel-loader',
        options: {
          cacheDirectory: true,
          presets: [['@lucas/babel-preset/app', {target}]],
        },
      },
      {
        loader: 'babel-loader',
        options: {
          cacheDirectory: true,
          configFile: false,
          presets: [['@lucas/babel-preset/dependencies', {target}]],
          compact: false,
        },
      },
    ],
  },
  ],
  },
}
```

上述代码同样按照 node_modules 对依赖进行了区分，对于 node_modules 第三方依赖，我们使用 @lucas/babel-preset/dependencies 编译预设，同时传入 target 参数。对于非 node_modules 业务代码，使用 @lucas/babel-preset/app 编译预设，同时传入相应环境的 target 参数，@lucas/babel-preset/app 内容如下。

```
const path = require('path')
const {declare} = require('@babel/helper-plugin-utils')

const getAbsoluteRuntimePath = () => {
  return path.dirname(require.resolve('@babel/runtime/package.json'))
}

module.exports = ({
  targets,
  ignoreBrowserslistConfig = false,
  forceAllTransforms = false,
  transformRuntime = true,
  absoluteRuntime = false,
  supportsDynamicImport = false,
} = {}) => {
  return declare(
    (
      api,
      {
        modules = 'auto',
        absoluteRuntimePath = getAbsoluteRuntimePath(),
```

```
    react = true,
    presetReactOptions = {},
  },
) => {
  api.assertVersion(7)

  return {
    presets: [
      [
        require('@babel/preset-env').default,
        {
          useBuiltIns: false,
          modules,
          targets,
          ignoreBrowserslistConfig,
          forceAllTransforms,
          exclude: ['transform-typeof-symbol'],
        },
      ],
      react && [
        require('@babel/preset-react').default,
        {useBuiltIns: true, runtime: 'automatic', ...presetReactOptions},
      ],
    ].filter(Boolean),
    plugins: [
      transformRuntime && [
        require('@babel/plugin-transform-runtime').default,
        {
          useESModules: 'auto',
          absoluteRuntime: absoluteRuntime ? absoluteRuntimePath : false,
        },
      ],

      [
        require('@babel/plugin-proposal-class-properties').default,
        {loose: true},
      ],
      require('@babel/plugin-syntax-dynamic-import').default,
      !supportsDynamicImport &&
        !api.caller(caller => caller && caller.supportsDynamicImport) &&
        require('babel-plugin-dynamic-import-node'),
      [
        require('@babel/plugin-proposal-object-rest-spread').default,
        {loose: true, useBuiltIns: true},
      ],
      require('@babel/plugin-proposal-nullish-coalescing-operator').default,
      require('@babel/plugin-proposal-optional-chaining').default,
    ].filter(Boolean),
```

```
env: {
  development: {
    presets: [
      react && [
        require('@babel/preset-react').default,
        {
          useBuiltIns: true,
          development: true,
          runtime: 'automatic',
          ...presetReactOptions,
        },
      ],
    ].filter(Boolean),
  },

  test: {
    presets: [
      [
        require('@babel/preset-env').default,
        {
          useBuiltIns: false,
          targets: {node: 'current'},
          ignoreBrowserslistConfig: true,
          exclude: ['transform-typeof-symbol'],
        },
      ],
      react && [
        require('@babel/preset-react').default,
        {
          useBuiltIns: true,
          development: true,
          runtime: 'automatic',
          ...presetReactOptions,
        },
      ],
    ].filter(Boolean),
    plugins: [
      [
        require('@babel/plugin-transform-runtime').default,
        {
          useESModules: 'auto',
          absoluteRuntime: absoluteRuntimePath,
        },
      ],
      require('babel-plugin-dynamic-import-node'),
    ],
  },
```

```
      },
    }
  },
)
}
```

对于一个公共库，使用方式如下。

```
// babel.config.js
module.exports = {
  presets: ['@lucas/babel-preset/library'],
}
```

对应的@lucas/babel-preset/library 编译预设的内容如下。

```
const create = require('../app/create')

module.exports = create({
  targets: {node: 'current'},
  ignoreBrowserslistConfig: true,
  supportsDynamicImport: true,
})
```

这里的预设会对公共库代码按照当前 Node.js 环境标准进行编译。如果需要将该公共库的编译降级到 ES5，需要使用@lucas/babel-preset/library/compact 预设，内容如下。

```
const create = require('../app/create')

module.exports = create({
  ignoreBrowserslistConfig: true,
  supportsDynamicImport: true,
})
```

代码中的 ../app/create 即上述@lucas/babel-preset/app 的内容。

需要说明以下内容。

- @lucas/babel-preset/app：应用项目使用，编译项目代码。SSR 项目可以配置参数 target: 'web' | 'node'。默认支持 JSX 语法，并支持一些常用的语法提案（如 class properties）。

- @lucas/babel-preset/dependencies：应用项目使用，编译 node_modules。SSR 项目可以配置参数 target: 'web' | 'node'。只支持当前 ES 规范包含的语法，不支持 JSX 语法及提案中的语法。

- @lucas/babel-preset/library：公共库项目使用，用于 prepare 阶段的 Babel 编译。默认支持 JSX 语法，并支持一些常用的语法提案（如 class properties）。如果要将 library 编译为支持 ES5 规范，需要使用@lucas/babel-preset/library/compat。

上述设计参考了 facebook/create-react-app 部分内容，建议大家阅读源码，结合注释理解其中的细节，比如，对于 transform-typeof-symbol 的编译如下。

```
(isEnvProduction || isEnvDevelopment) && [
  // 最新稳定的 ES 特性
  require('@babel/preset-env').default,
  {
    useBuiltIns: 'entry',
    corejs: 3,
    // 排除 transform-typeof-symbol, 避免编译过慢
    exclude: ['transform-typeof-symbol'],
  },
],
```

使用 @babel/preset-env 时，我们使用 useBuiltIns: 'entry' 来设置 polyfill，同时将 @babel/plugin-transform-typeof-symbol 排除在外，这是因为，@babel/plugin-transform-typeof-symbol 会劫持 typeof 特性，使得代码运行变慢。

总结

本篇从一个"线上问题"出发，剖析了公共库和应用方的不同编译理念，并通过设计一个 Babel 预设阐明公共库的编译和应用的使用需要密切配合，这样才能在当前前端生态中保障基础建设根基的合理。相关知识并未完结，我们将在下一篇中从 0 到 1 打造一个公共库来进行实践。

09

从 0 到 1 构建一个符合标准的公共库

在上一篇中，我们从 Babel 编译预设的角度厘清了前端生态中的公共库和应用的丝缕关联，本篇将从实战出发，剖析一个公共库从设计到完成的过程。

实战打造一个公共库

我们的目标是，借助公共 API，通过网络请求获取 Dog、Cat、Goat 三种动物的随机图像并进行展示。更重要的是，要将整个逻辑过程抽象成可以在浏览器端和 Node.js 端复用的 npm 包，编译构建使用 Webpack 和 Babel 完成。

首先创建以下文件。

- $ mkdir animal-api

- $ cd animal-api

- $ npm init

同时，通过 npm init 命令初始化一个 package.json 文件。

```
{
  "name": "animal-api",
  "version": "1.0.0",
  "description": "",
  "main": "index.js",
  "scripts": {
    "test": "echo \"Error: no test specified\" && exit 1"
  },
```

```
  "author": "",
  "license": "ISC"
}
```

编写 index.js 文件代码，逻辑非常简单，如下。

```
import axios from 'axios';

const getCat = () => {
    // 发送请求
    return axios.get('https://aws.random.cat/meow').then((response) => {
        const imageSrc = response.data.file
        const text = 'CAT'
        return {imageSrc, text}
    })
}

const getDog = () => {
    return axios.get('https://random.dog/woof.json').then((response) => {
        const imageSrc = response.data.url
        const text = 'DOG'
        return {imageSrc, text}
    })
}

const getGoat = () => {
    const imageSrc = 'http://placegoat.com/200'
    const text = 'GOAT'
    return Promise.resolve({imageSrc, text})
}

export default {
    getDog,
    getCat,
    getGoat
}
```

我们通过 https://random.dog/woof.json、https://aws.random.cat/meow、http://placegoat.com/200 三个接口封装了三个获取图片地址的函数，分别是 getDog()、getCat()、getGoat()。源码通过 ESM 方式提供对外接口，请注意这里的模块化方式，这是一个公共库设计的关键点之一。

对于公共库来说，质量保证至关重要。我们使用 Jest 来进行 animal-api 公共库的单元测试。Jest 作为 devDependecies 被安装，命令如下。

```
npm install --save-dev jest
```

编写测试脚本 animal-api/spec/index.spec.js，代码如下。

```
import AnimalApi from '../index'

describe('animal-api', () => {
  it('gets dogs', () => {
    return AnimalApi.getDog()
      .then((animal) => {
        expect(animal.imageSrc).not.toBeUndefined()
        expect(animal.text).toEqual('DOG')
      })
  })
})
```

改写 package.json 文件中的 test script 为 "test": "jest"，运行 npm run test 来执行测试。这时候会得到报错：SyntaxError: Unexpected identifier，如图 9-1 所示。

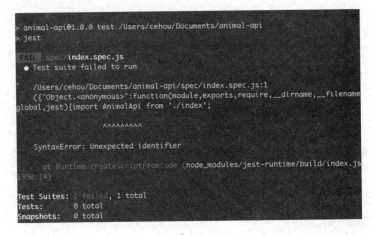

图 9-1

不要慌，这是因为 Jest 并不"认识" import 这样的关键字。Jest 运行在 Node.js 环境中，大部分 Node.js 版本（v10 以下）运行时并不支持 ESM，为了可以使用 ESM 方式编写测试脚本，我们需要安装 babel-jest 和 Babel 相关依赖到开发环境中。

```
npm install --save-dev babel-jest @babel/core @babel/preset-env
```

同时创建 babel.config.js 文件，内容如下。

```
module.exports = {
  presets: [
    [
      '@babel/preset-env',
      {
        targets: {
          node: 'current',
```

```
      },
    },
   ],
  ],
};
```

注意上述代码，我们将 @babel/preset-env 的 targets.node 属性设置为当前环境 current。再次执行 npm run test 命令，得到报错 Cannot find module 'axios' from 'index.js'，如图 9-2 所示。

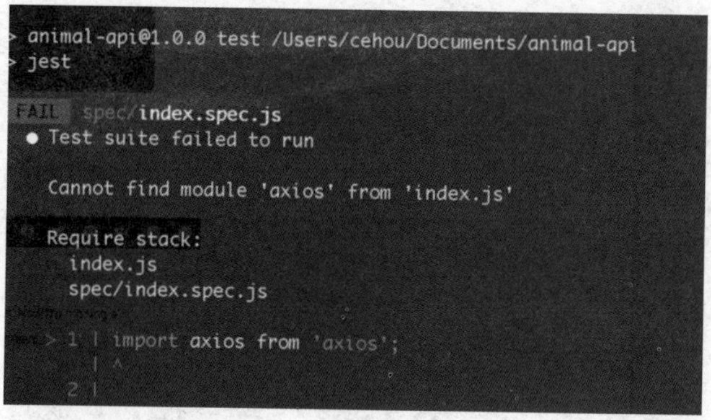

图 9-2

查看报错信息即可知道原因，我们需要安装 axios，命令如下。注意：axios 应该作为生产依赖被安装。

```
npm install --save axios
```

现在，测试脚本就可以正常运行了，如图 9-3 所示。

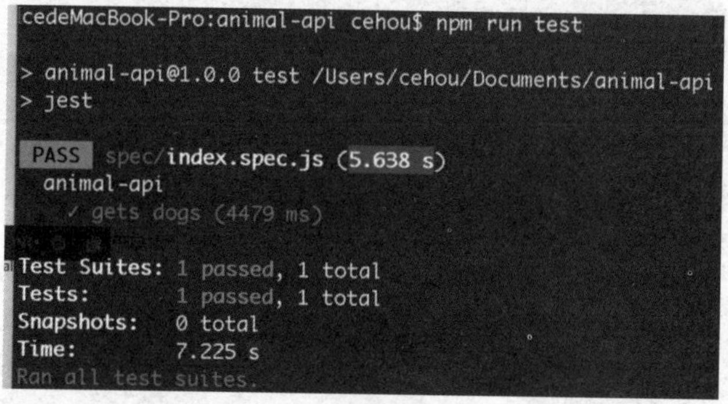

图 9-3

当然，这只是给公共库接入测试，"万里长征"才开始第一步。接下来我们按照场景的不同进行更多关于公共库的探索。

打造公共库，支持 script 标签引入代码

在大部分不支持 import 语法特性的浏览器中，为了让脚本直接在浏览器中使用 script 标签引入代码，首先需要将已有公共库脚本编译为 UMD 格式。

类似于使用 babel-jest 将测试脚本编译降级为当前 Node.js 版本支持的代码，我们还需要 Babel。不同之处在于，这里的降级需要将代码内容输出到一个 output 目录中，以便浏览器可以直接引入该 output 目录中的编译后资源。我们使用@babel/plugin-transform-modules-umd 来完成对代码的降级编译，命令如下。

```
$ npm install --save-dev @babel/plugin-transform-modules-umd @babel/core @babel/cli
```

同时在 package.json 中加入相关 script 内容："build": "babel index.js -d lib"，执行 npm run build 命令得到产出，如图 9-4 所示。

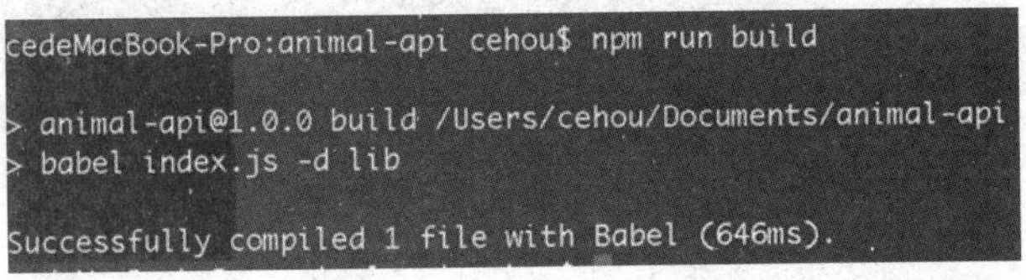

```
cedeMacBook-Pro:animal-api cehou$ npm run build

> animal-api@1.0.0 build /Users/cehou/Documents/animal-api
> babel index.js -d lib

Successfully compiled 1 file with Babel (646ms).
```

图 9-4

我们在浏览器中验证产出，如下。

```
<script src="./lib/index.js"></script>
<script>
    AnimalApi.getDog().then(function(animal) {
        document.querySelector('#imageSrc').textContent = animal.imageSrc
        document.querySelector('#text').textContent = animal.text
    })
</script>
```

结果显示出现了如下报错。

```
index.html:11 Uncaught ReferenceError: AnimalApi is not defined
    at index.html:11
```

报错显示，并没有找到 AnimalApi 这个对象，我们重新翻看编译产出源码。

```
"use strict";

Object.defineProperty(exports, "__esModule", {
  value: true
});
```

```
exports.default = void 0;
// 引入 axios
var _axios = _interopRequireDefault(require("axios"));
// 兼容 default 导出
function _interopRequireDefault(obj) { return obj && obj.__esModule ? obj : { default:
obj }; }
// 原 getCat 方法
const getCat = () => {
  return _axios.default.get('https://aws.random.cat/meow').then(response => {
    const imageSrc = response.data.file;
    const text = 'CAT';
    return {
      imageSrc,
      text
    };
  });
};
// 原 getDog 方法
const getDog = () => {
  return _axios.default.get('https://random.dog/woof.json').then(response => {
    const imageSrc = response.data.url;
    const text = 'DOG';
    return {
      imageSrc,
      text
    };
  });
};
// 原 getGoat 方法
const getGoat = () => {
  const imageSrc = 'http://placegoat.com/200';
  const text = 'GOAT';
  return Promise.resolve({
    imageSrc,
    text
  });
};
// 默认导出对象
var _default = {
  getDog,
  getCat,
  getGoat
};
exports.default = _default;
```

通过上述代码可以发现，出现报错是因为 Babel 的编译产出如果要支持全局命名（AnimalApi）空间，需要添加以下配置。

```
plugins: [
  ["@babel/plugin-transform-modules-umd", {
    exactGlobals: true,
    globals: {
      index: 'AnimalApi'
    }
  }]
],
```

调整后再运行编译，得到如下源码。

```
// UMD 格式
(function (global, factory) {
  // 兼容 AMD 格式
  if (typeof define === "function" && define.amd) {
    define(["exports", "axios"], factory);
  } else if (typeof exports !== "undefined") {
    factory(exports, require("axios"));
  } else {
    var mod = {
      exports: {}
    };
    factory(mod.exports, global.axios);
    // 挂载 AnimalApi 对象
    global.AnimalApi = mod.exports;
  }
})(typeof globalThis !== "undefined" ? globalThis : typeof self !== "undefined" ? self :
this, function (_exports, _axios) {
  "use strict";

  Object.defineProperty(_exports, "__esModule", {
    value: true
  });
  _exports.default = void 0;
  _axios = _interopRequireDefault(_axios);
  // 兼容 default 导出
  function _interopRequireDefault(obj) { return obj && obj.__esModule ? obj : { default:
obj }; }

  const getCat = () => {
    return _axios.default.get('https://aws.random.cat/meow').then(response => {
      const imageSrc = response.data.file;
      const text = 'CAT';
      return {
        imageSrc,
        text
      };
    });
```

```
  };

  const getDog = () => {
    // 省略
  };

  const getGoat = () => {
    // 省略
  };

  var _default = {
    getDog,
    getCat,
    getGoat
  };
  _exports.default = _default;
});
```

这时，编译源码产出内容变为，通过 IIFE 形式实现的命名空间。同时观察以下源码。

```
global.AnimalApi = mod.exports;
...
var _default = {
  getDog,
  getCat,
  getGoat
};
_exports.default = _default;
```

为了兼容 ESM 特性，导出内容全部挂载在 default 属性上（可以通过 libraryExport 属性来切换），引用方式需要改为以下形式。

```
AnimalApi.default.getDog().then(function(animal) {
  ...
})
```

解决了以上所有问题，看似大功告成了，但是工程的设计没有这么简单。事实上，在源码中，我们没有使用引入并编译 index.js 所需的依赖，比如 axios 并没有被引入。正确的方式应该是将公共库需要的依赖按照依赖关系进行打包和引入。

为了解决上面这个问题，此时需要引入 Webpack。

```
npm install --save-dev webpack webpack-cli
```

同时添加 webpack.config.js 文件，内容如下。

```
const path = require('path');
```

```
module.exports = {
  entry: './index.js',
  output: {
    path: path.resolve(__dirname, 'lib'),
    filename: 'animal-api.js',
    library: 'AnimalApi',
    libraryTarget: 'var'
  },
};
```

我们设置入口为./index.js，构建产出为./lib/animal-api.js，同时通过设置 library 和 libraryTarget 将 AnimalApi 作为公共库对外暴露的命名空间。修改 package.json 文件中的 build script 为 "build": "webpack"，执行 npm run build 命令，得到产出，如图 9-5 所示。

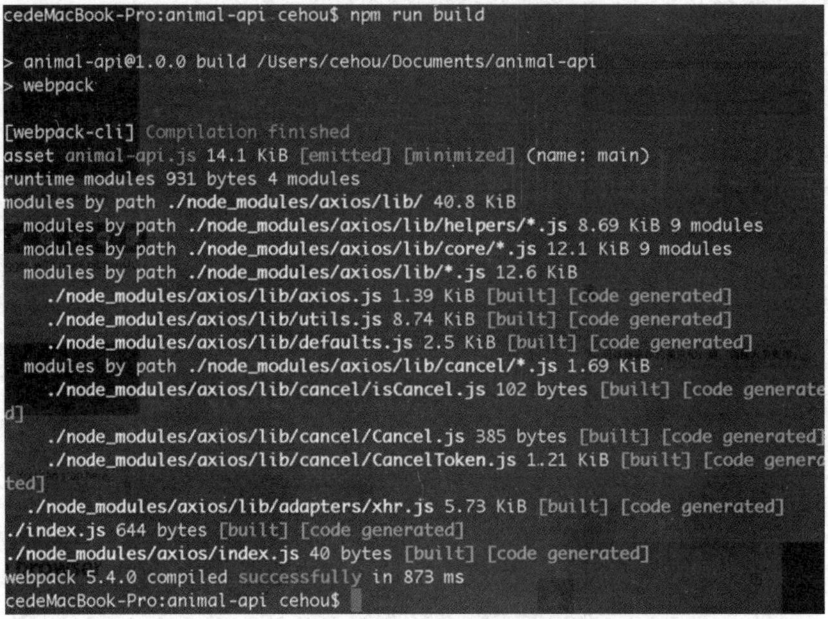

图 9-5

至此，我们终于构造出了能够在浏览器中通过 script 标签引入代码的公共库。当然，一个现代化的公共库还需要支持更多场景。

打造公共库，支持 Node.js 环境

实现了公共库的浏览器端支持，下面我们要集中精力适配一下 Node.js 环境。首先编写一个

node.test.js 文件，进行 Node.js 环境验证。

```
const AnimalApi = require('./index.js')

AnimalApi.getCat().then(animal => {
    console.log(animal)
})
```

这个文件的功能是，测试公共库是否能在 Node.js 环境下使用。执行 node node-test.js，不出意料得到报错，如图 9-6 所示。

```
cedeMacBook-Pro:animal-api cehou$ node node.test.js
/Users/cehou/Documents/animal-api/index.js:1
import axios from 'axios';
       ^^^^^

SyntaxError: Unexpected identifier
    at Module._compile (internal/modules/cjs/loader.js:872:18)
    at Object.Module._extensions..js (internal/modules/cjs/loader.js:947:10)
    at Module.load (internal/modules/cjs/loader.js:790:32)
    at Function.Module._load (internal/modules/cjs/loader.js:703:12)
    at Module.require (internal/modules/cjs/loader.js:830:19)
    at require (internal/modules/cjs/helpers.js:68:18)
    at Object.<anonymous> (/Users/cehou/Documents/animal-api/node.test.js:1:19)
    at Module._compile (internal/modules/cjs/loader.js:936:30)
    at Object.Module._extensions..js (internal/modules/cjs/loader.js:947:10)
    at Module.load (internal/modules/cjs/loader.js:790:32)
cedeMacBook-Pro:animal-api cehou$
```

图 9-6

这个错误我们并不陌生，在 Node.js 环境中，我们不能通过 require 来引入一个通过 ESM 编写的模块化文件。在上面的操作中，我们通过 Webpack 编译出了符合 UMD 规范的代码，尝试修改 node.test.js 文件如下。

```
const AnimalApi = require('./lib/index').default

AnimalApi.getCat().then((animal) => {
    console.log(animal)
})
```

如上面的代码所示，我们按照 require('./lib/index').default 方式进行引用，就可以使公共库在 Node.js 环境下运行了。

事实上，依赖上一步的构建产出，我们只需要按照正确的路径引用就可以轻松兼容 Node.js 环境。是不是有些恍恍惚惚，仿佛什么都没做就搞定了。下面，我们从代码原理上进行说明。

符合 UMD 规范的代码，一般结构如下。

```
(function (root, factory) {
    if (typeof define === 'function' && define.amd) {
        define(['b'], factory);
    } else if (typeof module === 'object' && module.exports) {
        // Node.
        module.exports = factory(require('b'));
    } else {
        // Browser globals (root is window)
        root.returnExports = factory(root.b);
    }
}(typeof self !== 'undefined' ? self : this, function (b) {
    return {};
}));
```

通过 if...else 判断是否根据环境加载代码。我们的编译产出类似上面的 UMD 格式，因此是天然支持浏览器和 Node.js 环境的。

但是这样的设计将 Node.js 和浏览器环境融合在了一个产出包当中，并不优雅，也不利于使用方进行优化。另外一个常见的做法是将公共库按环境区分，产出两个包，分别支持 Node.js 和浏览器环境。上述两种情况的结构如图 9-7 所示。

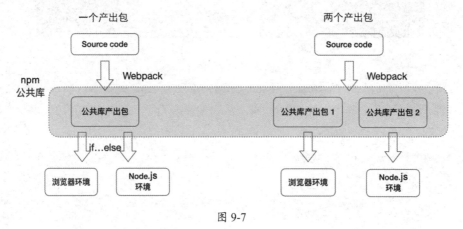

图 9-7

当然，如果编译和产出为两种不同环境的资源，还得设置 package.json 中的相关字段。事实上，如果一个 npm 需要在不同环境下加载 npm 包不同的入口文件，就会牵扯到 main 字段、module 字段、browser 字段。

- main 定义了 npm 包的入口文件，浏览器环境和 Node.js 环境均可使用。

- module 定义了 npm 包的 ESM 规范的入口文件，浏览器环境和 Node.js 环境均可使用。

- browser 定义了 npm 包在浏览器环境下的入口文件。

而这三个字段也需要区分优先级，打包工具对于不同环境适配不同入口的字段在选择上还是要以实际情况为准。经测试后，Webpack 在浏览器环境下，优先选择 browser > module > main，在 Node.js 环境下的选择顺序为 module > main。

从开源库总结生态设计

本节来总结一下编译适配不同环境的公共库最佳实践。

simple-date-format 可以将 Date 类型转换为标准定义格式的字符串类型，它支持多种环境，示例如下。

```
import SimpleDateFormat from "@riversun/simple-date-format";

const SimpleDateFormat = require('@riversun/simple-date-format');

<script
src="https://cdn.jsdelivr.net/npm/@riversun/simple-date-format@1.1.2/lib/simple-date-
format.js"></script>
```

其使用方式也很简单，示例如下。

```
const date = new Date('2018/07/17 12:08:56');
const sdf = new SimpleDateFormat();
console.log(sdf.formatWith("yyyy-MM-dd'T'HH:mm:ssXXX", date));//to be
"2018-07-17T12:08:56+09:00"
```

我们来看一下这个公共库的相关设计，源码如下。

```
// 入口配置
entry: {
  'simple-date-format': ['./src/simple-date-format.js'],
},
// 产出配置
output: {
  path: path.join(__dirname, 'lib'),
  publicPath: '/',
  // 根据环境产出不同的文件名
  filename: argv.mode === 'production' ? '[name].js' : '[name].js', //'[name].min.js'
  library: 'SimpleDateFormat',
  libraryExport: 'default',
  // 模块化方式
  libraryTarget: 'umd',
  globalObject: 'this',//for both browser and node.js
  umdNamedDefine: true,
```

```
// 在 output.library 和 output.libraryTarget 一起使用时，
// auxiliaryComment 选项允许用户向导出文件中插入注释
auxiliaryComment: {
  root: 'for Root',
  commonjs: 'for CommonJS environment',
  commonjs2: 'for CommonJS2 environment',
  amd: 'for AMD environment'
}
},
```

设计方式与前文中的类似，因为这个库的目标是：作为一个 helper 函数库，同时支持浏览器和 Node.js 环境。它采取了比较"偷懒"的方式，使用 UMD 规范来输出代码。

我们再看另一个例子，在 Lodash 的构建脚本中，命令分为以下几种。

```
"build": "npm run build:main && npm run build:fp",
"build:fp": "node lib/fp/build-dist.js",
"build:fp-modules": "node lib/fp/build-modules.js",
"build:main": "node lib/main/build-dist.js",
"build:main-modules": "node lib/main/build-modules.js",
```

其中主命令为 build，同时按照编译所需，提供 ES 版本、FP 版本等。官方甚至提供了 lodash-cli 支持开发者自定义构建，更多相关内容可以参考 Custom Builds。

我们在构建环节"颇费笔墨"，目的是让大家知道前端生态天生"混乱"，不统一的运行环境会使公共库的架构，尤其是相关的构建设计变得更加复杂。更多构建相关内容，我们会在后续篇章中继续讨论。

总结

在本篇和上一篇中，我们从公共库的设计和使用方接入两个方面进行了梳理。当前前端生态多种规范并行、多类环境共存，因此"启用或设计一个公共库"并不简单，单纯执行 npm install 命令后，一系列工程化问题才刚开始体现。

与此同时，开发者经常疲于业务开发，对于编译和构建，以及公共库设计和前端生态的理解往往不够深入，但这些内容正是前端基础建设道路上的重要一环，也是开发者通往前端架构师的必经之路。建议大家将本篇内容融入自己手中的真实项目，刨根问底，相信一定会有更多收获！

10

代码拆分与按需加载

随着 Webpack 等构建工具的能力越来越强，开发者在构建阶段便可以随心所欲地打造项目流程，代码拆分和按需加载技术在业界的曝光度也越来越高。事实上，代码拆分和按需加载决定着工程化构建的结果，将直接影响应用的性能表现。因为代码拆分和按需加载能够使初始代码的体积更小，页面加载更快，因此，合理设计代码拆分和按需加载，是对一个项目架构情况的整体把握。

代码拆分与按需加载的应用场景

我们来看一个案例。如图 10-1 所示的场景：点击左图中的播放按钮后，页面上出现视频列表浮层（如右图所示，类似单页应用，视频列表仍在同一页面上）。视频列表浮层中包含滚动处理、视频播放等多项复杂逻辑，因此这个浮层对应的脚本在页面初始化时不需要被加载。同理，在工程上，我们需要对视频列表浮层脚本进行拆分，使其和初始化脚本分离。在用户点击浮层触发按钮后，执行某一单独部分脚本的请求。

这其实是一个真实的线上案例，通过后期对页面交互统计数据的分析可以发现，用户点击浮层触发按钮的概率只有 10%左右。也就是说，大部分用户（90%）并不会看到这一浮层，也就不需要对相关脚本进行加载，因此，按需加载设计是有统计数据支持的。了解了场景，下面我们从技术环节方面详细展开。

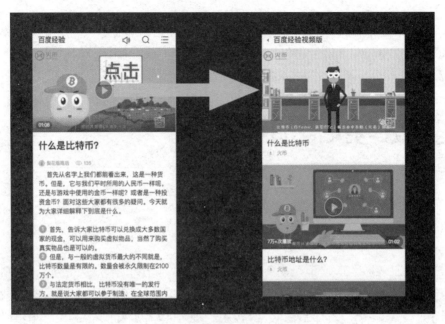

图 10-1

代码拆分与按需加载技术的实现

首先我来教大家如何区分按需加载和按需打包，介绍实现按需加载和按需打包的相关技术，并深入介绍动态导入。

按需加载和按需打包

事实上，当前社区对于按需加载和按需打包并没有一个准确的、命名上的划分约定。因此，从命名上很难区分它们。

其实，按需加载表示代码模块在交互时需要动态导入；而按需打包针对第三方依赖库及业务模块，只打包真正在运行时可能会用到的代码。

我们不妨先说明按需打包的概念和实施方法。目前，按需打包一般通过两种方法实现。

- 使用 ES Module 支持的 Tree Shaking 方案，在使用构建工具打包时完成按需打包。

- 使用以 babel-plugin-import 为主的 Babel 插件实现自动按需打包。

1. 通过 Tree Shaking 实现按需打包

我们来看一个场景，假设业务中使用 antd 的 Button 组件，命令如下。

```
import { Button } from 'antd';
```

这样的引用会使最终打包的代码中包含所有 antd 导出的内容。假设应用中并没有使用 antd 提供的 TimePicker 组件，那么对于打包结果来说，无疑增加了代码体积。在这种情况下，如果组件库提供了 ES Module 版本，并开启了 Tree Shaking 功能，那么我们就可以通过"摇树"特性将不会被使用的代码在构建阶段移除。

Webpack 可以在 package.json 文件中设置 sideEffects:false。我们在 antd 源码中可以找到以下内容。

```
"sideEffects": [
    "dist/*",
    "es/**/style/*",
    "lib/**/style/*",
    "*.less"
],
```

2. 编写 Babel 插件实现自动按需打包

如果第三方库不支持 Tree Shaking 方案，我们依然可以通过 Babel 插件改变业务代码中对模块的引用路径来实现按需打包。

比如 babel-plugin-import 这个插件，它是 antd 团队推出的一个 Babel 插件，我们通过一个例子来理解它的原理。

```
import {Button as Btn,Input,TimePicker,ConfigProvider,Haaaa} from 'antd'
```

上面的代码可以被编译为如下内容。

```
import _ConfigProvider from "antd/lib/config-provider";
import _Button from "antd/lib/button";
import _Input from "antd/lib/input";
import _TimePicker from "antd/lib/time-picker";
```

编写一个类似的 Babel 插件也不是一件难事，Babel 插件的核心在于对 AST 的解析和操作。它本质上就是一个函数，在 Babel 对 AST 语法树进行转换的过程中介入，通过相应的操作，最终让生成结果发生改变。

Babel 内置了几个核心的分析、操作 AST 的工具集，Babel 插件通过"观察者 + 访问者"模式，对 AST 节点统一遍历，因此具备了良好的扩展性和灵活性。比如，以下代码

```
import {Button as Btn, Input} from 'antd'
```

经过 Babel AST 分析后，会得到如下结构。

```json
{
    "type": "ImportDeclaration",
    "specifiers": [
        {
            "type": "ImportSpecifier",
            "imported": {
                "type": "Identifier",
                "loc": {
                    "identifierName": "Button"
                },
                "name": "Button"
            },
            "importKind": null,
            "local": {
                "type": "Identifier",
                "loc": {
                    "identifierName": "Btn"
                },
                "name": "Btn"
            }
        },
        {
            "type": "ImportSpecifier",
            "imported": {
                "type": "Identifier",
                "loc": {
                    "identifierName": "Input"
                },
                "name": "Input"
            },
            "importKind": null,
            "local": {
                "type": "Identifier",
                "start": 23,
                "end": 28,
                "loc": {
                    "identifierName": "Input"
                },
                "name": "Input"
            }
        }
    ],
    "importKind": "value",
    "source": {
        "type": "StringLiteral",
        "value": "antd"
```

```
    }
}
```

通过上述结构，我们很容易遍历 specifiers 属性，至于更改代码最后的 import 部分，可以参考 babel-plugin-import 相关处理逻辑。

首先通过 buildExpressionHandler 方法对 import 路径进行改写。

```
buildExpressionHandler(node, props, path, state) {
    // 获取文件
    const file = (path && path.hub && path.hub.file) || (state && state.file);
    const { types } = this;
    const pluginState = this.getPluginState(state);
    // 进行遍历
    props.forEach(prop => {
        if (!types.isIdentifier(node[prop])) return;
        if (
            pluginState.specified[node[prop].name] &&
            types.isImportSpecifier(path.scope.getBinding(node[prop].name).path)
        ) {
            // 改写路径
            node[prop] = this.importMethod(pluginState.specified[node[prop].name], file,
pluginState); // eslint-disable-line
        }
    });
}
```

buildExpressionHandler 方法依赖 importMethod 方法，importMethod 方法如下。

```
importMethod(methodName, file, pluginState) {
    if (!pluginState.selectedMethods[methodName]) {
        const { style, libraryDirectory } = this;
        // 获取执行方法名
        const transformedMethodName = this.camel2UnderlineComponentName
        // eslint-disable-line
            ? transCamel(methodName, '_')
            : this.camel2DashComponentName
            ? transCamel(methodName, '-')
            : methodName;
        // 获取相应路径
        const path = winPath(
            this.customName
                ? this.customName(transformedMethodName, file)
                : join(this.libraryName, libraryDirectory, transformedMethodName,
this.fileName), // eslint-disable-line
        );
        pluginState.selectedMethods[methodName] = this.transformToDefaultImport
        // eslint-disable-line
```

```
    ? addDefault(file.path, path, { nameHint: methodName })
    : addNamed(file.path, methodName, path);
  if (this.customStyleName) {
    const stylePath = winPath(this.customStyleName(transformedMethodName));
    addSideEffect(file.path, '${stylePath}');
  } else if (this.styleLibraryDirectory) {
    const stylePath = winPath(
      join(this.libraryName, this.styleLibraryDirectory, transformedMethodName,
this.fileName),
    );
    addSideEffect(file.path, '${stylePath}');
  } else if (style === true) {
    addSideEffect(file.path, '${path}/style');
  } else if (style === 'css') {
    addSideEffect(file.path, '${path}/style/css');
  } else if (typeof style === 'function') {
    const stylePath = style(path, file);
    if (stylePath) {
      addSideEffect(file.path, stylePath);
    }
  }
}
return { ...pluginState.selectedMethods[methodName] };
}
```

importMethod 方法调用了 @babel/helper-module-imports 中的 addSideEffect 方法来执行路径的转换操作。addSideEffect 方法在源码中通过实例化一个 Import Injector 并调用实例方法完成了 AST 转换。

重新认识动态导入

ES module 无疑在工程化方面给前端插上了一双翅膀。通过溯源历史可以发现：早期的导入是完全静态化的，而如今动态导入（dynamic import）提案横空出世，目前已进入 stage 4。从名字上看，我们就能知晓这个新特性和按需加载密不可分。但在深入讲解动态导入之前，我想先从静态导入说起，以帮助你进行全方位的理解。

标准用法的 import 操作属于静态导入，它只支持一个字符串类型的 module specifier（模块路径声明），这样的特性会使所有被导入的模块在加载时就被编译。从某些角度来看，这种做法在绝大多数场景下性能是好的，因为这意味着对工程代码的静态分析是可行的，进而使得类似于 Tree Shaking 这样的方案有了应用空间。

但是对于一些特殊场景，静态导入也可能成为性能的短板。当我们需要按需加载一个模块或根据运行事件选定一个模块时，动态导入就变得尤为重要了。比如，在浏览器端根据用户的系统语言选择加载不同的语言模块或根据用户的操作去加载不同的内容逻辑。

MDN 文档中给出了关于动态导入的更具体的使用场景，如下。

- 静态导入的模块明显降低了代码的加载速度且被使用的可能性很低，或者不需要马上使用。

- 静态导入的模块明显占用了大量系统内存且被使用的可能性很低。

- 被导入的模块在加载时并不存在，需要异步获取。

- 导入模块的说明符需要动态构建（静态导入只能使用静态说明符）。

- 被导入的模块有其他作用（可以理解为模块中直接运行的代码），这些作用只有在触发某些条件时才被需要。

深入理解动态导入

这里我们不再赘述动态导入的标准用法，你可以从官方规范和 TC39 提案中找到最全面、最原始的内容。

除了基础用法，我想从语言层面强调一个 Function-like 的概念。我们先来看这样一段代码。

```
// HTML 部分
<nav>
  <a href="" data-script-path="books">Books</a>
  <a href="" data-script-path="movies">Movies</a>
  <a href="" data-script-path="video-games">Video Games</a>
</nav>

<div id="content">
</div>

// script 部分
<script>
  // 获取 element
  const contentEle = document.querySelector('#content');
  const links = document.querySelectorAll('nav > a');
  // 遍历绑定点击逻辑
  for (const link of links) {
    link.addEventListener('click', async (event) => {
      event.preventDefault();
      try {
        const asyncScript = await import('/${link.dataset.scriptPath}.js');
        // 异步加载脚本
        asyncScript.loadContentTo(contentEle);
      } catch (error) {
```

```
      contentEle.textContent = 'We got error: ${error.message}';
    }
  });
}
</script>
```

点击页面中的 a 标签会动态加载一个模块，并调用模块定义的 loadContentTo 方法完成页面内容的填充。

表面上看，await import()用法使得 import 像一个函数，该函数通过()操作符调用并返回一个 Promise。事实上，动态导入只是一个 Function-like 语法形式。在 ES 的类特性中，super()与动态导入类似，也是一个 Function-like 语法形式。因此，它和函数还是有着本质区别的。

- 动态导入并非继承自 Function.prototype，因此不能使用 Function 构造函数原型上的方法。

- 动态导入并非继承自 Object.prototype，因此不能使用 Object 构造函数原型上的方法。

虽然动态导入并不是真正意义上的函数用法，但我们可以通过实现 dynamicImport 函数模式来实现动态导入功能，进一步加深对其语法特性的理解。

dynamicImport 函数实现如下。

```
const dynamicImport = url => {
  // 返回一个新的 Promise 实例
  return new Promise((resolve, reject) => {
    // 创建 script 标签
    const script = document.createElement("script");

    const tempGlobal = "__tempModuleLoadingVariable" +
                        Math.random().toString(32).substring(2);

    script.type = "module";
    script.textContent = 'import * as m from "${url}"; window.${tempGlobal} = m;';
    // load 回调
    script.onload = () => {
      resolve(window[tempGlobal]);
      delete window[tempGlobal];
      script.remove();
    };
    // error 回调
    script.onerror = () => {
      reject(new Error("Failed to load module script with URL " + url));
      delete window[tempGlobal];
      script.remove();
    };
```

```
    document.documentElement.appendChild(script);
  });
}
```

这里，我们通过动态插入一个 script 标签来实现对目标 script URL 的加载，并将模块导出内容赋值给 Window 对象。我们使用"__tempModuleLoadingVariable" + Math.random().toString(32).substring(2) 保证模块导出对象的名称不会出现冲突。

至此，我们对动态导入的分析告一段落。总之，代码拆分和按需加载并不完全是工程化层面的实施，也要求对语言深刻理解和掌握。

Webpack 赋能代码拆分和按需加载

通过前面的学习，我们了解了代码拆分和按需加载，学习了动态导入特性。接下来，我想请你思考，如何在代码中安全地使用动态导入而不用过多关心浏览器的兼容情况？如何在工程环境中实现代码拆分和按需加载？

以最常见、最典型的前端构建工具 Webpack 为例，我们来分析如何在 Webpack 环境下支持代码拆分和按需加载。总的来说，Webpack 提供了三种相关能力。

- 通过入口配置手动分割代码。

- 动态导入。

- 通过 splitChunk 插件提取公共代码（公共代码分割）。

其中，第一种能力通过配置 Entry 由开发者手动进行代码项目打包，与本篇主题并不相关，就不展开讲解了。下面我们从动态导入和 splitChunk 插件层面进行详细解析。

Webpack 对动态导入能力的支持

事实上，Webpack 早期版本提供了 require.ensure() 能力。请注意，这是 Webpack 特有的实现：require.ensure() 能够将其参数对应的文件拆分到一个单独的 bundle 中，这个 bundle 会被异步加载。

目前，require.ensure() 已经被符合 ES 规范的动态导入方法取代。调用 import()，被请求的模块和它引用的所有子模块会被分离到一个单独的 chunk 中。值得学习的是，Webpack 对于 import() 的支持和处理非常"巧妙"，我们知道，ES 中关于动态导入的规范是，只接收一个参数表示模块的路径。

```
import('${path}') -> Promise
```

但是，Webpack 是一个构建工具，Webpack 中对于 import() 的处理是，通过注释接收一些特殊的参数，无须破坏 ES 对动态导入的规定，示例如下。

```
import(
 /* webpackChunkName: "chunk-name" */
 /* webpackMode: "lazy" */
 'module'
);
```

在构建时，Webpack 可以读取到 import 参数，即便是参数内的注释部分，Webpack 也可以获取并处理。如上述代码，webpackChunkName: "chunk-name" 表示自定义新的 chunk 名称；webpackMode: "lazy" 表示每个 import() 导入的模块会生成一个可延迟加载的 chunk。此外，webpackMode 的取值还可以是 lazy-once、eager、weak。

你可能很好奇，Webpack 在编译构建时会如何处理代码中的动态导入语句呢？下面，我们一探究竟。index.js 文件的内容如下。

```
import('./module').then((data) => {
 console.log(data)
});
```

module.js 文件的内容如下。

```
const module = {
    value: 'moduleValue'
}
export default module
```

配置入口文件为 index.js，输出文件为 bundle.js，简单的 Webpack 配置信息如下。

```
const path = require('path');
module.exports = {
 mode: 'development',
 entry: './index.js',
 output: {
   filename: 'bundle.js',
   path: path.resolve(__dirname, 'dist'),
 },
};
```

运行构建命令后，得到了两个文件 0.bundle.js 和 bundle.js。

bundle.js 中对 index.js 的动态导入语句的编译结果如下。

```
/******/ ({

/***/ "./index.js":
```

```
/*!*******************!*\
  !*** ./index.js ***!
  \*******************/
/*! no static exports found */
/***/ (function(module, exports, __webpack_require__) {

eval("__webpack_require__.e(/*! import() */ 0).then(__webpack_require__.bind(null,
/*! ./module */ \"./module.js\")).then((data) => {\n console.log(data)\n});\n\n//#
sourceURL=webpack:///./index.js?");

/***/ })

/******/ });
```

由此可知，对于动态导入代码，Webpack 会将其转换成自定义的 webpack_require.e 函数。这个
函数返回了一个 Promise 数组，最终模拟出了动态导入的效果，webpack_require.e 源码如下。

```
/******/        __webpack_require__.e = function requireEnsure(chunkId) {
/******/            var promises = [];
/******/
/******/
/******/
/******/            var installedChunkData = installedChunks[chunkId];
/******/            if(installedChunkData !== 0) {
/******/
/******/                if(installedChunkData) {
/******/                    promises.push(installedChunkData[2]);
/******/                } else {
/******/                    var promise = new Promise(function(resolve, reject) {
/******/                        installedChunkData = installedChunks[chunkId] = [resolve,
reject];
/******/                    });
/******/                    promises.push(installedChunkData[2] = promise);
/******/
/******/                    var script = document.createElement('script');
/******/                    var onScriptComplete;
/******/
/******/                    script.charset = 'utf-8';
/******/                    script.timeout = 120;
/******/                    if (__webpack_require__.nc) {
/******/                        script.setAttribute("nonce", __webpack_require__.nc);
/******/                    }
/******/                    script.src = jsonpScriptSrc(chunkId);
/******/
/******/                    var error = new Error();
/******/                    onScriptComplete = function (event) {
/******/                        script.onerror = script.onload = null;
/******/                        clearTimeout(timeout);
```

```
/******/                    var chunk = installedChunks[chunkId];
/******/                    if(chunk !== 0) {
/******/                        if(chunk) {
/******/                            var errorType = event && (event.type === 'load' ?
'missing' : event.type);
/******/                            var realSrc = event && event.target &&
event.target.src;
/******/                            error.message = 'Loading chunk ' + chunkId + '
failed.\n(' + errorType + ': ' + realSrc + ')';
/******/                            error.name = 'ChunkLoadError';
/******/                            error.type = errorType;
/******/                            error.request = realSrc;
/******/                            chunk[1](error);
/******/                        }
/******/                        installedChunks[chunkId] = undefined;
/******/                    }
/******/                };
/******/                var timeout = setTimeout(function(){
/******/                    onScriptComplete({ type: 'timeout', target: script });
/******/                }, 120000);
/******/                script.onerror = script.onload = onScriptComplete;
/******/                document.head.appendChild(script);
/******/            }
/******/        }
/******/        return Promise.all(promises);
/******/    };
```

代码已经非常直观，webpack_require.e 主要实现了以下功能。

- 定义一个数组，名为 promises，最终以 Promise.all(promises)形式返回。

- 通过 installedChunkData 变量判断当前模块是否已经被加载。如果当前模块已经被加载，将模块内容 push 到数组 promises 中。如果当前模块没有被加载，则先定义一个 Promise 数组，然后创建一个 script 标签，加载模块内容，并定义这个 script 标签的 onload 和 onerror 回调。

- 最终将新增的 script 标签对应的 promise（resolve/reject）处理方法定义在 webpackJsonpCallback 函数中，如下。

```
/******/    function webpackJsonpCallback(data) {
/******/        var chunkIds = data[0];
/******/        var moreModules = data[1];
/******/
/******/
/******/        var moduleId, chunkId, i = 0, resolves = [];
/******/        for(;i < chunkIds.length; i++) {
/******/            chunkId = chunkIds[i];
/******/            if(Object.prototype.hasOwnProperty.call(installedChunks, chunkId)
```

```
          && installedChunks[chunkId]) {
/******/                     resolves.push(installedChunks[chunkId][0]);
/******/                 }
/******/                 installedChunks[chunkId] = 0;
/******/             }
/******/             for(moduleId in moreModules) {
/******/                 if(Object.prototype.hasOwnProperty.call(moreModules, moduleId))
{
/******/                     modules[moduleId] = moreModules[moduleId];
/******/                 }
/******/             }
/******/             if(parentJsonpFunction) parentJsonpFunction(data);
/******/
/******/             while(resolves.length) {
/******/                 resolves.shift()();
/******/             }
/******/
/******/     };
```

完整的源码不再给出，大家可以参考图 10-2 中的处理流程。

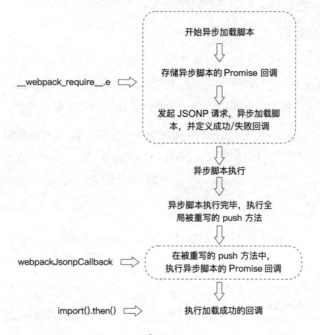

图 10-2

Webpack 中的 splitChunk 插件和代码拆分

你可能对 Webpack 4.0 版本推出的 splitChunk 插件并不陌生。这里需要注意的是，代码拆分与动态导入并不同，它们本质上是两个概念。前面介绍的动态导入本质上是一种懒加载——按需加载，即只有在需要的时候才加载。而以 splitChunk 插件为代表的代码拆分技术，与代码合并打包是一个互逆的过程。

代码拆分的核心意义在于避免重复打包及提高缓存利用率，进而提升访问速度。比如，我们对不常变化的第三方依赖库进行代码拆分，方便对第三方依赖库缓存，同时抽离公共逻辑，减小单个文件的体积。

Webpack splitChunk 插件在模块满足下述条件时，将自动进行代码拆分。

- 模块是可以共享的（即被重复引用），或存储于 node_modules 中。

- 压缩前的体积大于 30KB。

- 按需加载模块时，并行加载的模块数不得超过 5 个。

- 页面初始化加载时，并行加载的模块数不得超过 3 个。

当然，上述配置数据完全可以由开发者掌握，并根据项目的实际情况进行调整。不过需要注意的是，splitChunk 插件的默认参数是 Webpack 团队所设定的通用性优化手段，是经过"千挑万选"才确定的，因此适用于多数开发场景。在没有实际测试的情况下，不建议开发者手动优化这些参数。

另外，Webpack splitChunk 插件也支持前面提到的"按需加载"，即可以与动态导入搭配使用。比如，在 page1 和 page2 页面里动态导入 async.js 时，逻辑如下。

```
import(/* webpackChunkName: "async.js" */"./async").then(common => {
  console.log(common);
})
```

进行构建后，async.js 会被单独打包。如果进一步在 async.js 文件中引入 module.js 模块，则 async.js 中的代码如下。

```
import(/* webpackChunkName: "module.js" */"./module.js").then(module => {
  console.log(module);
})
```

上述依赖关系图如图 10-3 所示。最终的打包结果会按需动态导入 async.js 文件，同时 module.js 模块也会被成功拆分出来。

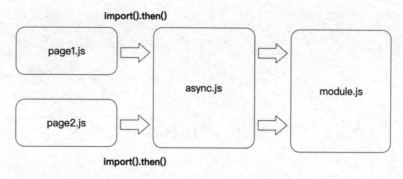

图 10-3

总结

本篇就代码拆分和按需加载这一话题进行了分析。

首先，从代码拆分和按需加载的业务场景入手，分析技术手段的必要性和价值。接着，从 ES 规范入手，深入解读动态导入这一核心特性，同时从 Tree Shaking 和编写 Babel 插件的角度，在较深层的语法和工程理念上对比了按需打包和按需加载。最后，通过对 Webpack 能力的探究，剖析了如何在工程中实现代码拆分和按需加载。

在实际工作中，希望你能基于本篇内容，结合项目实际情况，排查代码拆分和按需加载是否合理，如有不合理之处，可以进行实验论证。

11

Tree Shaking：移除 JavaScript 上下文中的未引用代码

Tree Shaking 对于前端工程师来说已经不是一个陌生的名词了。Tree Shaking 译为"摇树"，通常用于移除 JavaScript 上下文中的未引用代码（dead-code）。

据我观察，Tree Shaking 经常出现在诸多面试者的简历当中。然而可惜的是，大部分面试者对 Tree Shaking 只是"知其然而不知其所以然"，并没有在工程中真正实践过 Tree Shaking 技术，更没有深入理解 Tree Shaking 的原理。

在本篇中，我们将真正深入学习 Tree Shaking。

Tree Shaking 必会理论

Tree Shaking 概念很容易理解，这个词最先在 Rollup 社区流行，后续蔓延到整个前端生态圈。Tree Shaking 背后的理论知识独成体系，我们先从其原理入手，试着分析并回答以下问题。

问题一：Tree Shaking 为什么要依赖 ESM 规范

事实上，Tree Shaking 是在编译时进行未引用代码消除的，因此它需要在编译时确定依赖关系，进而确定哪些代码可以被"摇掉"，而 ESM 规范具备以下特点。

- import 模块名只能是字符串常量。

- import 一般只能在模块的顶层出现。

- import 依赖的内容是不可变的。

这些特点使得 ESM 规范具有静态分析能力。而 CommonJS 定义的模块化规范，只有在执行代码后才能动态确定依赖模块，因此不具备支持 Tree Shaking 的先天条件。

在传统编译型语言中，一般由编译器将未引用代码从 AST（抽象语法树）中删除，而前端 JavaScript 中并没有正统的"编译器"概念，因此 Tree Shaking 需要在工程链中由工程化工具实现。

问题二：什么是副作用模块，如何对副作用模块进行 Tree Shaking 操作

如果你熟悉函数式开发理念，可能听说过"副作用函数"，但什么是"副作用模块"呢？它和 Tree Shaking 又有什么关联呢？很多人对 Tree Shaking 的了解只是皮毛，并不知道 Tree Shaking 其实无法"摇掉"副作用模块。我们来看以下示例。

```
export function add(a, b) {
    return a + b
}

export const memoizedAdd = window.memoize(add)
```

当上述模块代码被导入时，window.memoize 方法会被执行。对于工程化工具（比如 Webpack），其分析思路是这样的。

- 创建一个纯函数 add，如果没有其他模块引用 add 函数，那么 add 函数可以被 Tree Shaking 处理掉。

- 接着调用 window.memoize 方法，并传入 add 函数作为参数。

- 工程化工具（如 Webpack）并不知道 window.memoize 方法会做什么，也许 window.memoize 方法会调用 add 函数，并触发某些副作用（比如维护一个全局的 Cache Map）。

- 为了安全起见，即便没有其他模块依赖 add 函数，工程化工具（如 Webpack）也要将 add 函数打包到最后的 bundle 中。

因此，具有副作用的模块难以被 Tree Shaking 优化，即便开发者知道 window.memoize 方法是没有副作用的。

为了解决"具有副作用的模块难以被 Tree Shaking 优化"这个问题，Webpack 给出了自己的方案，我们可以利用 package.json 的 sideEffects 属性来告诉工程化工具，哪些模块具有副作用，哪些模块没

有副作用并可以被 Tree Shaking 优化。

```
{
  "name": "your-project",
  "sideEffects": false
}
```

以上示例表示，全部模块均没有副作用，可告知 Webpack 安全地删除没有用到的依赖。

```
{
  "name": "your-project",
  "sideEffects": [
    "./src/some-side-effectful-file.js",
    "*.css"
  ]
}
```

以上示例通过数组表示，./src/some-side-effectful-file.js 和所有 .css 文件模块都有副作用。对于 Webpack 工具，开发者可以在 module.rule 配置中声明副作用模块。

事实上，对于前面提到的 add 函数，即便不声明 sideEffects，Webpack 也足够智能，能够分析出 Tree Shaking 可处理的部分，不过这需要我们对代码进行重构，具体如下。

```
import { memoize } from './util'

export function add(a, b) {
    return a + b
}

export const memoizedAdd = memoize(add)
```

此时，Webpack 的分析逻辑如下。

- memoize 函数是一个 ESM 模块，可以去 util.js 中检查 memoize 函数的内容。

- 在 util.js 中，我们发现 memoize 函数是一个纯函数，因此如果 add 函数没有被其他模块依赖，则可以安全地被 Tree Shaking 处理。

所以，我们能总结出一个 Tree Shaking 的最佳实践——在业务项目中，设置最小化副作用范围，同时通过合理的配置，给工程化工具最多的副作用信息。

一个 Tree Shaking 友好的导出模式

首先我们参考以下两段代码。

```
// 第一段
export default {
    add(a, b) {
        return a + b
    }
    subtract(a, b) {
        return a - b
    }
}

// 第二段
export class Number {
    constructor(num) {
        this.num = num
    }
    add(otherNum) {
        return this.num + otherNum
    }
    subtract(otherNum) {
        return this.num - otherNum
    }
}
```

对于上述情况，以 Webpack 为例，Webpack 会趋向于保留整个默认导出对象或类（Webpack 和 Rollup 只处理函数和顶层的 import/export 变量，不能将没用到的对象或类内部的方法消除），因此，以下情况都不利于进行 Tree Shaking 处理。

- 导出一个包含多个属性和方法的对象。

- 导出一个包含多个属性和方法的类。

- 使用 export default 方法导出。

即便现代化工程工具或 Webpack 支持对对象或类方法属性进行剪裁，但这会产生不必要的成本，增加编译时的负担。

我们更推荐的做法是，遵循原子化和颗粒化原则导出。以下示例就是一个更好的实践。

```
export function add(a, b) {
    return a + b
}

export function subtract(a, b) {
    return a - b
}
```

这种方式可以让 Webpack 更好地在编译时掌控和分析 Tree Shaking 信息，使 bundle 体积更优。

前端工程化生态和 Tree Shaking 实践

通过上述内容，我们可以看出，Tree Shaking 依托于 ESM 静态分析理论技术，其具体实践过程需要依靠前端工程化工具，因此，Tree Shaking 链路自然和前端工程化生态相互绑定。下面我们将从前端工程化生态层面分析 Tree Shaking 实践。

Babel 和 Tree Shaking

Babel 已经成为现代前端工程化基建方案的必备工具，但是考虑到 Tree Shaking，需要开发者注意：如果使用 Babel 对代码进行编译，Babel 默认会将 ESM 规范代码编译为 CommonJS 规范代码。而我们从前面的理论知识知道，Tree Shaking 必须依托于 ESM 规范。

为此，我们需要配置 Babel 对模块化代码的编译降级，具体配置项在 babel-preset-env#modules 中可以找到。

事实上，如果我们不使用 Babel 将代码编译为 CommonJS 规范代码，某些工程链上的工具可能就要罢工了，比如 Jest。Jest 是基于 Node.js 开发的，运行在 Node.js 环境下。因此，使用 Jest 进行测试时，要求模块符合 CommonJS 规范。那么，如何处理这种"模块死锁"呢？

思路之一是，根据环境的不同采用不同的 Babel 配置。在 production 编译环境下，我们进行如下配置。

```
production: {
  presets: [
   [
    '@babel/preset-env',
    {
     modules: false
    }
   ]
  ]
 },
}
```

在测试环境中，我们进行如下配置。

```
test: {
  presets: [
   [
    '@babel/preset-env',
    {
     modules: 'commonjs
```

```
    }
   ]
  ]
 },
}
```

　　但是在测试环境中，将业务代码编译为 CommonJS 规范代码并不意味着大功告成，我们还需要处理第三方模块代码。一些第三方模块代码为了方便支持 Tree Shaking 操作，暴露出符合 ESM 规范的模块代码，对于这些模块，比如 Library1、Library2，我们还需要进行处理，这时候需要配置 Jest，代码如下。

```
const path = require('path')

const librariesToRecompile = [
 'Library1',
 'Library2'
].join('|')

const config = {
 transformIgnorePatterns: [
  '[\\/]node_modules[\\/](?!(${librariesToRecompile})).*$'
 ],
 transform: {
  '^.+\.jsx?$': path.resolve(__dirname, 'transformer.js')
 }
}
```

　　transformIgnorePatterns 是 Jest 的一个配置项，默认值为 node_modules，它表示 node_modules 中的第三方模块代码都不需要经过 babel-jest 编译。因此，我们将 transformIgnorePatterns 的值自定义为一个包含了 Library1、Library2 的正则表达式即可。

Webpack 和 Tree Shaking

　　上面我们已经讲解了很多关于 Webpack 处理 Tree Shaking 的内容，这里我们进一步补充。事实上，Webpack 4.0 以上版本在 mode 为 production 时，会自动开启 Tree Shaking 能力。默认 production mode 的配置如下。

```
const config = {
 mode: 'production',
 optimization: {
  usedExports: true,
  minimizer: [
   new TerserPlugin({...}) // 支持删除未引用代码的压缩器
  ]
```

```
  }
}
```

其实，Webpack 真正执行 Tree Shaking 时依赖了 TerserPlugin、UglifyJS 等压缩插件。Webpack 负责对模块进行分析和标记，而这些压缩插件负责根据标记结果进行代码删除。Webpack 在分析时有三类相关标记。

- used export：被使用过的 export 会被标记为 used export。

- unused harmony export：没被使用过的 export 会被标记为 unused harmony export。

- harmony import：所有 import 会被标记为 harmony import。

上述标记实现的 Webpack 源码位于 lib/dependencies/文件中，这里不再进行源码解读。具体实现过程如下。

- 在编译分析阶段，Webpack 将每一个模块放入 ModuleGraph 中维护。

- 依靠 HarmonyExportSpecifierDependency 和 HarmonyImportSpecifierDependency 分别识别和处理 import 及 export 操作。

- 依靠 HarmonyExportSpecifierDependency 进行 used export 和 unused harmony export 标记。

至此，我们理解了使用 Webpack 进行 Tree Shaking 处理的原理。接下来，我们再看看著名的公共库都是如何实现 Tree Shaking 处理的。

Vue.js 和 Tree Shaking

在 Vue.js 2.0 版本中，Vue.js 对象中会存在一些全局 API，如下。

```
import Vue from 'vue'

Vue.nextTick(() => {
  //...
})
```

如果我们没有使用 Vue.nextTick 方法，那么 nextTick 这样的全局 API 就成了未引用代码，且不容易被 Tree Shaking 处理。为此，在 Vue.js 3.0 中，Vue.js 团队考虑了对 Tree Shaking 的兼容，进行了重构，全局 API 需要通过原生 ES Module 方式进行具名导入，对应上述代码，即需要进行如下配置。

```
import { nextTick } from 'vue'
```

```
nextTick(() => {
  //...
})
```

除了这些全局 API，Vue.js 3.0 也实现了对很多内置组件及工具的具名导出。这些都是前端生态中公共库拥抱 Tree Shaking 的表现。

此外，我们也可以灵活使用 build-time flags 来帮助构建工具实现 Tree Shaking 操作。以 Webpack DefinePlugin 为例，代码如下。

```
import { validateoptions } from './validation'

function init(options) {
    if (!__PRODUCTION__) {
        validateoptions(options)
    }
}
```

通过 __PRODUCTION__ 变量，在 production 环境下，我们可以将 validateoptions 函数删除。

设计一个兼顾 Tree Shaking 和易用性的公共库

作为公共库的设计者，我们应该如何设计一个兼顾 Tree Shaking 和易用性的公共库呢？

试想，如果我们以 ESM 方式对外暴露代码，可能很难直接兼容 CommonJS 规范。也就是说，在 Node.js 环境中，如果使用者直接以 require 方式引用代码，会得到报错；如果以 CommonJS 规范对外暴露代码，又不利于 Tree Shaking 的实现。

因此，如果希望一个 npm 包既能提供 ESM 规范代码，又能提供 CommonJS 规范代码，我们就只能通过"协约"来定义清楚。实际上，npm package.json 及社区工程化规范解决了这个问题，方法如下。

```
{
  "name": "Library",
  "main": "dist/index.cjs.js",
  "module": "dist/index.esm.js",
}
```

其实，在标准 package.json 语法中只有一个入口 main。作为公共库设计者，我们通过 main 来暴露 CommonJS 规范代码 dist/index.cjs.js。Webpack 等构建工具又支持 module 这个新的入口字段。因此，module 并非 package.json 的标准字段，而是打包工具专用的字段，用来指定符合 ESM 规范的入口文件。

这样一来，当 require('Library')执行时，Webpack 会找到 dist/index.cjs.js；当 import Library from 'Library'执行时，Webpack 会找到 dist/index.esm.js。

这里我们不妨举一个著名的公共库例子，这就是 Lodash。Lodash 其实并不支持 Tree Shaking，其 package.json 文件的内容如下。

```
{
 "name": "lodash",
 "version": "5.0.0",
 "license": "MIT",
 "private": true,
 "main": "lodash.js",
 "engines": {
   "node": ">=4.0.0"
 },
 //...
}
```

只有一个 main 入口，而且 lodash.js 是 UMD 格式代码，不利于实现 Tree Shaking。为了支持 Tree Shaking，Lodash 打包出专门的 lodash-es，其 package.json 文件的内容如下。

```
{
 "main": "lodash.js",
 "module": "lodash.js",
 "name": "lodash-es",
 "sideEffects": false,
 //...
}
```

由上述代码可知，lodash-es 中 main、module、sideEffects 三字段齐全，通过 ESM 规范导出，天然支持 Tree Shaking。

总之，万变不离其宗，只要我们掌握了 Tree Shaking 的原理，在涉及公共库时就能做到游刃有余，以各种形式支持 Tree Shaking。当然，普遍做法是在第三方库打包构建时参考 antd，一般都会构建出 ib/和 es/两个文件夹，并配置 package.json 文件的 main、module 字段。

CSS 和 Tree Shaking

以上内容都是针对 JavaScript 代码的 Tree Shaking，作为前端工程师，我们当然也要考虑对 CSS 代码进行 Tree Shaking 处理的场景。

实现思路也很简单，CSS 的 Tree Shaking 要在样式表中找出没有被应用的选择器的样式代码，并对其进行删除。我们只需要进行如下操作。

- 遍历所有 CSS 文件的选择器。

- 在 JavaScript 代码中对所有 CSS 文件的选择器进行匹配。

- 如果没有匹配到，则删除对应选择器的样式代码。

如何遍历所有 CSS 文件的选择器呢？ Babel 依靠 AST 技术完成对 JavaScript 代码的遍历分析，而在样式世界中，PostCSS 起到了 Babel 的作用。PostCSS 提供了一个解析器，能够将 CSS 解析成 AST（抽象语法树），我们可以通过 PostCSS 插件对 CSS 对应的 AST 进行操作，实现 Tree Shaking。

PostCSS 原理如图 11-1、图 11-2 所示。

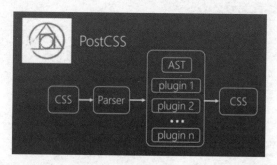

图 11-1

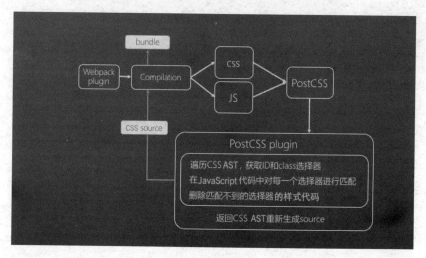

图 11-2

这里给大家推荐 purgecss-webpack-plugin 插件，其工作原理也很简单，步骤如下。

（1）监听 Webpack compilation 完成阶段，从 compilation 中找到所有的 CSS 文件，源码如下。

```
export default class PurgeCSSPlugin {
 options: UserDefinedOptions;
 purgedStats: PurgedStats = {};

 constructor(options: UserDefinedOptions) {
   this.options = options;
 }

 apply(compiler: Compiler): void {
   compiler.hooks.compilation.tap(
     pluginName,
     this.initializePlugin.bind(this)
   );
 }

 //...

}
```

（2）将所有的 CSS 文件交给 PostCSS 处理，源码关键部分如下。

```
public walkThroughCSS(
    root: postcss.Root,
    selectors: ExtractorResultSets
 ): void {
   root.walk((node) => {
     if (node.type === "rule") {
       return this.evaluateRule(node, selectors);
     }
     if (node.type === "atrule") {
       return this.evaluateAtRule(node);
     }
     if (node.type === "comment") {
       if (isIgnoreAnnotation(node, "start")) {
         this.ignore = true;
         // 删除忽略的注释
         node.remove();
       } else if (isIgnoreAnnotation(node, "end")) {
         this.ignore = false;
         // 删除忽略的注释
         node.remove();
       }
     }
   });
 }
```

（3）利用 PostCSS 插件能力，基于 AST 技术找出无用样式代码并进行删除。

总结

　　本篇分析了 Tree Shaking 相关知识，包括其原理、前端工程化生态与 Tree Shaking 实现。我们发现，这一理论内容还需要配合构建工具才能落地，而这一系列过程不像想象中那样简单，需要大家不断精进。

12

理解 AST 实现和编译原理

经常留意前端开发技术的同学一定对 AST 技术不陌生。AST 技术是现代化前端基建和工程化建设的基石：Babel、Webpack、ESLint 等耳熟能详的工程化基建工具或流程都离不开 AST 技术的支持，Vue.js、React 等经典前端框架也离不开基于 AST 技术的编译。

目前社区不乏对 Babel 插件、Webpack 插件等知识的讲解，但是涉及 AST 的部分往往使用现成的工具转载模板代码。本篇我们就从 AST 基础知识讲起，并实现一个简单的 AST 实战脚本。

AST 基础知识

AST 是 Abstract Syntax Tree 的缩写，表示抽象语法树，我们先对 AST 下一个定义：

> 在计算机科学中，抽象语法树（Abstract Syntax Tree，AST），或简称语法树（Syntax Tree），是源码语法结构的一种抽象表示。它以树状形式表现编程语言的语法结构，树上的每个节点都表示源码中的一种结构。之所以说语法是"抽象"的，是因为这里的语法并不会表示出真实语境中出现的每个细节。比如，嵌套括号被隐藏在树的结构中，并没有以节点的形式呈现；而类似 if-condition-then 这样的条件跳转语句，可以使用带有三个分支的节点来表示。

AST 经常应用在源码编译过程中：一般语法分析器创建出 AST，然后在语义分析阶段添加一些信息，甚至修改 AST 的内容，最终产出编译后的代码。

AST 初体验

了解了基本知识，我们便对 AST 有了一个"感官认知"。这里为大家提供一个平台：AST Explorer。在这个平台中，我们可以实时看到 JavaScript 代码转换为 AST 之后的产出结果，如图 12-1 所示。

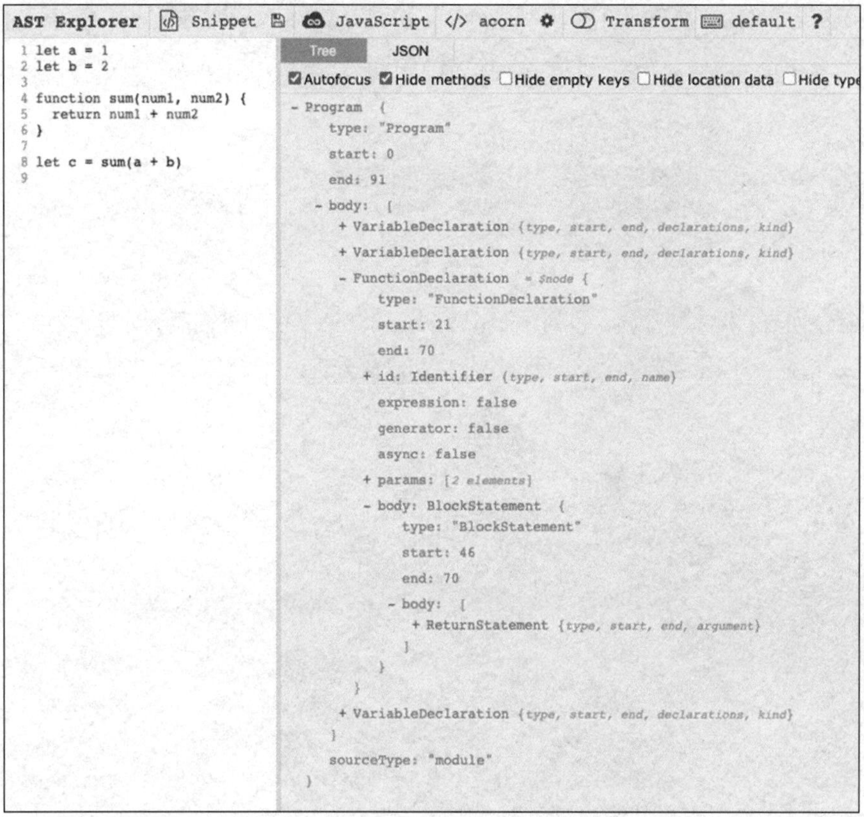

图 12-1

可以看到，经过 AST 转换，我们的 JavaScript 代码（左侧）变成了一种符合 ESTree 规范的数据结构（右侧），这种数据结构就是 AST。

这个平台实际使用 acorn 作为 AST 解析器。下面我们就来介绍 acorn，本节要实现的脚本也会依赖 acorn 的能力。

acorn 解析

实际上，社区多个著名项目都依赖 acorn 的能力（比如 ESLint、Babel、Vue.js 等）。acorn 是一个完全使用 JavaScript 实现的、小型且快速的 JavaScript 解析器。其基本用法非常简单，示例如下。

```
let acorn = require('acorn')
let code = 1 + 2
console.log(acorn.parse(code))
```

更多 acorn 的使用方法我们不再一一列举，大家可以结合相关源码进一步学习。

我们将视线更多地聚焦于 acorn 的内部实现。对所有语法解析器来说，其实现流程很简单，如图 12-2 所示。

图 12-2

源码经过词法分析（即分词）得到 Token 序列，对 Token 序列进行语法分析，得到最终的 AST 结果。但 acorn 稍有不同，它会交替进行词法分析和语法分析，只需要扫描一遍代码即可得到最终的 AST 结果。

acorn 的 Parser 类源码如下。

```
export class Parser {
  constructor(options, input, startPos) {
    // ...
  }

  parse() {
    // ...
  }
  get inFunction() { return (this.currentVarScope().flags & SCOPE_FUNCTION) > 0 }
  get inGenerator() { return (this.currentVarScope().flags & SCOPE_GENERATOR) > 0 }
  get inAsync() { return (this.currentVarScope().flags & SCOPE_ASYNC) > 0 }
  get allowSuper() { return (this.currentThisScope().flags & SCOPE_SUPER) > 0 }
  get allowDirectSuper() { return (this.currentThisScope().flags & SCOPE_DIRECT_SUPER) >
0 }
  get treatFunctionsAsVar() { return this.treatFunctionsAsVarInScope
(this.currentScope()) }
  get inNonArrowFunction() { return (this.currentThisScope().flags & SCOPE_FUNCTION) >
0 }

  static extend(...plugins) {
    // ...
  }
  // 解析入口
  static parse(input, options) {
    return new this(options, input).parse()
```

```
}

static parseExpressionAt(input, pos, options) {
  let parser = new this(options, input, pos)
  parser.nextToken()
  return parser.parseExpression()
}
// 分词入口
static tokenizer(input, options) {
  return new this(options, input)
}
}
```

以上是 acorn 解析实现 AST 的入口骨架，实际的分词环节需要明确要分析哪些 Token 类型。

- 关键字：import、function、return 等。

- 变量名称。

- 运算符号。

- 结束符号。

- 状态机：简单来讲就是消费每一个源码中的字符，对字符意义进行状态机判断。以对 "/" 的处理为例，对于 3/10 源码而言，/表示一个运算符号；对于 var re = /ab+c/源码而言，/表示正则运算的起始字符。

在分词过程中，实现者往往使用一个 Context 来表达一个上下文，实际上 Context 是一个栈数据结果。

acorn 在语法分析阶段主要完成 AST 的封装及错误抛出。这个过程中涉及的源码可以用以下元素来描述。

- Program：整个程序。

- Statement：语句。

- Expression：表达式。

当然，Program 中包含了多段 Statement，Statement 又由多个 Expression 或 Statement 组成。这三大元素就构成了遵循 ESTree 规范的 AST。最终的 AST 产出也是这三种元素的数据结构拼合。下面我们通过 acorn 及一个脚本来实现非常简易的 Tree Shaking 能力。

AST 实战：实现一个简易 Tree Shaking 脚本

上一篇介绍了 Tree Shaking 技术的方方面面。下面，我们基于本节内容的主题——AST，来实现一个简单的 DCE（Dead Code Elimination），目标是实现一个 Node.js 脚本，这个脚本将被命名为 treeShaking.js，用来删除冗余代码。

执行以下命令。

```
node treeShaking test.js
```

这样可以将 test.js 中的冗余代码删除，test.js 测试代码如下。

```
function add(a, b) {
    return a + b
}
function multiple(a, b) {
    return a * b
}

var firstOp = 9
var secondOp = 10
add(firstOp, secondOp)
```

理论上讲，上述代码中的 multiple 方法可以被"摇掉"。

进入实现环节，图 12-3 展示了具体的实现流程。

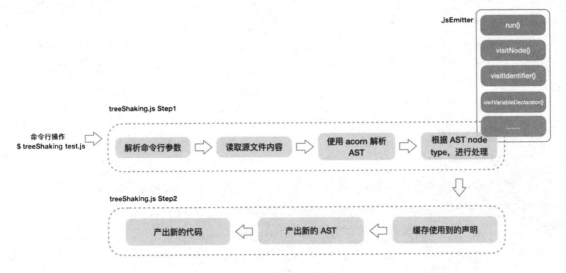

图 12-3

设计 JSEmitter 类，用于根据 AST 产出 JavaScript 代码（js-emitter.js 文件内容）。

```
class JSEmitter {
  // 访问变量声明，以下都是工具方法
  visitVariableDeclaration(node) {
    let str = ''
    str += node.kind + ' '
    str += this.visitNodes(node.declarations)
    return str + '\n'
  }
  visitVariableDeclarator(node, kind) {
    let str = ''
    str += kind ? kind + ' ' : str
    str += this.visitNode(node.id)
    str += '='
    str += this.visitNode(node.init)
    return str + ';' + '\n'
  }
  visitIdentifier(node) {
    return node.name
  }
  visitLiteral(node) {
    return node.raw
  }
  visitBinaryExpression(node) {
    let str = ''
    str += this.visitNode(node.left)
    str += node.operator
    str += this.visitNode(node.right)
    return str + '\n'
  }
  visitFunctionDeclaration(node) {
    let str = 'function '
    str += this.visitNode(node.id)
    str += '('
    for (let param = 0; param < node.params.length; param++) {
      str += this.visitNode(node.params[param])
      str += ((node.params[param] == undefined) ? '' : ',')
    }
    str = str.slice(0, str.length - 1)
    str += '){'
    str += this.visitNode(node.body)
    str += '}'
    return str + '\n'
  }
  visitBlockStatement(node) {
    let str = ''
    str += this.visitNodes(node.body)
```

```
        return str
    }
    visitCallExpression(node) {
        let str = ''
        const callee = this.visitIdentifier(node.callee)
        str += callee + '('
        for (const arg of node.arguments) {
            str += this.visitNode(arg) + ','
        }
        str = str.slice(0, str.length - 1)
        str += ');'
        return str + '\n'
    }
    visitReturnStatement(node) {
        let str = 'return ';
        str += this.visitNode(node.argument)
        return str + '\n'
    }
    visitExpressionStatement(node) {
        return this.visitNode(node.expression)
    }
    visitNodes(nodes) {
        let str = ''
        for (const node of nodes) {
            str += this.visitNode(node)
        }
        return str
    }
    // 根据类型执行相关处理函数
    visitNode(node) {
        let str = ''
        switch (node.type) {
            case 'VariableDeclaration':
                str += this.visitVariableDeclaration(node)
                break;
            case 'VariableDeclarator':
                str += this.visitVariableDeclarator(node)
                break;
            case 'Literal':
                str += this.visitLiteral(node)
                break;
            case 'Identifier':
                str += this.visitIdentifier(node)
                break;
            case 'BinaryExpression':
                str += this.visitBinaryExpression(node)
                break;
            case 'FunctionDeclaration':
```

```
                str += this.visitFunctionDeclaration(node)
                break;
            case 'BlockStatement':
                str += this.visitBlockStatement(node)
                break;
            case "CallExpression":
                str += this.visitCallExpression(node)
                break;
            case "ReturnStatement":
                str += this.visitReturnStatement(node)
                break;
            case "ExpressionStatement":
                str += this.visitExpressionStatement(node)
                break;
        }
        return str
    }
    // 入口
    run(body) {
        let str = ''
        str += this.visitNodes(body)
        return str
    }
}
module.exports = JSEmitter
```

　　具体分析以上代码，JSEmitter 类中创建了很多 visitXXX 方法，这些方法最终都会产出 JavaScript 代码。继续结合 treeShaking.js 的实现来看以下代码。

```
const acorn = require("acorn")
const l = console.log
const JSEmitter = require('./js-emitter')
const fs = require('fs')
// 获取命令行参数
const args = process.argv[2]
const buffer = fs.readFileSync(args).toString()
const body = acorn.parse(buffer).body
const jsEmitter = new JSEmitter()
let decls = new Map()
let calledDecls = []
let code = []
// 遍历处理
body.forEach(function(node) {
    if (node.type == "FunctionDeclaration") {
        const code = jsEmitter.run([node])
        decls.set(jsEmitter.visitNode(node.id), code)
        return;
    }
```

```
    if (node.type == "ExpressionStatement") {
        if (node.expression.type == "CallExpression") {
            const callNode = node.expression
            calledDecls.push(jsEmitter.visitIdentifier(callNode.callee))
            const args = callNode.arguments
            for (const arg of args) {
                if (arg.type == "Identifier") {
                    calledDecls.push(jsEmitter.visitNode(arg))
                }
            }
        }
    }
    if (node.type == "VariableDeclaration") {
        const kind = node.kind
        for (const decl of node.declarations) {
            decls.set(jsEmitter.visitNode(decl.id),
jsEmitter.visitVariableDeclarator(decl, kind))
        }
        return
    }
    if (node.type == "Identifier") {
        calledDecls.push(node.name)
    }
    code.push(jsEmitter.run([node]))
});
// 生成代码
code = calledDecls.map(c => {
    return decls.get(c)
}).concat([code]).join('')
fs.writeFileSync('test.shaked.js', code)
```

分析以上代码，首先通过 process.argv 获取目标文件。对于目标文件，通过 fs.readFileSync()方法读出字符串形式的内容 buffer。对于 buffer 变量，使用 acorn.parse 进行解析，并对产出内容进行遍历。

在遍历过程中，对于不同类型的节点，要调用 JSEmitter 类的不同方法进行处理。在整个过程中，我们维护如下三个变量。

- decls：Map 类型。

- calledDecls：数组类型。

- code：数组类型。

decls 存储所有的函数或变量声明类型节点，calledDecls 存储代码中真正使用到的函数或变量声明，code 存储其他所有没有被节点类型匹配的 AST 部分。

下面我们来分析具体的遍历过程。

- 在遍历过程中，我们对所有函数和变量的声明进行维护，将其存储到 decls 中。

- 接着，对所有的 CallExpression 和 IDentifier 进行检测。因为 CallExpression 代表了一次函数调用，因此在该 if 条件分支内，需要将相关函数节点调用情况推入 calledDecls 数组，同时将该函数的参数变量也推入 calledDecls 数组。因为 IDentifier 代表了一个变量的取值，因此也将其推入 calledDecls 数组。

- 遍历 calledDecls 数组，并从 decls 变量中获取使用到的变量和函数声明，最终通过 concat 方法将其合并带入 code 变量，使用 join 方法将数组转化为字符串类型。

至此，简易版 Tree Shaking 能力就实现了，建议结合实际代码多调试，相信大家会有更多收获。

总结

本篇聚焦 AST 这一热点话题。当前前端基础建设、工程化建设越来越离不开 AST 技术的支持，AST 在前端领域扮演的角色的重要性也越来越广为人知。但事实上，AST 是计算机领域中一个悠久的基础概念，每一名开发者也都应该循序渐进地了解 AST 相关技术及编译原理。

本篇从基本概念入手，借助 acorn 的能力实现了一个真实的 AST 落地场景——简易 Tree Shaking，正好又和上一篇的内容环环相扣。由此可见，通过前端基建和工程化中的每一个技术点，都能由点及面，绘制出一张前端知识图谱，形成一张前端基建和工程化网。

13

工程化思维：主题切换架构

在前面几篇中，我们主要围绕 JavaScript 和项目相关工程化方案展开讨论。实际上，在前端基础建设中，对样式方案的处理也必不可少。在本篇中，我们将实现一个工程化主题切换功能，并梳理现代前端样式的解决方案。

设计一个主题切换工程架构

随着 iOS 13 引入深色模式（Dark Mode），各大应用和网站也都开始支持深色模式。相比于传统的页面配色方案，深色模式具有较好的降噪性，也能让用户的眼睛在看内容时更舒适。

那么对于前端来说，如何高效地支持深色模式呢？这里的高效就是指工程化、自动化。在介绍具体方案前，我们先来了解一个必会的前端工程化神器——PostCSS。

PostCSS 原理和相关插件能力

简单来说，PostCSS 是一款编译 CSS 的工具。PostCSS 具有良好的插件性，其插件也是使用 JavaScript 编写的，非常有利于开发者进行扩展。基于前面内容介绍的 Babel 思想，对比 JavaScript 的编译器，我们不难猜出 PostCSS 的工作原理：PostCSS 接收一个 CSS 文件，并提供插件机制，提供给开发者分析、修改 CSS 规则的能力，具体实现方式也是基于 AST 技术实现的。本篇介绍的工程化主题切换架构也离不开 PostCSS 的基础能力。

架构思路

对于主题切换，社区介绍的方案往往是通过 CSS 变量（CSS 自定义属性）来实现的，这无疑是一个很好的思路，但是作为架构，使用 CSS 自定义属性只是其中一个环节。站在更高、更中台化的视角思考，我们还需要搞清楚以下内容。

- 如何维护不同主题色值？

- 谁来维护不同主题色值？

- 在研发和设计之间，如何保持不同主题色值的同步沟通？

- 如何最小化前端工程师的开发量，让他们不必硬编码两份色值？

- 如何使一键切换时的性能最优？

- 如何配合 JavaScript 状态管理，同步主题切换的信号？

基于以上考虑，以一个超链接样式为例，我们希望做到在开发时编写以下代码。

```
a {
  color: cc(GBK05A);
}
```

这样就能一劳永逸，直接支持两套主题模式（Light/Dark）。也就是说，在应用编译时，上述代码将被编译为下面这样。

```
a {
  color: #646464;
}

html[data-theme='dark'] a {
  color: #808080;
}
```

我们来看看在编译时，构建环节完成了什么具体操作。

- cc(GBK05A)这样的声明被编译为#646464。cc 是一个 CSS 函数，而 GBK05A 是一组色值，即一个色组，分别包含了 Light 和 Dark 两种主题模式中的颜色。

- 在 HTML 根节点上，添加属性选择器 data-theme='dark'，并添加 a 标签，color 色值样式为 #808080。

我们设想，用户点击"切换主题"按钮时，首先通过 JavaScript 向 HTML 根节点标签内添加 data-theme 为 dark 的属性值，这时 CSS 选择器 html[data-theme='dark'] a 将发挥作用，实现样式切换。

结合图 13-1 可以辅助理解上述编译过程。

图 13-1

回到架构设计中，如何在构建时完成 CSS 的样式编译转换呢？答案指向了 PostCSS。具体架构设计步骤如下。

- 编写一个名为 postcss-theme-colors 的 PostCSS 插件，实现上述编译过程。

- 维护一个色值，结合上例（这里以 YML 格式为例），配置如下。

```
GBK05A: [BK05, BK06]

BK05: '#808080'
BK06: '#999999'
```

postcss-theme-colors 需要完成以下操作。

- 识别 cc 函数。

- 读取色组配置。

- 通过色值对 cc 函数求值，得到两种颜色，分别对应 Light 和 Dark 主题模式。

- 原地编译 CSS 中的颜色为 Light 主题模式色值。

- 将 Dark 主题模式色值写到 HTML 根节点上。

这里需要补充的是，为了将 Dark 主题模式色值按照 html[data-theme='dark']方式写到 HTML 根节点上，我们使用了如下两个 PostCSS 插件。

- postcss-nested。

- postcss-nesting。

整体架构设计如图 13-2 所示。

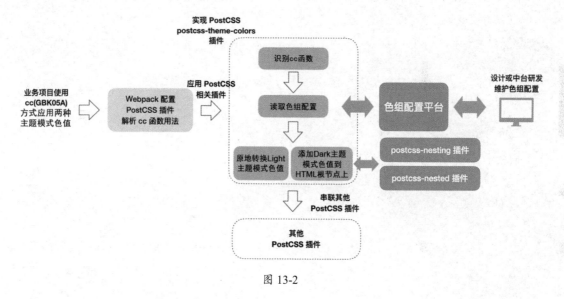

图 13-2

主题色切换架构实现

有了整体架构，下面来实现其中的重点环节。首先，我们需要了解 PostCSS 插件体系。

PostCSS 插件体系

PostCSS 具有天生的插件化体系，开发者一般很容易上手插件开发，典型的 PostCSS 插件编写模板如下。

```
var postcss = require('postcss');
```

```
module.exports = postcss.plugin('pluginname', function (opts) {

 opts = opts || {};

 // 处理配置项

 return function (css, result) {
   // 转换 AST
 };

})
```

一个 PostCSS 就是一个 Node.js 模块，开发者调用 postcss.plugin（源码链接定义在 postcss.plugin 中）工厂方法返回一个插件实体，如下。

```
return {
   postcssPlugin: 'PLUGIN_NAME',
   /*
   Root (root, postcss) {
     // 转换 AST
   }
   */

   /*
   Declaration (decl, postcss) {
   }
   */

   /*
   Declaration: {
     color: (decl, postcss) {
     }
   }
   */
 }
}
```

在编写 PostCSS 插件时，我们可以直接使用 postcss.plugin 方法完成实际开发，然后就可以开始动手实现 postcss-theme-colors 插件了。

动手实现 postcss-theme-colors 插件

在 PostCSS 插件设计中，我们看到了清晰的 AST 设计痕迹，经过之前的学习，我们应该对 AST 不再陌生。根据插件代码骨架加入具体实现逻辑，如下。

```javascript
const postcss = require('postcss')

const defaults = {
  function: 'cc',
  groups: {},
  colors: {},
  useCustomProperties: false,
  darkThemeSelector: 'html[data-theme="dark"]',
  nestingPlugin: null,
}

const resolveColor = (options, theme, group, defaultValue) => {
  const [lightColor, darkColor] = options.groups[group] || []
  const color = theme === 'dark' ? darkColor : lightColor
  if (!color) {
    return defaultValue
  }

  if (options.useCustomProperties) {
    return color.startsWith('--') ? 'var(${color})' : 'var(--${color})'
  }

  return options.colors[color] || defaultValue
}

module.exports = postcss.plugin('postcss-theme-colors', options => {
  options = Object.assign({}, defaults, options)

  // 获取色值函数（默认为 cc）
  const reGroup = new RegExp('\\b${options.function}\\(([^)]+)\\)', 'g')

  return (style, result) => {
    // 判断 PostCSS 工作流程中是否使用了某些插件
    const hasPlugin = name =>
      name.replace(/^postcss-/, '') === options.nestingPlugin ||
      result.processor.plugins.some(p => p.postcssPlugin === name)

    // 获取最终的 CSS 值
    const getValue = (value, theme) => {
      return value.replace(reGroup, (match, group) => {
        return resolveColor(options, theme, group, match)
      })
    }

    // 遍历 CSS 声明
    style.walkDecls(decl => {
      const value = decl.value
```

```
    // 如果不含有色值函数调用，则提前退出
    if (!value || !reGroup.test(value)) {
      return
    }

    const lightValue = getValue(value, 'light')
    const darkValue = getValue(value, 'dark')

    const darkDecl = decl.clone({value: darkValue})

    let darkRule

    // 使用插件，生成 Dark 主题模式
    if (hasPlugin('postcss-nesting')) {
      darkRule = postcss.atRule({
        name: 'nest',
        params: '${options.darkThemeSelector} &',
      })
    } else if (hasPlugin('postcss-nested')) {
      darkRule = postcss.rule({
        selector: '${options.darkThemeSelector} &',
      })
    } else {
      decl.warn(result, 'Plugin(postcss-nesting or postcss-nested) not found')
    }

    // 添加 Dark 主题模式到目标 HTML 根节点中
    if (darkRule) {
      darkRule.append(darkDecl)
      decl.after(darkRule)
    }

    const lightDecl = decl.clone({value: lightValue})
    decl.replaceWith(lightDecl)
  })
}
})
```

上面的代码中加入了相关注释，整体逻辑并不难理解。理解了以上源码，postcss-theme-colors 插件的使用方式也就呼之欲出了。

```
const colors = {
  C01: '#eee',
  C02: '#111',
}

const groups = {
  G01: ['C01', 'C02'],
```

```
}

postcss([
  require('postcss-theme-colors')({colors, groups}),
]).process(css)
```

通过上述操作，我们实现了 postcss-theme-colors 插件，整体架构也完成了大半。接下来，我们将继续完善，并最终打造出一个更符合基础建设要求的方案。

架构平台化——色组和色值平台设计

在上面的示例中，我们采用了硬编码（hard coding）方式。

```
const colors = {
  C01: '#eee',
  C02: '#111',
}

const groups = {
  G01: ['C01', 'C02'],
}
```

上述代码声明了 colors 和 groups 两个变量，并将它们传递给了 postcss-theme-colors 插件。其中，groups 变量声明了色组的概念，比如 group1 被命名为 G01，对应了 C01（日间色）、C02（夜间色）两个色值，这样做的好处显而易见。

- 可将 postcss-theme-colors 插件和色值声明解耦，postcss-theme-colors 插件并不关心具体的色值声明，而是接收 colors 和 groups 变量。
- 实现了色值和色组的解耦。
  - colors 维护具体色值。
  - groups 维护具体色组。

例如，前面提到了如下的超链接样式声明。

```
a {
  color: cc(GBK05A);
}
```

在业务开发中，我们直接声明了"使用 GBK05A 这个色组"。业务开发者不需要关心这个色组在 Light 和 Dark 主题模式下分别对应哪些色值。而设计团队可以专门维护色组和色值，最终只提供给开发者色组。

在此基础上，我们完全可以抽象出一个色组和色值平台，方便设计团队更新内容。这个平台可以以 JSON 或 YML 等任何形式存储色值和色组的对应关系，方便各个团队协作。

在前面提到的主题切换设计架构图的基础上，我们扩充其为平台化解决方案，如图 13-3 所示。

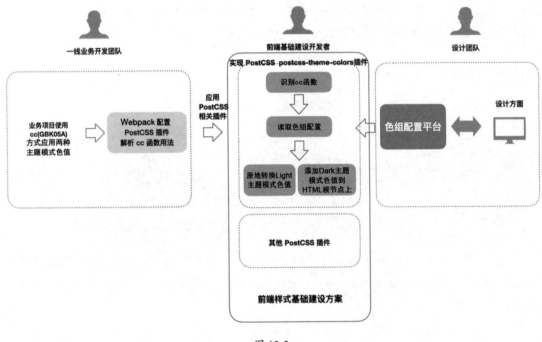

图 13-3

总结

本篇没有聚焦于 CSS 样式的具体用法，而是从更高的视角梳理了现代化前端基础建设当中的样式相关工程方案，并从"主题切换"这一话题入手，联动了 PostCSS、Webpack，甚至前端状态管理流程。

14

解析 Webpack 源码，实现工具构建

前端工程化和基础建设自然离不开分析构建工具。Webpack 是前端工程中最常见、最经典的构建工具，我们有必要通过独立的一篇对其进行精讲。可是，关于 Webpack，什么样的内容才更有意义呢？当前社区中关于 Webpack 插件编写、loader 编写的内容已经非常多了，甚至 Tapable 机制也有所涉猎，本篇独辟蹊径，将从 Webpack 的实现入手，帮助你构建一个自己的工程化工具。

Webpack 的初心和奥秘

我们不急于对 Webpack 源码进行讲解，因为 Webpack 是一个庞大的体系，逐行讲解其源码太过枯燥，真正能转化为技术积累的内容较少。我们先抽丝剥茧，从 Webpack 的初心谈起，相信你会对它有一个更加清晰的认知。

Webpack 的介绍只有简单的一句话：

> Webpack is a static module bundler for modern JavaScript applications.

虽然 Webpack 看上去无所不能，但从本质上说，它就是一个 "前端模块打包器"。前端模块打包器做的事情很简单：帮助开发者将 JavaScript 模块（各种类型的模块化规范）打包为一个或多个 JavaScript 脚本文件。

继续溯源，前端领域为什么需要一个模块打包器呢？其实理由很简单。

- 不是所有浏览器都直接支持 JavaScript 规范。

- 前端需要管理依赖脚本，把控不同脚本的加载顺序。

- 前端需要按顺序加载不同类型的静态资源。

想象一下，我们的 Web 应用中有这样一段内容。

```html
<html>
 <script src="/src/1.js"></script>
 <script src="/src/2.js"></script>
 <script src="/src/3.js"></script>
 <script src="/src/4.js"></script>
 <script src="/src/5.js"></script>
 <script src="/src/6.js"></script>
</html>
```

每个 JavaScript 文件都需要通过额外的 HTTP 请求来获取，并且因为依赖关系，1.js~6.js 需要按顺序加载。因此，打包需求应运而生。

```html
<html>
 <script src="/dist/bundle.js"></script>
</html>
```

这里需要注意以下几点。

- 随着 HTTP/2 技术的推广，从长远来看，浏览器像上述代码一样发送多个请求不再是性能瓶颈，但目前来看这种设想还太乐观。

- 并不是将所有脚本都打包到一起就能实现性能最优，/dist/bundle.js 资源的体积一般较大。

总之，打包器是前端的"刚需"，但实现上述打包需求也不简单，需要考虑以下几点。

- 如何维护不同脚本的打包顺序，保证 bundle.js 的可用性？

- 如何避免不同脚本、不同模块的命名冲突？

- 在打包过程中，如何确定真正需要的脚本？

事实上，虽然当前 Webpack 依靠 loader 机制实现了对不同类型资源的解析和打包，依靠插件机制实现了第三方介入编译构建的过程，但究其本质，Webpack 只是一个"无所不能"的打包器，实现了 a.js + b.js + c.js. = bundle.js 的能力。

下面我们继续揭开Webpack打包过程的奥秘。为了简化，这里以ESM模块化规范为例进行说明。假设我们有以下需求。

- 通过 circle.js 模块求圆形面积。

- 通过 square.js 模块求正方形面积。

- 将 app.js 模块作为主模块。

上述需求对应的内容分别如下。

```js
// filename: circle.js
const PI = 3.141;
export default function area(radius) {
  return PI * radius * radius;
}

// filename: square.js
export default function area(side) {
  return side * side;
}

// filename: app.js
import squareArea from './square';
import circleArea from './circle';
console.log('Area of square: ', squareArea(5));
console.log('Area of circle', circleArea(5));
```

经过 Webpack 打包之后，我们用 bundle.js 来表示 Webpack 的处理结果（精简并进行可读化处理后的结果）。

```js
// filename: bundle.js

const modules = {
  'circle.js': function(exports, require) {
    const PI = 3.141;
    exports.default = function area(radius) {
      return PI * radius * radius;
    }
  },
  'square.js': function(exports, require) {
    exports.default = function area(side) {
      return side * side;
    }
  },
  'app.js': function(exports, require) {
    const squareArea = require('square.js').default;
    const circleArea = require('circle.js').default;
    console.log('Area of square: ', squareArea(5))
    console.log('Area of circle', circleArea(5))
  }
}

webpackBundle({
  modules,
```

```
 entry: 'app.js'
});
```

如上面的代码所示，Webpack 使用 module map 维护了 modules 变量，存储了不同模块的信息。在这个 map 中，key 为模块路径名，value 为一个经过 wrapped 处理的模块函数，先称之为包裹函数（module factory function），该函数形式如下。

```
function(exports, require) {
    // 模块内容
}
```

这样做为每个模块提供了 exports 和 require 能力，同时保证了每个模块都处于一个隔离的函数作用域内。

有 modules 变量还不够，还要依赖 webpackBundle 方法将所有内容整合在一起。webpackBundle 方法接收 modules 模块信息及一个入口脚本，代码如下。

```
function webpackBundle({ modules, entry }) {
  const moduleCache = {};

  const require = moduleName => {
    // 如果已经解析并缓存过，直接返回缓存内容
    if (moduleCache[moduleName]) {
      return moduleCache[moduleName];
    }

    const exports = {};

    // 这里是为了防止循环引用
    moduleCache[moduleName] = exports;

    // 执行模块内容，如果遇见 require 方法，则继续递归执行 require 方法
    modules[moduleName](exports, require);

    return moduleCache[moduleName];
  };

  require(entry);
}
```

关于上述代码，需要注意：webpackBundle 方法中声明的 require 方法和 CommonJS 规范中的 require 是两回事，前者是 Webpack 自己实现的模块化解决方案。

图 14-1 总结了 Webpack 风格打包器的原理和工作流程。

图 14-1

讲到这里，我们再扩充讲解另一个打包器——Rollup 的原理。针对上面的例子，经 Rollup 打包过后的产出如下。

```
const PI = 3.141;

function circle$area(radius) {
  return PI * radius * radius;
}

function square$area(side) {
  return side * side;
}

console.log('Area of square: ', square$area(5));
console.log('Area of circle', circle$area(5));
```

如上面的代码所示，Rollup 的原理与 Webpack 的不同：Rollup 不会维护一个 module map，而是将所有模块拍平（flatten）放到 bundle 中，不存在包裹函数。

为了保证名称不冲突，Rollup 对函数名和变量名进行了改写，在模块脚本 circle.js 和 square.js 中都有一个 area 方法。经过 Rollup 打包后，area 方法根据模块主体被重命名。

我们将 Webpack 和 Rollup 打包原理进行了对比，如下。

- Webpack 原理：

  - 使用 module map，维护项目中的依赖关系。

  - 使用包裹函数，对每个模块进行包裹。

  - 使用一个 "runtime" 方法（在上述示例中为 webpackBundle），最终合成 bundle 内容。

- Rollup 原理：

  - 将每个模块拍平。

  - 不使用包裹函数，不需要对每个模块进行包裹。

不同的打包原理也会带来不同的打包结果，这里我想给大家留一个思考题：基于 Rollup 打包原理，如果模块出现了循环依赖，会发生什么现象呢？

手动实现打包器

前面的内容剖析了以 Webpack、Rollup 为代表的打包器的核心原理。下面我们将手动实现一个简易的打包器，目标是向 Webpack 打包设计看齐。核心思路如下。

- 读取入口文件（比如 entry.js）。

- 基于 AST 分析入口文件，并产出依赖列表。

- 使用 Babel 将相关模块编译为符合 ES5 规范的代码。

- 为每个依赖产出一个唯一的 ID，方便后续读取模块相关内容。

- 将每个依赖及经过 Babel 编译过后的内容存储在一个对象中进行维护。

- 遍历上一步中的对象，构建出一个依赖图（Dependency Graph）。

- 将各依赖模块内容合成为 bundle 产出。

下面，我们来一步一步实现。首先创建项目。

```
mkdir bundler-playground && cd $_
```

启动 npm，如下。

```
npm init -y
```

安装以下依赖。

- @babel/parser，用于分析源码，产出 AST。

- @babel/traverse，用于遍历 AST，找到 import 声明。

- @babel/core，用于编译，将源码编译为符合 ES5 规范的代码。

- @babel/preset-env，搭配@babel/core 使用。

- resolve，用于获取依赖的绝对路径。

安装命令如下。

```
npm install --save @babel/parser @babel/traverse @babel/core  @babel/preset-env resolve
```

完成上述操作，我们开始编写核心逻辑，创建 index.js，并引入如下依赖。

```
const fs = require("fs");
const path = require("path");
const parser = require("@babel/parser");
const traverse = require("@babel/traverse").default;
const babel = require("@babel/core");
const resolve = require("resolve").sync;
```

接着，维护一个全局 ID，并通过遍历 AST 访问 ImportDeclaration 节点，将依赖收集到 deps 数组中，同时完成 Babel 编译降级，如下。

```
let ID = 0;

function createModuleInfo(filePath) {
    // 读取模块源码
    const content = fs.readFileSync(filePath, "utf-8");
    // 对源码进行 AST 产出
    const ast = parser.parse(content, {
    sourceType: "module"
    });
    // 相关模块依赖数组
    const deps = [];

    // 遍历 AST，将依赖收集到 deps 数组中
    traverse(ast, {
        ImportDeclaration: ({ node }) => {
            deps.push(node.source.value);
        }
    });

    const id = ID++;

    // 编译为 ES5 规范代码
    const { code } = babel.transformFromAstSync(ast, null, {
        presets: ["@babel/preset-env"]
    });

    return {
        id,
        filePath,
        deps,
        code
    };
}
```

上述代码中的相关注释已经比较明晰。这里需要指出的是，我们采用了自增 ID 的方式，如果采

用随机的 GUID，是更安全的做法。

至此，我们实现了对一个模块的分析过程，并产出了以下内容。

- 该模块对应的 ID。

- 该模块的路径。

- 该模块的依赖数组。

- 该模块经过 Babel 编译后的代码。

接下来，我们生成整个项目的依赖图，代码如下。

```javascript
function createDependencyGraph(entry) {
    // 获取模块信息
    const entryInfo = createModuleInfo(entry);
    // 项目依赖树
    const graphArr = [];
    graphArr.push(entryInfo);

    // 以入口模块为起点，遍历整个项目依赖的模块，并将每个模块信息保存到 graphArr 中进行维护
    for (const module of graphArr) {
        module.map = {};
        module.deps.forEach(depPath => {
            const baseDir = path.dirname(module.filePath);
            const moduleDepPath = resolve(depPath, { baseDir });
            const moduleInfo = createModuleInfo(moduleDepPath);
            graphArr.push(moduleInfo);
            module.map[depPath] = moduleInfo.id;
        });
    }
    return graphArr;
}
```

在上述代码中，我们使用了一个数组类型的变量 graphArr 来维护整个项目的依赖情况，最后，我们要基于 graphArr 内容对相关模块进行打包，如下。

```javascript
function pack(graph) {
    const moduleArgArr = graph.map(module => {
        return '${module.id}: {
            factory: (exports, require) => {
                ${module.code}
            },
            map: ${JSON.stringify(module.map)}
        }';
    });
```

```
    const iifeBundler = '(function(modules){
      const require = id => {
          const {factory, map} = modules[id];
          const localRequire = requireDeclarationName =>
require(map[requireDeclarationName]);
          const module = {exports: {}};
          factory(module.exports, localRequire);
          return module.exports;
      }

      require(0);

      })({${moduleArgArr.join()}})
  ';

  return iifeBundler;
}
```

创建一个对应每个模块的模板对象，如下。

```
return '${module.id}: {
  factory: (exports, require) => {
    ${module.code}
  },
  map: ${JSON.stringify(module.map)}
  }';
```

在 factory 对应的内容中，我们包裹模块代码，注入 exports 和 require 两个参数，同时构造一个 IIFE 风格的代码区块，用于将依赖图中的代码串联在一起。最难理解的部分如下。

```
const iifeBundler = '(function(modules){
  const require = id => {
    const {factory, map} = modules[id];
    const localRequire = requireDeclarationName =>
require(map[requireDeclarationName]);
    const module = {exports: {}};
    factory(module.exports, localRequire);
    return module.exports;
  }
  require(0);
})({${moduleArgArr.join()}})
';
```

针对这段代码，我们进行更细致的分析。

- 使用 IIFE 方式，保证模块变量不会影响全局作用域。

- 构造好的项目依赖图数组将作为形参（名为 modules）被传递给 IIFE。

- 我们构造了 require(id)方法，这个方法的意义如下。

    - 通过 require(map[requireDeclarationName])方式，按顺序递归调用各个依赖模块。

    - 通过调用 factory(module.exports, localRequire)执行模块相关代码。

    - 最终返回 module.exports 对象，module.exports 对象最初的值为空（{exports: {}}），但在一次次调用 factory 函数后，module.exports 对象的内容已经包含了模块对外暴露的内容。

总结

本篇没有采用源码解读的方式展开，而是从打包器的原理入手，换一种角度进行 Webpack 源码解读，并最终动手实现了一个简易打包器。

实际上，打包过程主要分为两步：依赖解析（Dependency Resolution）和代码打包（Bundling）。

- 在依赖解析过程中，我们通过 AST 技术找到每个模块的依赖模块，并组合为最终的项目依赖图。

- 在代码打包过程中，我们使用 Babel 对源码进行编译，其中也包括了对 imports 和 exports（即 ESM）的编译。

整个过程稍微有些抽象，需要用心体会。在实际生产环节，打包器的功能更多，比如我们需要考虑 code spliting、watch mode，以及 reloading 能力等。只要我们知晓打包器的初心，掌握其最基本的原理，任何问题都会迎刃而解。

15

跨端解析小程序多端方案

客观来说，小程序在用户规模及商业化方面取得的巨大成功并不能掩盖其技术环节上的设计问题和痛点。小程序多端方案层出不穷，展现出百家争鸣的局面。欣欣向荣的小程序多端方案背后有着深刻且有趣的技术话题，本篇我们将跨端解析小程序多端方案。

小程序多端方案概览

小程序生态如今已如火如荼，自腾讯的微信小程序后，各巨头也纷纷建立起自己的小程序。这些小程序的设计原理类似，但是对于开发者来说，它们的开发方式并不互通。在此背景下，效率为先，也就出现了各种小程序多端方案。

小程序多端方案的愿景很简单，就是使用一种 DSL，实现 "write once，run everywhere"。在这种情况下，不再需要先开发微信小程序，再开发头条小程序、百度小程序等。小程序多端方案根据技术实现的不同可以大体划分为三类。

- 编译时方案。

- 运行时方案。

- 编译时和运行时的结合方案。

事实上，单纯的编译时方案或运行时方案都不能完全满足跨端需求，因此两者结合而成的第三种方案是目前的主流技术方案。

基于以上技术方案，小程序多端方案最终对外提供的使用方式可以分为以下几种。

- 类 Vue.js 风格框架。

- 类 React 风格框架。

- 自定义 DSL 框架。

下面我们将深入小程序多端方案的具体实现进行讲解。

小程序多端——编译时方案

顾名思义，编译时方案的工作主要集中在编译转化环节。这类多端框架在编译阶段基于 AST（抽象语法树）技术进行各平台小程序适配。

目前社区存在较多基于 Vue.js DSL 和 React DSL 的静态编译方案。其实现理念类似，但也有区别。Vue.js 的设计风格和各小程序设计风格更加接近，因此 Vue.js DSL 静态编译方案相对容易实现。Vue.js 中的单文件组件主要由 template、script、style 组成，分别对应小程序中的以下形式文件。

- .wxml 文件、template 文件。

- .js 文件、.json 文件。

- .wxss 文件。

其中，因为小程序基本都可以兼容 H5 环境中的 CSS，因此 style 部分基本上可以直接平滑迁移。将 template 转换为.wxml 文件时需要进行 HTML 标签和模板语法的转换。以微信小程序为例，转换目标如图 15-1 所示。

那么图 15-1 表述的编译过程具体应该如何实现呢？你可能会想到正则方法，但正则方法的能力有限，复杂度也较高。更普遍的做法是，依赖 AST（抽象语法树）技术，如 mpvue、uni-app 等。AST 其实并不复杂，Babel 生态就为我们提供了很多开箱即用的 AST 分析和操作工具。图 15-2 展示了一个简单的 Vue.js 模板经过 AST 分析后得到的产出。

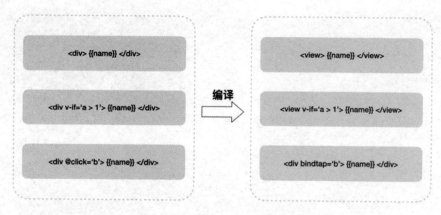

图 15-1

```
1 <a><b v-if="a" /></a>          1  type: 1
                                 2  tag: a
                                 3  attrsList: []
                                 4  attrsMap: {}
                                 5  rawAttrsMap: {}
                                 6  children:
                                 7    - type: 1
                                 8      tag: b
                                 9      attrsList: []
                                 10     attrsMap:
                                 11       v-if: a
                                 12     rawAttrsMap: {}
                                 13     children: []
                                 14     if: a
                                 15     ifConditions:
                                 16       - exp: a
                                 17         block: '[Circular ~.children.0]'
                                 18     plain: true
                                 19     static: false
                                 20     staticRoot: false
                                 21     ifProcessed: true
                                 22  plain: true
                                 23  static: false
                                 24  staticRoot: false
                                 25
```

图 15-2

对应的模板代码如下。

```
<a><b v-if="a" /></a>
```

经过 AST 分析后，产出如下。

```
type: 1
tag: a
attrsList: []
attrsMap: {}
```

```
rawAttrsMap: {}
children:
 - type: 1
   tag: b
   attrsList: []
   attrsMap:
     v-if: a
   rawAttrsMap: {}
   children: []
   if: a
   ifConditions:
     - exp: a
       block: '[Circular ~.children.0]'
   plain: true
   static: false
   staticRoot: false
   ifProcessed: true
plain: true
static: false
staticRoot: false
```

基于上述类似 JSON 的 AST 产出结果，我们可以生成小程序指定的 DSL。整体流程如图 15-3
所示。

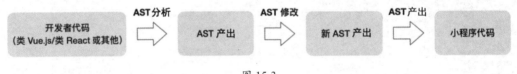

图 15-3

熟悉 Vue.js 原理的同学可能会知道，Vue.js 中的 template 会被 vue-loader 编译，而小程序多端方
案需要将 Vue.js 模板编译为小程序.wxml 文件，思路异曲同工。也许你会有疑问：Vue.js 中的 script 部
分怎么和小程序结合呢？这就需要在小程序运行时方案上下功夫了。

小程序多端——运行时方案

前面我们介绍了 Vue.js 单文件组件的 template 编译过程，其实，对 script 部分的处理会更加困难。
试想，对于一段 Vue.js 代码，我们通过响应式理念监听数据变化，触发视图修改，放到小程序中，
多端方案要做的就是监听数据变化，调用 setData()方法触发小程序渲染层变化。

一般在 Vue.js 单文件组件的 script 部分，我们会使用以下代码来初始化一个实例。

```
new Vue({
  data() {},
  methods: {},
  components: {}
})
```

对于多端方案来说，完全可以引入一个 Vue.js 运行时版本，对上述代码进行解析和执行。事实上，mpvue 就是通过 fork 函数处理了一份 Vue.js 的代码，因此内置了运行时能力，同时支持小程序平台。

具体还需要做哪些小程序平台特性支持呢？举一个例子，以微信小程序为例，微信小程序平台规定，小程序页面中需要有一个 Page() 方法，用于生成一个小程序实例，该方法是小程序官方提供的 API。对于业务方写的 new Vue() 代码，多端平台要手动执行微信小程序平台的 Page() 方法，完成初始化处理，如图 15-4 所示。

图 15-4

经过上述步骤，多端方案内置了 Vue.js 运行时版本，并实例化了一个 Vue.js 实例，同时在初始阶段调用了小程序平台的 Page() 方法，因此也就有了一个小程序实例。

下面的工作就是在运行时将 Vue.js 实例和小程序实例进行关联，以做到在数据变动时，小程序实例能够调用 setData() 方法，进行渲染层更新。

思路确立后，如何实施呢？首先我们要对 Vue.js 原理足够清楚：Vue.js 基于响应式对数据进行监听，在数据改动时，新生成一份虚拟节点 VNode。接下来对比新旧两份虚拟节点，找到 diff，并进行 patch 操作，最终更新真实的 DOM 节点。

因为小程序架构中并没有提供操作小程序节点的 API 方法，因此对于小程序多端方案，我们显然不需要进行 Vue.js 源码中的 patch 操作。又因为小程序隔离了渲染进程（渲染层）和逻辑进程（逻辑层），因此不需要处理渲染层，只需要调用 setData() 方法，更新一份最新的数据即可。

因此，借助 Vue.js 现有的能力，我们秉承"数据部分让 Vue.js 运行时版本接手，渲染部分让小程序架构接手"的理念，就能实现一个类 Vue.js 风格的多端框架，原理如图 15-5 所示。

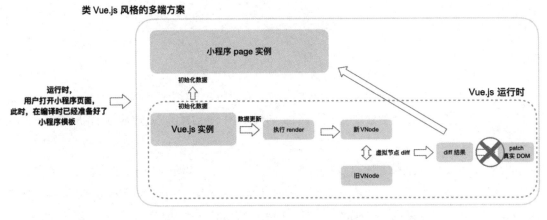

图 15-5

当然，整个框架的设计还要考虑事件处理等模块，这里就不再具体展开了。

如上所述，将编译时和运行时方案组合在一起，我们就实现了一个类 Vue.js 风格的小程序多端框架。目前社区都采用这套技术架构方案，但是不同框架有各自的特点，比如网易考拉 Megalo 在上述方案的基础上将整个数据结构进行了扁平化处理，目的是在调用 setData()方法时可以获得更好的性能。

探索并没有到此为止，事实上，类 React 风格的小程序多端方案虽然和类 Vue.js 风格的方案差不多，也需要将编译时和运行时相结合，但对很多重要环节的处理更加复杂，下面我们继续探索。

小程序多端——类 React 风格的编译时和运行时结合方案

类 React 风格的小程序多端方案存在多项棘手问题，其中之一就是，如何将 JSX 转换为小程序模板？

我们知道，不同于 Vue.js 模板理念，React 生态选择了 JSX 来表达视图，但是 JSX 过于灵活，单纯基于 AST（抽象语法树）技术很难进行一对一转换。

```
function CompParent({children, ...props}) {
  return typeof children === 'function' ? children(props) : null
}

function Comp() {
  return (
    <CompParent>
```

```
    {props => <div>{props.data}</div>}
  </CompParent>
 )
}
```

以上代码是 React 中利用 JSX 表达能力实现的 Render Prop 模式，这也是静态编译的噩梦：如果不运行代码，很难计算出需要表达的视图结果。

针对这个"JSX 处理"问题，类 React 风格的小程序多端方案分成了两个流派。

- 强行静态编译型，代表有京东的 Taro 1/2、去哪儿的 Nanachi 等。

- 运行时处理型，代表有京东的 Taro Next、蚂蚁的 Remax。

强行静态编译型方案需要业务使用方在编写代码时规避掉一些难以在编译阶段处理的动态化写法，因此这类多端方案说到底是使用了限制的、阉割版的 JSX，这些在早期的 Taro 版本文档中就有清晰的说明。

因此，我认为强行静态编译 JSX 是一个"死胡同"，并不是一个完美的解决方案。事实上，Taro 发展到 v3 版本之后也意识到了这个问题，所以和蚂蚁的 Remax 方案一样，在新版本中进行了架构升级，在运行时增加了对 React JSX 及后续流程的处理。

React 设计理念助力多端小程序起飞

我认为开发者能够在运行时处理 React JSX 的原因在于，React 将自身能力充分解耦，提供给社区接入关键环节的核心。React 核心可以分为三部分。

- React Core：处理核心 API，与终端平台和渲染解耦，主要提供下面这些能力。

  ▪ React.createElement()

  ▪ React.createClass()

  ▪ React.Component

  ▪ React.Children

  ▪ React.PropTypes

- React Renderer：渲染器，定义一个 React Tree 如何构建以接轨不同平台。

  ▪ React-dom 渲染组件树为 DOM 元素。

  ▪ React Native 渲染组件树为不同原生平台视图。

- React Reconciler：负责 diff 算法，接驳 patch 行为。可以被 React-dom、React Native、React ART 这些渲染器共用，提供基础计算能力。现在 React 中主要有两种类型的 Reconciler。

  - Stack Reconciler，React 15 及更早期 React 版本使用。

  - Fiber Reconciler，新一代架构。

React 团队将 Reconciler 部分作为一个独立的 npm 包（react-reconciler）发布。在 React 环境下，不同平台可以依赖 hostConfig 配置与 react-reconciler 互动，连接并使用 Reconciler 能力。因此，不同平台的 renderers 函数在 HostConfig 中内置基本方法，即可构造自己的渲染逻辑。核心架构如图 15-6 所示。

图 15-6

更多基础内容，如 React Component、React Instance、React Element，这里就不一一展开了。

React Reconciler 并不关心 renderers 函数中的节点是什么形状的，只会把计算结果透传到 HostConfig 定义的方法中，我们在这些方法（如 appendChild、removeChild、insertBefore）中完成渲染的准备，而 HostConfig 其实只是一个对象。

```
const HostConfig = {
  // 配置对象写在这里
}
```

翻看 react-reconciler 源码可以总结出，完整的 hostConfig 配置中包含以下内容。

```
HostConfig.getPublicInstance
HostConfig.getRootHostContext
HostConfig.getChildHostContext
HostConfig.prepareForCommit
HostConfig.resetAfterCommit
```

```
HostConfig.createInstance
HostConfig.appendInitialChild
HostConfig.finalizeInitialChildren
HostConfig.prepareUpdate
HostConfig.shouldSetTextContent
HostConfig.shouldDeprioritizeSubtree
HostConfig.createTextInstance
HostConfig.scheduleDeferredCallback
HostConfig.cancelDeferredCallback
HostConfig.setTimeout
HostConfig.clearTimeout
HostConfig.noTimeout
HostConfig.now
HostConfig.isPrimaryRenderer
HostConfig.supportsMutation
HostConfig.supportsPersistence
HostConfig.supportsHydration
// -------------------
//    Mutation
//    (optional)
// -------------------
HostConfig.appendChild
HostConfig.appendChildToContainer
HostConfig.commitTextUpdate
HostConfig.commitMount
HostConfig.commitUpdate
HostConfig.insertBefore
HostConfig.insertInContainerBefore
HostConfig.removeChild
HostConfig.removeChildFromContainer
HostConfig.resetTextContent
HostConfig.hideInstance
HostConfig.hideTextInstance
HostConfig.unhideInstance
HostConfig.unhideTextInstance
// -------------------
//    Persistence
//    (optional)
// -------------------
HostConfig.cloneInstance
HostConfig.createContainerChildSet
HostConfig.appendChildToContainerChildSet
HostConfig.finalizeContainerChildren
HostConfig.replaceContainerChildren
HostConfig.cloneHiddenInstance
HostConfig.cloneUnhiddenInstance
HostConfig.createHiddenTextInstance
// -------------------
```

```
//     Hydration
//     (optional)
// -------------------
HostConfig.canHydrateInstance
HostConfig.canHydrateTextInstance
HostConfig.getNextHydratableSibling
HostConfig.getFirstHydratableChild
HostConfig.hydrateInstance
HostConfig.hydrateTextInstance
HostConfig.didNotMatchHydratedContainerTextInstance
HostConfig.didNotMatchHydratedTextInstance
HostConfig.didNotHydrateContainerInstance
HostConfig.didNotHydrateInstance
HostConfig.didNotFindHydratableContainerInstance
HostConfig.didNotFindHydratableContainerTextInstance
HostConfig.didNotFindHydratableInstance
HostConfig.didNotFindHydratableTextInstance
```

React Reconciler 阶段会在不同的时机调用上面这些方法。比如，新建节点时会调用 createInstance 等方法，在提交阶段创建新的子节点时会调用 appendChild 方法。

React 支持 Web 和原生（React Native）的思路如图 15-7 所示。

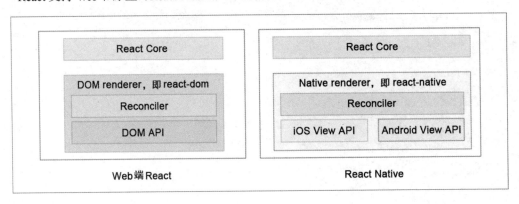

图 15-7

大家可以类比得到一套更好的 React 支持多端小程序的架构方案，如图 15-8 所示。

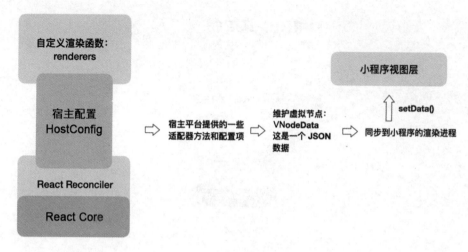

图 15-8

我们知道，类 Vue.js 风格的多端框架可以将 template 编译为小程序模板。那么有了数据，类 React 风格的多端框架在初始化时如何渲染页面呢？

以 Remax 为例，图 15-8 中的 VNodeData 数据中包含了节点信息，比如 type="view"，我们可以通过递归调用 VNodeData 数据，根据 type 的不同渲染出不同的小程序模板。

总结一下，在初始化阶段及第一次进行 mount 操作时，我们通过 setData()方法初始化小程序。具体做法是，通过递归数据结构渲染小程序页面。接着，当数据发生变化时，我们通过 React Reconciler 阶段的计算信息，以及自定义 HostConfig 衔接函数更新数据，并通过 setData()方法触发小程序的渲染更新。

了解了类 React 风格的多端方案架构设计，我们可以结合实际框架来进一步巩固思想，看一看实践中开源方案的实施情况。

剖析一款"网红"框架——Taro Next

在 2019 年的 GMTC 大会上，京东 Taro 团队做了题为《小程序跨框架开发的探索与实践》的主题分享，分享中的一处截图如图 15-9 所示。

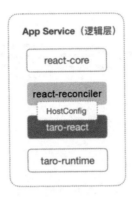

图 15-9

由图 15-9 可推知，Taro 团队提供的 taro-react 包是用来连接 react-reconciler 和 taro-runtime 的。它主要负责实现 HostConfig 配置。比如，HostConfig 在 taro-react 源码中的实现如下。

```
const hostConfig: HostConfig<
  string, // Type
  Props, // Props
  TaroElement, // Container
  TaroElement, // Instance
  TaroText, // TextInstance
  TaroElement, // HydratableInstance
  TaroElement, // PublicInstance
  object, // HostContext
  string[], // UpdatePayload
  unknown, // ChildSet
  unknown, // TimeoutHandle
  unknown // NoTimeout
> & {
  hideInstance (instance: TaroElement): void
  unhideInstance (instance: TaroElement, props): void
} = {
  // 创建 Element 实例
  createInstance (type) {
    return document.createElement(type)
  },
  // 创建 TextNode 实例
  createTextInstance (text) {
    return document.createTextNode(text)
  },
```

```
getPublicInstance (inst: TaroElement) {
  return inst
},

getRootHostContext () {
  return {}
},

getChildHostContext () {
  return {}
},
// appendChild 方法实现
appendChild (parent, child) {
  parent.appendChild(child)
},
// appendInitialChild 方法实现
appendInitialChild (parent, child) {
  parent.appendChild(child)
},
// appendChildToContainer 方法实现
appendChildToContainer (parent, child) {
  parent.appendChild(child)
},
// removeChild 方法实现
removeChild (parent, child) {
  parent.removeChild(child)
},
// removeChildFromContainer 方法实现
removeChildFromContainer (parent, child) {
  parent.removeChild(child)
},
// insertBefore 方法实现
insertBefore (parent, child, refChild) {
  parent.insertBefore(child, refChild)
},
// insertInContainerBefore 方法实现
insertInContainerBefore (parent, child, refChild) {
  parent.insertBefore(child, refChild)
},
// commitTextUpdate 方法实现
commitTextUpdate (textInst, _, newText) {
  textInst.nodeValue = newText
},

finalizeInitialChildren (dom, _, props) {
  updateProps(dom, {}, props)
  return false
```

```
  },

  prepareUpdate () {
    return EMPTY_ARR
  },

  commitUpdate (dom, _payload, _type, oldProps, newProps) {
    updateProps(dom, oldProps, newProps)
  },

  hideInstance (instance) {
    const style = instance.style
    style.setProperty('display', 'none')
  },

  unhideInstance (instance, props) {
    const styleProp = props.style
    let display = styleProp?.hasOwnProperty('display') ? styleProp.display : null
    display = display == null || typeof display === 'boolean' || display === '' ? '' : ('' 
+ display).trim()
    // eslint-disable-next-line dot-notation
    instance.style['display'] = display
  },

  shouldSetTextContent: returnFalse,
  shouldDeprioritizeSubtree: returnFalse,
  prepareForCommit: noop,
  resetAfterCommit: noop,
  commitMount: noop,
  now,
  scheduleDeferredCallback,
  cancelDeferredCallback,
  clearTimeout: clearTimeout,
  setTimeout: setTimeout,
  noTimeout: -1,
  supportsMutation: true,
  supportsPersistence: false,
  isPrimaryRenderer: true,
  supportsHydration: false
}
```

以如下的 insertBefore 方法为例，parent 实际上是一个 TaroNode 对象，其 insertBefore 方法在 taro-runtime 中给出，如下。

```
insertBefore (parent, child, refChild) {
  parent.insertBefore(child, refChild)
},
```

taro-runtime 模拟了 DOM/BOM API，但是在小程序环境中，它并不能直接操作 DOM 节点，而是操作数据（即前面提到的 VNodeData，对应 Taro 里面的 TaroNode）。比如，源码中仍以 insertBefore 方法为例，相关处理逻辑如下。

```
public insertBefore<T extends TaroNode> (newChild: T, refChild?: TaroNode | null,
isReplace?: boolean): T {
  newChild.remove()
  newChild.parentNode = this
  // payload 数据
  let payload: UpdatePayload
  // 存在 refChild(TaroNode 类型)
  if (refChild) {
    const index = this.findIndex(this.childNodes, refChild)
    this.childNodes.splice(index, 0, newChild)
    if (isReplace === true) {
      payload = {
        path: newChild._path,
        value: this.hydrate(newChild)
      }
    } else {
      payload = {
        path: `${this._path}.${Shortcuts.Childnodes}`,
        value: () => this.childNodes.map(hydrate)
      }
    }
  } else {
    this.childNodes.push(newChild)
    payload = {
      path: newChild._path,
      value: this.hydrate(newChild)
    }
  }

  CurrentReconciler.insertBefore?.(this, newChild, refChild)

  this.enqueueUpdate(payload)
  return newChild
}
```

Taro Next 的类 React 多端方案架构如图 15-10 所示，主要借鉴了京东 Taro 团队的分享。

了解了不同框架风格（Vue.js 和 React）的多端小程序架构方案，并不意味着我们就能直接写出一个新的框架，与社区中的成熟方案争锋。一个成熟的技术方案除了主体架构，还包括多方面的内容，比如性能。如何在已有思路的基础上完成更好的设计，也值得开发者深思，我们将继续展开讨论这个话题。

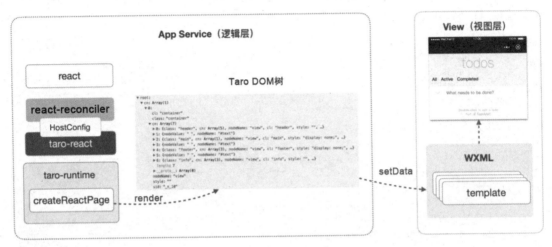

图 15-10

小程序多端方案的优化

一个成熟的小程序多端方案要考虑多个环节，以 kbone 为代表，运行时方案都是通过模拟 Web 环境来彻底对接前端生态的，而 Remax 只简单地通过 react-reconciler 连接了 React 和小程序。如何从更高的角度衡量和理解小程序多端方案的技术方向呢？我们从下面几个角度来继续阐述。

性能优化方向

从前面可以了解到，小程序多端框架主要由编译时和运行时两部分组成，一般来说，编译时做的事情越多，也就意味着运行时越轻量，负担越小，性能也越好。比如，我们可以在编译时做到 AOT（Ahead of Time）性能调优、DCE（Dead Code Elimination）等。而厚重的运行时一般意味着需要将完整的组件树从逻辑层传输到视图层，这将导致数据传输量增大，而且页面中存在更多的监听器。

另一方面，随着终端性能的增强，找到编译时和运行时所承担工作的平衡点，也显得至关重要。以 mpvue 框架为例，一般编译时都会完成静态模板的编译工作；而以 Remax 为例，动态构建视图层表达放在了运行时完成。

在我看来，关于运行时和编译时的选择，需要基于大量的 benchmark 调研，也需要开发设计者具有广阔的技术视野和较强的选型能力。除此之外，一般可以从以下几个方面来进一步实现性能优化。

- 框架的包大小：小程序的初始加载性能直接依赖于资源的包大小，因此小程序多端框架的包大小至关重要。为此，各解决方案都从不同的角度完成瘦身，比如 Taro 力争实现更轻量的 DOM/BOM API，不同于 jsdom（size：2.1MB），Taro 的核心 DOM/BOM API 代码只有不到 1000 行。

- 数据更新粒度：在数据更新阶段，小程序的 setData() 方法所负载的数据一直是重要的优化方向，目前已经成为默认的常规优化方向，那么利用框架来完成 setData() 方法调用优化也就理所应当了。比如，数据负载的扁平化处理和增量处理都是常见的优化手段。

未来发展方向

好的技术架构决定着技术未来的发展潜力，前面我们提到了 React 将 React Core、React DOM 等解耦，才奠定了现代化小程序多端方案的可行性。而小程序多端方案的设计，也决定着自身未来的应用空间。在这一层面上，开发者可以重点考虑以下几个方面。

- 工程化方案：小程序多端需要有一体化的工程解决方案，在设计上可以与 Webpack 等工程化工具深度融合绑定，并对外提供服务。但需要兼顾关键环节的可插拔性，能够适应多种工程化工具，这对于未来发展和当下的应用场景来说，尤其重要。

- 框架方案：React 和 Vue.js 无疑是当前最重要的前端框架，目前小程序多端方案也都以二者为主。但是 Flutter 和 Angular，甚至更小众的框架也应该得到重视。考虑到投入产出比，如果小程序多端团队难以面面俱到地支持这些框架和新 DSL，那么向社区寻求支持也是一个思路。比如，Taro 团队将支持的重点放在 React 和 Vue.js 上，而将快应用、Flutter、Angular 则暂且交给社区来适配和维护。

- 跟进 Web 发展：在运行时，小程序多端方案一般需要在逻辑层运行 React 或者 Vue.js 的运行时版本，然后通过适配层实现自定义渲染器。这就要求开发者跟进 Web 发展及 Web 框架的运行时能力，实现适配层。这无疑对技术能力和水平提出了较高要求。处理好 Web 和 Web 框架的关系，保持兼容互通，决定了小程序多端方案的生死。

- 渐进增强型能力：无论是和 Web 兼容互通还是将多种小程序之间的差异磨平，对于多端方案来说，很难从理论上彻底实现 "write once，run everywhere"。因此，这就需要在框架级别上实现一套渐进增强型能力。这种能力可以是语法或 DSL 层面的暂时性妥协和便利性扩展，也可以是通过暴露全局变量进行不同环境的业务分发。比如腾讯开源的 OMIX 框架，OMIX 有自己的一套 DSL，但整体保留了小程序已有的语法。在小程序已有语法之上还进行了扩充和增强，比如引入了 Vue.js 中比较有代表性的 computed。

总结

本篇针对小程序多端方案进行了原理层面的分析，同时站在更高的视角，对不同方案和多端框架进行了比对和技术展望。实际上，理解全部内容需要对 React 和 Vue.js 框架原理有更深入的了解，也需要对编译原理和宿主环境（小程序底层实现架构）有清晰的认知。

从小程序发展元年开始，到 2018 年微信小程序全面流行，再到后续各大厂商快速跟进、各大寡头平台自建小程序生态，小程序现象带给我们的不仅仅是业务价值方面的讨论和启迪，也应该是对相关技术架构的巡礼和探索。作为开发者，我认为对技术进行深度挖掘和运用，是能够始终伫立在时代风口浪尖的重要根基。

16

从移动端跨平台到 Flutter 的技术变革

跨平台其实是一个老生常谈的话题，技术方案历经变迁，但始终热点不断，究其原因有二。

- 首先，移动端原生技术需要配备 iOS 和 Android 两个团队及技术栈，且存在发版周期限制，在开发效率上存在天然缺陷。

- 其次，原生跨平台技术虽然"出道"较早，但是各方案都难以达到完美程度，因此没有大一统的技术垄断。

本篇我们就从历史角度出发，剖析原生跨平台技术的原理，同时梳理相关技术热点，聊一聊 Flutter 背后的技术变革。

移动端跨平台技术原理和变迁

移动端跨平台是一个美好的愿景，该技术发展的时间线如图 16-1 所示。

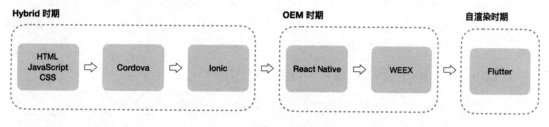

图 16-1

基于从 WebView 到 JSBridge 的 Hybrid 方案

最早的移动端跨平台实践就是通过 WebView 双端运行 Web 代码。事实上，虽然 iOS 和 Android 系统难以统一，但是它们都对 Web 技术开放。于是有人开玩笑："不管是 macOS、Windows、Linux、iOS、Android，还是其他平台，只要给一个浏览器，在月球上它都能跑。"因此，Hybrid 方案算得上是最古老，但最成熟、应用最为广泛的技术方案。

在 iOS 和 Android 系统上运行 JavaScript 并不是一件难事，但是对于一个真正意义上的跨平台应用来说，还需要实现 H5（即 WebView 容器）和原生平台的交互，于是 JSBridge 技术诞生了。

JSBridge 原理很简单，我们知道，在原生平台中，JavaScript 代码是运行在一个独立的上下文环境中的（比如 WebView 的 WebKit 引擎、JavaSriptCore 等），这个独立的上下文环境和原生能力的交互过程是双向的，我们可以从两个方面简要分析。

- JavaScript 调用原生能力，方法如下。

  - 注入 API。

  - 拦截 URL Scheme。

- 原生能力调用 JavaScript。

JavaScript 调用原生能力主要有两种方式，注入 API 其实就是原生平台通过 WebView 提供的接口，向 JavaScript 上下文中（一般使用 Window 对象）注入相关方案和数据。拦截 URL Scheme 就更简单了，前端发送定义好的 URL Scheme 请求，并将相关数据放在请求体中，该请求被原生平台拦截后，由原生平台做出响应。

原生能力调用 JavaScript 实现起来也很简单。因为原生能力实际上是 WebView 的宿主，因此具有更大的权限，故而原生平台可以通过 WebView API 直接执行 JavaScript 代码。

随着 JSBridge 跨平台技术的成熟，社区上出现了 Cordova、Ionic 等框架，它们本质上都是使用 HTML、CSS 和 JavaScript 进行跨平台原生应用开发的。该方案本质上是在 iOS 和 Android 上运行 Web 应用，因此也存在较多问题，具体如下。

- JavaScript 上下文和原生通信频繁，导致性能较差。

- 页面逻辑由前端负责编写，组件也是前端渲染而来的，造成了性能短板。

- 运行 JavaScript 的 WebView 内核在各平台上不统一。

- 国内厂商对于系统的深度定制，导致内核碎片化。

因此，以 React Native 为代表的新一代 Hybrid 跨平台方案诞生了。这种方案的主要思想是，开发者依然使用 Web 语言（如 React 框架或其他 DSL），但渲染基本交给原生平台处理。这样一来，视图层就可以摆脱 WebView 的束缚，保障了开发体验、效率及使用性能。我称这种技术为基于 OEM 的 Hybrid 方案。

React Native 脱胎于 React 理念，它将数据与视图相隔离，React Native 代码中的标签映射为虚拟节点，由原生平台解析虚拟节点并渲染出原生组件。一个美好的愿景是，开发者使用 React 语法同时开发原生应用和 Web 应用，其中组件渲染、动画效果、网络请求等都由原生平台来负责完成，整体技术架构如图 16-2 所示。

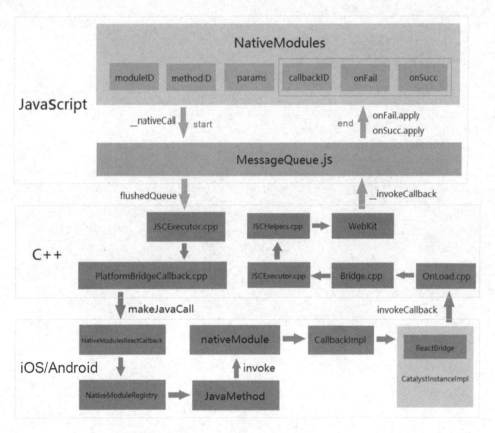

图 16-2

如图 16-2 所示，React Native 主要由 JavaScript、C++、iOS/Android 三层组成，最重要的 C++层实现了动态链接库，起到了衔接前端和原生平台的作用。这个衔接具体是指，使用 JavaScriptCore 解析 JavaScript 代码（iOS 上不允许用自己的 JS Engine，iOS 7+默认使用 JavaScriptCore，Android 也默认使用 JavaScriptCore），通过 MessageQueue.js 实现双向通信，实际的通信格式类似于 JSON-RPC。

这里我们以从 JavaScript 传递数据给原生平台 UIManager 来更新页面视图为例，了解数据信息内容，如下。

```
2584 I ReactNativeJS: Running application "MoviesApp" with appParams:
{"initialProps":{},"rootTag":1}. __DEV__ === false, development-level warning are OFF,
performance optimizations are ON
2584 I ReactNativeJS: JS->N : UIManager.createView([4,"RCTView",1,
{"flex":1,"overflow":"hidden","backgroundColor":-1}])
2584 I ReactNativeJS: JS->N : UIManager.createView([5,"RCTView",1, {"flex":1,
"backgroundColor":0,"overflow":"hidden"}])
2584 I ReactNativeJS: JS->N : UIManager.createView([6,"RCTView",1,{"pointerEvents":
"auto","position":"absolute","overflow":"hidden","left":0,"right":0,"bottom":0,"top":
0}])
2584 I ReactNativeJS: JS->N : UIManager.createView([7,"RCTView",1,{"flex":1,
"backgroundColor":-1}])
2584 I ReactNativeJS: JS->N : UIManager.createView([8,"RCTView",1, {"flexDirection":
"row","alignItems":"center","backgroundColor":-5658199,"height":56}])
2584 I ReactNativeJS: JS->N : UIManager.createView([9,"RCTView",1,
{"nativeBackgroundAndroid":{"type":"ThemeAttrAndroid","attribute":"selectableItemBack
groundBorderless"},"accessible":true}])
2584 I ReactNativeJS: JS->N : UIManager.createView([10,"RCTImageView",1,
{"width":24,"height":24,"overflow":"hidden","marginHorizontal":8,"shouldNotifyLoadEve
nts":false,"src":[{"uri":"android_search_white"}],"loadingIndicatorSrc":null}])
2584 I ReactNativeJS: JS->N : UIManager.setChildren([9,[10]])
2584 I ReactNativeJS: JS->N : UIManager.createView([12,"AndroidTextInput",1,
{"autoCapitalize":0,"autoCorrect":false,"placeholder":"Search a
movie...","placeholderTextColor":-2130706433,"flex":1,"fontSize":20,"fontWeight":"bol
d","color":-1,"height":50,"padding":0,"backgroundColor":0,"mostRecentEventCount":0,"o
nSelectionChange":true,"text":"","accessible":true}])
2584 I ReactNativeJS: JS->N : UIManager.createView([13,"RCTView",1,{"alignItems":
"center","justifyContent":"center","width":30,"height":30,"marginRight":16}])
2584 I ReactNativeJS: JS->N : UIManager.createView([14,"AndroidProgressBar",1,
{"animating":false,"color":-1,"width":36,"height":36,"styleAttr":"Normal","indetermin
ate":true}])
2584 I ReactNativeJS: JS->N : UIManager.setChildren([13,[14]])
2584 I ReactNativeJS: JS->N : UIManager.setChildren([8,[9,12,13]])
2584 I ReactNativeJS: JS->N : UIManager.createView([15,"RCTView",1,{"height":1,
"backgroundColor":-1118482}])
2584 I ReactNativeJS: JS->N : UIManager.createView([16,"RCTView",1,{"flex":1,
"backgroundColor":-1,"alignItems":"center"}])
2584 I ReactNativeJS: JS->N : UIManager.createView([17,"RCTText",1,{"marginTop": 80,
"color":-7829368,"accessible":true,"allowFontScaling":true,"ellipsizeMode":"tail"}])
2584 I ReactNativeJS: JS->N : UIManager.createView([18,"RCTRawText",1,{"text":"No movies
found"}])
```

```
2584 I ReactNativeJS: JS->N : UIManager.setChildren([17,[18]])
2584 I ReactNativeJS: JS->N : UIManager.setChildren([16,[17]])
2584 I ReactNativeJS: JS->N : UIManager.setChildren([7,[8,15,16]])
2584 I ReactNativeJS: JS->N : UIManager.setChildren([6,[7]])
2584 I ReactNativeJS: JS->N : UIManager.setChildren([5,[6]])
2584 I ReactNativeJS: JS->N : UIManager.setChildren([4,[5]])
2584 I ReactNativeJS: JS->N : UIManager.setChildren([3,[4]])
2584 I ReactNativeJS: JS->N : UIManager.setChildren([2,[3]])
2584 I ReactNativeJS: JS->N : UIManager.setChildren([1,[2]])
```

下面的数据是一段 touch 交互信息，JavaScriptCore 传递用户的 touch 交互信息给原生平台。

```
2584 I ReactNativeJS: N->JS : RCTEventEmitter.receiveTouches(["topTouchStart",
[{"identifier":0,"locationY":47.9301872253418,"locationX":170.43936157226562,"pageY":
110.02542877197266,"timestamp":2378613,"target":26,"pageX":245.4869842529297}],[0]])
2584 I ReactNativeJS: JS->N : Timing.createTimer([18,130,1477140761852,false])
2584 I ReactNativeJS: JS->N : Timing.createTimer([19,500,1477140761852,false])
2584 I ReactNativeJS: JS->N : UIManager.setJSResponder([23,false])
2584 I ReactNativeJS: N->JS : RCTEventEmitter.receiveTouches(["topTouchEnd",
[{"identifier":0,"locationY":47.9301872253418,"locationX":170.43936157226562,"pageY":
110.02542877197266,"timestamp":2378703,"target":26,"pageX":245.4869842529297}],[0]])
2584 I ReactNativeJS: JS->N : UIManager.clearJSResponder([])
2584 I ReactNativeJS: JS->N : Timing.deleteTimer([19])
2584 I ReactNativeJS: JS->N : Timing.deleteTimer([18])
```

除了 UI 渲染、交互信息，网络调用也是通过 MessageQueue 来完成的，JavaScriptCore 传递网络请求信息给原生平台，数据如下。

```
5835 I ReactNativeJS: JS->N : Networking.sendRequest(["GET","http://api.rottentomatoes.
com/api/public/v1.0/lists/movies/in_theaters.json?apikey=7waqfqbprs7pajbz28mqf6vz&pag
e_limit=20&page=1",1,[],{"trackingName":"unknown"},"text",false,0])
5835 I ReactNativeJS: N->JS : RCTDeviceEventEmitter.emit(["didReceiveNetworkResponse",
[1,200,{"Connection":"keep-alive","X-Xss-Protection":"1;
mode=block","Content-Security-Policy":"frame-ancestors 'self' rottentomatoes.com
*.rottentomatoes.com ;","Date":"Sat, 22 Oct 2016 13:58:53 GMT","Set-Cookie":"JSESSIONID=
63B283B5ECAA9BBECAE253E44455F25B; Path=/; HttpOnly","Server":"nginx/1.8.1",
"X-Content-Type-Options":"nosniff","X-Mashery-Responder":"prod-j-worker-us-east-1b-11
5.mashery.com","Vary":"User-Agent,Accept-Encoding","Content-Language":"en-US","Conten
t-Type":"text/javascript;charset=ISO-8859-1","X-Content-Security-Policy":"frame-ances
tors 'self' rottentomatoes.com *.rottentomatoes.com ;"},"http://api.rottentomatoes.com/
api/public/v1.0/lists/movies/in_theaters.json?apikey=7waqfqbprs7pajbz28mqf6vz&page_li
mit=20&page=1"]])
5835 I ReactNativeJS: N->JS : RCTDeviceEventEmitter.emit(["didReceiveNetworkData",
[1,"{\"total\":128,\"movies\":[{\"id\":\"771419323\",\"title\":\"The Accountant\",
\"year\":2016,\"mpaa_rating\":\"R\",\"runtime\":128,\"critics_consensus\":\"\",\"rele
ase_dates\":{\"theater\":\"2016-10-14\"},\"ratings\":{\"critics_rating\":\"Rotten\",\
"critics_score\":50,\"audience_rating\":\"Upright\",\"audience_score\":86},\"synopsis
\":\"Christian Wolff (Ben Affleck) is a math savant with more affinity for numbers than
```

people. Behind the cover of a small-town CPA office, he works as a freelance accountant for some of the world's most dangerous criminal organizations. With the Treasury Department's Crime Enforcement Division, run by Ray King (J.K. Simmons), starting to close in, Christian takes on a legitimate client: a state-of-the-art robotics company where an accounting clerk (Anna Kendrick) has discovered a discrepancy involving millions of dollars. But as Christian uncooks the books and gets closer to the truth, it is the body count that starts to rise.\",\"posters\":{\"thumbnail\":\"https://resizing.flixster.com/r5vvWsTP7cdijsCrE5PSmzle-Zo=/54x80/v1.bTsxMjIyMzc0MTtqOzE3MTgyOzIwNDg7NDA1MDs2MDAw\",\"profile\":\"https://resizing.flixster.com/r5vvWsTP7cdijsCrE5PSmzle-Zo=/54x80/v1.bTsxMjIyMzc0MTtqOzE3MTgyOzIwNDg7NDA1MDs2MDAw\",\"detailed\":\"https://resizing.flixster.com/r5vvWsTP7cdijsCrE5PSmzle-Zo=/54x80/v1.bTsxMjIyMzc0MTtqOzE3MTgyOzIwNDg7NDA1MDs2MDAw\",\"original\":\"https://resizing.flixster.com/r5vvWsTP7cdijsCrE5PSmzle-Zo=/54x80/v1.bTsxMjIyMzc0MTtqOzE3MTgyOzIwNDg7NDA1MDs2MDAw\"},\"abridged_cast\":[{\"name\":\"Ben Affleck\",\"id\":\"162665891\",\"characters\":[\"Christian Wolff\"]},{\"name\":\"Anna Kendrick\",\"id\":\"528367112\",\"characters\":[\"Dana Cummings\"]},{\"name\":\"J.K. Simmons\",\"id\":\"592170459\",\"characters\":[\"Ray King\"]},{\"name\":\"Jon Bernthal\",\"id\":\"770682766\",\"characters\":[\"Brax\"]},{\"name\":\"Jeffrey Tambor\",\"id\":\"162663809\",\"characters\":[\"Francis Silverberg\"]}],\"links\":{\"self\":\"http://api.rottentomatoes.com/api/public/v1.0/movies/771419323.json\",\"alternate\":\"http://www.rottentomatoes.com/m/the_accountant_2016/\",\"cast\":\"http://api.rottentomatoes.com/api/public/v1.0/movies/771419323/cast.json\",\"reviews\":\"http://api.rottentomatoes.com/api/public/v1.0/movies/771419323/reviews.json\",\"similar\":\"http://api.rottentomatoes.com/api/public/v1.0/movies/771419323/similar.json\"}},{\"id\":\"771359360\",\"title\":\"Miss Peregrine's Home for Peculiar Children\",\"year\":2016,\"mpaa_rating\":\"PG-13\",\"runtime\":127,\"critics_consensus\":\"\",\"release_dates\":{\"theater\":\"2016-09-30\"},\"ratings\":{\"critics_rating\":\"Fresh\",\"critics_score\":64,\"audience_rating\":\"Upright\",\"audience_score\":65},\"synopsis\":\"From visionary director Tim Burton, and based upon the best-selling novel, comes an unforgettable motion picture experience. When Jake discovers clues to a mystery that spans different worlds and times, he finds a magical place known as Miss Peregrine's Home for Peculiar Children. But the mystery and danger deepen as he gets to know the residents and learns about their special powers...and their powerful enemies. Ultimately, Jake discovers that only his own special \\\"peculiarity\\\" can save his new friends.\",\"posters\":{\"thumbnail\":\"https://resizing.flixster.com/H1Mt4WpK-Mp431M7w0w7thQyfV8=/54x80/v1.bTsxMTcwODA4MDtqOzE3MTI1OzIwNDg7NTQwOzgwMA\",\"profile\":\"https://resizing.flixster.com/H1Mt4WpK-Mp431M7w0w7thQyfV8=/54x80/v1.bTsxMTcwODA4MDtqOzE3MTI1OzIwNDg7NTQwOzgwMA\",\"detailed\":\"https://resizing.flixster.com/H1Mt4WpK-Mp431M7w0w7thQyfV8=/54x80/v1.bTsxMTcwODA4MDtqOzE3MTI1OzIwNDg7NTQwOzgwMA\",\"original\":\"https://resizing.flixster.com/H1Mt4WpK-Mp431M7w0w7thQyfV8=/54x80/v1.bTsxMTcwODA4MDtqOzE3MTI1OzIwNDg7NTQwOzgwMA\"},\"abridged_cast\":[{\"name\":\"Eva Green\",\"id\":\"162652241\",\"characters\":[\"Miss Peregrine\"]},{\"name\":\"Asa Butterfield\",\"id\":\"770800323\",\"characters\":[\"Jake\"]},{\"name\":\"Chris O'Dowd\",\"id\":\"770684214\",\"char
5835 I ReactNativeJS: N->JS : RCTDeviceEventEmitter.emit
([["didCompleteNetworkResponse",[1,null]]])

这样做的效果显而易见，通过前端能力，实现了原生应用的跨平台、快速编译、快速发布。但是缺点也比较明显，上述数据通信过程是异步的，通信成本很高。除此之外，目前 React Native 仍有部分组件和 API 并没有实现平台统一，这在一定程度上要求开发者了解原生开发细节。正因如此，前端社区中也出现了著名文章 *React Native at Airbnb*，文中表示，Airbnb 团队在技术选型上将会放弃React Native。

在我看来，放弃 React Native 而拥抱新的跨平台技术，并不是每个团队都有实力和魄力施行的，因此改造 React Native 是另外一些团队做出的选择。

比如携程的 CRN（Ctrip React Native）。它在 React Native 的基础上，抹平了 iOS 和 Android 端组件开发的差异，做了大量性能提升的工作。更重要的是，依托于 CRN，携程在后续的产品 CRN-Web中也做了 Web 支持和接入。再比如，更加出名的、由阿里巴巴出品的 WEEX 也是基于 React Native思想进行改造的，只不过 WEEX 基于 Vue.js，除了支持原生平台，还支持 Web 平台，实现了端上的大一统。WEEX 的技术架构如图 16-3 所示。

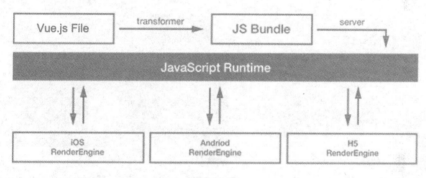

图 16-3

再回到 React Native，针对一些固有缺陷，React Native 进行了技术上的重构，我认为这是基于OEM Hybrid 方案的 2.0 版本演进，下面我们进一步探究。

从 React Native 技术重构出发，分析原生跨平台技术栈方向

上面我们提到，React Native 通过数据通信架起了 Web 和原生平台的桥梁，而这种数据通信方式是异步的。React 工程经理 Sophie Alpert 认为这样的设计具有线程隔离这一优势，具备了尽可能高的灵活性，但是这也意味着 JavaScript 逻辑与原生能力永远无法共享同一内存空间。

旧的 React Native 技术架构如图 16-4 所示。

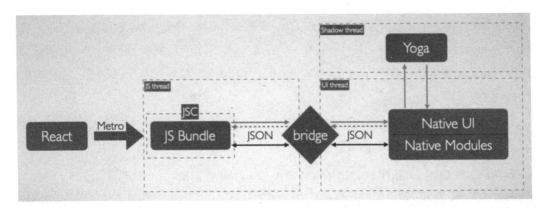

图 16-4

新的 React Native 技术架构如图 16-5 所示。

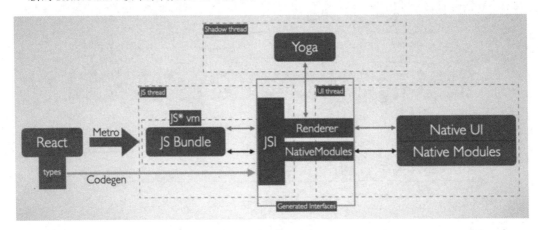

图 16-5

基于上述问题，新的 React Native 技术架构将从三个方面进行改进。

- 改变线程模型（Threading Model），以往 React Native 的 UI 更新需要在三个不同的并行线程中进行，新的方案使更新优先级更高的线程直接同步调用 JavaScript，同时低优先级的 UI 更新任务不会占用主线程。这里提到的三个并行线程如下。

  ▪ JavaScript 线程：在这个线程中，Metro 负责生成 JS Bundle，JavaScriptCore 负责在应用运行时解析执行 JavaScript 代码。

- ▪ 原生线程：这个线程负责用户界面，每当需要更新 UI 时，该线程将与 JavaScript 线程通信。

- ▪ Shadow 线程：该线程负责计算布局，React Native 具体通过 Yoga 布局引擎来解析并计算 Flexbox 布局，并将结果发送回原生 UI 线程。

- 引入异步渲染能力，实现不同优先级的渲染，同时简化渲染数据信息。

- 简化 Bridge 实现，使之更轻量可靠，使 JavaScript 和原生平台间的调用更加高效。

举个例子，这些改进能够使得"手势处理"这个 React Native 的"老大难"问题得到更好的解决，比如，新的线程模型能够使手势触发的交互和 UI 渲染效率更高，减少异步通信更新 UI 的成本，使视图尽快响应应用用户的交互。

我们从更细节的角度来加深理解。上述重构的核心之一其实是使用基于 JavaScript Interface（JSI）的新 Bridge 方案来取代之前的 Bridge 方案。

新的 Bridge 方案由两部分组成。

- Fabric：新的 UIManager。

- TurboModules：新的原生模块。

其中，Fabric 运行 UIManager 时直接用 C++生成 Shadow Tree，不需要经过旧架构的 React → Native → Shadow Tree → Native UI 路径，这就降低了通信成本，提升了交互性能。这个过程依赖于 JSI，JSI 并不和 JavaScriptCore 绑定，因此可以实现引擎互换（比如使用 V8 引擎或任何其他版本的 JavaScriptCore）。

同时，JSI 可以获取 C++ Host Objects，并调用 Host Objects 上的方法，这样能够完成 JavaScript 和原生平台的直接感知，达到"所有线程之间互相调用"的效果，因此我们就不再依赖"将传递消息序列化并进行异步通信"了。这也就消除了异步通信带来的拥塞问题。

新的方案也允许 JavaScript 代码仅在真正需要时加载每个模块，如果应用中并不需要使用 Native Modules（例如蓝牙功能），那么它就不会在程序打开时被加载，这样就可以缩短应用的启动时间。

总之，新的 React Native 技术架构会在 Hybrid 思想的基础上将性能优化做到极致，我们可以密切关注相关技术的发展。接下来，我们看看 Flutter 如何从另一个赛道出发，革新了跨平台技术方案。

Flutter 新贵背后的技术变革

Flutter 采用 Dart 编程语言编写，它在技术设计上不同于 React Native 的一个显著特点是，Flutter 并非使用原生平台组件进行渲染。比如在 React Native 中，一个\<view\>组件最终会被编译为 iOS 平台的 UIView Element 及 Android 平台的 View Element。但 Flutter 自身提供一组组件集合，这些组件集合被 Flutter 框架和引擎直接接管，如图 16-6 所示。

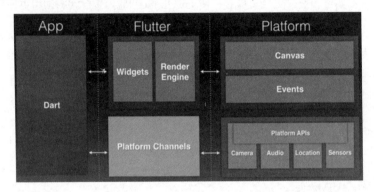

图 16-6

Flutter 组件依靠自身高性能的渲染引擎进行视图渲染。具体来说，每一个组件会被渲染在 Skia 上，Skia 是一个 2D 绘图引擎库，具有跨平台的特点。Skia 唯一需要的就是原生平台提供 Canvas 接口，实现绘制。我们再通过一个横向架构图来了解实现细节，见图 16-7。

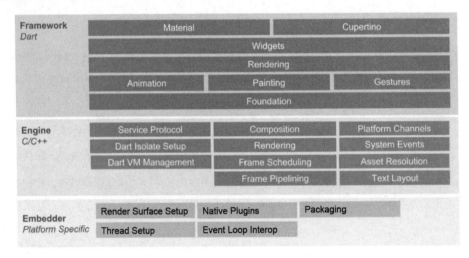

图 16-7

Flutter 技术方案主要分为三层：Framework、Engine、Embedder。其中，Framework 层由 Dart 语言实现，业务代码直接运行在这一层。框架的 Framework 层提供了 Material Design 风格的组件，以及适合 iOS 系统的 Cupertino 风格的组件。以 Cupertino 风格的 button 组件为例，其源码如下。

```
// 引入基础组件
import 'package:flutter/foundation.dart';
import 'package:flutter/widgets.dart';
// 引入相关库
import 'colors.dart';
import 'constants.dart';
import 'theme.dart';

const EdgeInsets _kButtonPadding = EdgeInsets.all(16.0);
const EdgeInsets _kBackgroundButtonPadding = EdgeInsets.symmetric(
  vertical: 14.0,
  horizontal: 64.0,
);
// 一个 Cupertino 风格的 button 组件，继承自 StatefulWidget
class CupertinoButton extends StatefulWidget {
  const CupertinoButton({
    Key? key,
    required this.child,
    this.padding,
    this.color,
    this.disabledColor = CupertinoColors.quaternarySystemFill,
    this.minSize = kMinInteractiveDimensionCupertino,
    this.pressedOpacity = 0.4,
    this.borderRadius = const BorderRadius.all(Radius.circular(8.0)),
    required this.onPressed,
  }) : assert(pressedOpacity == null || (pressedOpacity >= 0.0 && pressedOpacity <= 1.0)),
       assert(disabledColor != null),
       _filled = false,
       super(key: key);

  const CupertinoButton.filled({
    Key? key,
    required this.child,
    this.padding,
    this.disabledColor = CupertinoColors.quaternarySystemFill,
    this.minSize = kMinInteractiveDimensionCupertino,
    this.pressedOpacity = 0.4,
    this.borderRadius = const BorderRadius.all(Radius.circular(8.0)),
    required this.onPressed,
  }) : assert(pressedOpacity == null || (pressedOpacity >= 0.0 && pressedOpacity <= 1.0)),
       assert(disabledColor != null),
       color = null,
       _filled = true,
```

```
    super(key: key);

final Widget child;

final EdgeInsetsGeometry? padding;

final Color? color;

final Color disabledColor;

final VoidCallback? onPressed;

final double? minSize;

final double? pressedOpacity;

final BorderRadius? borderRadius;

final bool _filled;

bool get enabled => onPressed != null;

@override
_CupertinoButtonState createState() => _CupertinoButtonState();

@override
void debugFillProperties(DiagnosticPropertiesBuilder properties) {
  super.debugFillProperties(properties);
  properties.add(FlagProperty('enabled', value: enabled, ifFalse: 'disabled'));
}
}

// _CupertinoButtonState 类, 继承自 CupertinoButton, 同时应用 Mixin
class _CupertinoButtonState extends State<CupertinoButton> with
SingleTickerProviderStateMixin {
  static const Duration kFadeOutDuration = Duration(milliseconds: 10);
  static const Duration kFadeInDuration = Duration(milliseconds: 100);
  final Tween<double> _opacityTween = Tween<double>(begin: 1.0);

  late AnimationController _animationController;
  late Animation<double> _opacityAnimation;

  // 初始化状态
  @override
  void initState() {
    super.initState();
    _animationController = AnimationController(
      duration: const Duration(milliseconds: 200),
```

```dart
      value: 0.0,
      vsync: this,
    );
    _opacityAnimation = _animationController
      .drive(CurveTween(curve: Curves.decelerate))
      .drive(_opacityTween);
    _setTween();
  }
  // 相关生命周期
  @override
  void didUpdateWidget(CupertinoButton old) {
    super.didUpdateWidget(old);
    _setTween();
  }

  void _setTween() {
    _opacityTween.end = widget.pressedOpacity ?? 1.0;
  }

  @override
  void dispose() {
    _animationController.dispose();
    super.dispose();
  }

  bool _buttonHeldDown = false;
  // 处理 tap down 事件
  void _handleTapDown(TapDownDetails event) {
    if (!_buttonHeldDown) {
      _buttonHeldDown = true;
      _animate();
    }
  }
  // 处理 tap up 事件
  void _handleTapUp(TapUpDetails event) {
    if (_buttonHeldDown) {
      _buttonHeldDown = false;
      _animate();
    }
  }
  // 处理 tap cancel 事件
  void _handleTapCancel() {
    if (_buttonHeldDown) {
      _buttonHeldDown = false;
      _animate();
    }
  }
  // 相关动画处理
```

```
void _animate() {
  if (_animationController.isAnimating)
    return;
  final bool wasHeldDown = _buttonHeldDown;
  final TickerFuture ticker = _buttonHeldDown
    ? _animationController.animateTo(1.0, duration: kFadeOutDuration)
    : _animationController.animateTo(0.0, duration: kFadeInDuration);
  ticker.then<void>((void value) {
    if (mounted && wasHeldDown != _buttonHeldDown)
      _animate();
  });
}

@override
Widget build(BuildContext context) {
  final bool enabled = widget.enabled;
  final CupertinoThemeData themeData = CupertinoTheme.of(context);
  final Color primaryColor = themeData.primaryColor;
  final Color? backgroundColor = widget.color == null
    ? (widget._filled ? primaryColor : null)
    : CupertinoDynamicColor.resolve(widget.color, context);

  final Color? foregroundColor = backgroundColor != null
    ? themeData.primaryContrastingColor
    : enabled
      ? primaryColor
      : CupertinoDynamicColor.resolve(CupertinoColors.placeholderText, context);

  final TextStyle textStyle = themeData.textTheme.textStyle.copyWith(color:
foregroundColor);

  return GestureDetector(
    behavior: HitTestBehavior.opaque,
    onTapDown: enabled ? _handleTapDown : null,
    onTapUp: enabled ? _handleTapUp : null,
    onTapCancel: enabled ? _handleTapCancel : null,
    onTap: widget.onPressed,
    child: Semantics(
      button: true,
      child: ConstrainedBox(
        constraints: widget.minSize == null
          ? const BoxConstraints()
          : BoxConstraints(
              minWidth: widget.minSize!,
              minHeight: widget.minSize!,
            ),
        child: FadeTransition(
          opacity: _opacityAnimation,
```

```
        child: DecoratedBox(
          decoration: BoxDecoration(
            borderRadius: widget.borderRadius,
            color: backgroundColor != null && !enabled
              ? CupertinoDynamicColor.resolve(widget.disabledColor, context)
              : backgroundColor,
          ),
          child: Padding(
            padding: widget.padding ?? (backgroundColor != null
              ? _kBackgroundButtonPadding
              : _kButtonPadding),
            child: Center(
              widthFactor: 1.0,
              heightFactor: 1.0,
              child: DefaultTextStyle(
                style: textStyle,
                child: IconTheme(
                  data: IconThemeData(color: foregroundColor),
                  child: widget.child,
                ),
              ),
            ),
          ),
        ),
      ),
    ),
  );
  }
}
```

通过上面的代码，我们可以感知到 Dart 语言风格及设计一个组件的关键点：Flutter 组件分为两种类型，StatelessWidget 无状态组件和 StatefulWidget 有状态组件。上面的 button 显然是一个有状态组件，它包含了_CupertinoButtonState 类，并继承自 State<CupertinoButton>。通常，一个有状态组件的声明如下。

```
class MyCustomStatefulWidget extends StatefulWidget {
  //---constructor with named // argument: country--- MyCustomStatefulWidget( {Key key,
this.country}) : super(key: key);
  //---used in _DisplayState--- final String country;
  @override _DisplayState createState() => _DisplayState();
}

class _DisplayState extends State<MyCustomStatefulWidget> {
  @override Widget build(BuildContext context) {
    return Center(
      //---country defined in StatefulWidget // subclass--- child: Text(widget.country),
```

```
    );
  }.
}
```

Framework 的下一层是 Engine 层，这一层是 Flutter 的内部核心，主要由 C 或 C++语言实现。在这一层中，通过内置的 Dart 运行时，Flutter 提供了在 Debug 模式下对 JIT（Just in time）的支持，以及在 Release 和 Profile 模式下的 AOT（Ahead of time）编译生成原生 ARM 代码的能力。

最底层为 Embedder 嵌入层，在这一层中，Flutter 的主要工作是 Surface Setup、接入原生插件、设置线程等。也许你并不了解具体底层知识，这里只需要清楚，Flutter 的 Embedder 层已经很低，原生平台只需要提供画布，而 Flutter 处理了其余所有逻辑。正是因为这样，Flutter 有了更好的跨端一致性和稳定性，以及更高的性能表现。

目前来看，Flutter 具备其他跨平台方案所不具备的技术优势，加上 Dart 语言的加持，未来前景大好。但作为后入场者，Flutter 也存在生态小、学习成本高等障碍。

总结

大前端概念并不是虚无的。大前端的落地在纵向上依靠 Node.js 技术的发展，横向上依靠对端平台的深钻。上一篇介绍了小程序多端方案的相关知识，本篇分析了原生平台的跨端技术发展和方案设计。跨端技术也许会在未来通过一个统一的方案实现，相关话题也许会告一段落，但是深入该话题后学习到的不同端的相关知识，将会是我们的宝贵财富。

第三部分

在这一部分中，我们将一起来探索经典代码的奥秘，体会设计模式和数据结构的艺术，请读者结合业务实践，思考优秀的设计思想如何在工作中落地。同时，我们会针对目前前端社区所流行的框架进行剖析，相信通过不断学习经典思想和剖析源码内容，各位读者都能有新的收获。

核心框架原理与代码设计模式

17

axios：封装一个结构清晰的 Fetch 库

从本篇开始，我们将进入核心框架原理与代码设计模式学习阶段。任何一个动态应用的实现，都离不开前后端的互动配合。前端发送请求、获取数据是开发过程中必不可少的场景。正因如此，每一个前端项目都有必要接入一个请求库。

那么，如何设计请求库才能保证使用顺畅呢？如何将请求逻辑抽象成统一请求库，才能避免出现代码混乱堆积、难以维护的现象呢？下面我们进入正题。

设计请求库需要考虑哪些问题

一个请求，纵向向前承载了数据的发送，向后链接了数据的接收和消费；横向还需要应对网络环境和宿主问题，满足业务扩展需求。因此，设计一个好的请求库前要预见可能会发生的问题。

适配浏览器还是 Node.js 环境

如今，前端开发不再局限于浏览器层面，Node.js 环境的出现使得请求库的适配需求变得更加复杂。Node.js 基于 V8 引擎，顶层对象是 global，不存在 Window 对象和浏览器宿主，因此使用传统的 XMLHttpRequest 或 Fetch 方式发送请求是行不通的。对于搭建了 Node.js 环境的前端来说，设计实现请求库时需要考虑是否同时支持在浏览器和 Node.js 两种环境下发送请求。在同构的背景下，如何使不同环境下请求库的使用体验趋于一致呢？下面我们将进一步讲解。

XMLHttpRequest 还是 Fetch

单就浏览器环境发送请求来说，一般存在两种技术规范：XMLHttpRequest、Fetch。

我们先简要对比两种技术规范的使用方式。

使用 XMLHttpRequest 发送请求，示例代码如下。

```
function success() {
   var data = JSON.parse(this.responseText);
   console.log(data);
}

function error(err) {
   console.log('Error Occurred :', err);
}

var xhr = new XMLHttpRequest();
xhr.onload = success;
xhr.onerror = error;
xhr.open('GET', 'https://xxx');
xhr.send();
```

XMLHttpRequest 存在一些缺点，比如配置和使用方式较为烦琐、基于事件的异步模型不够友好。Fetch 的推出，主要也是为了解决这些问题。

使用 Fetch 发送请求，示例代码如下。

```
fetch('https://xxx')
   .then(function (response) {
      console.log(response);
   })
   .catch(function (err) {
      console.log("Something went wrong!", err);
   });
```

可以看到，Fetch 基于 Promise，语法更加简洁，语义化更加突出，但兼容性不如 XMLHttpRequest。

那么，对于一个请求库来说，在浏览器端使用 XMLHttpRequest 还是 Fetch？这是一个问题。下面我们通过 axios 的实现具体展开讲解。

功能设计与抽象粒度

无论是基于 XMLHttpRequest 还是 Fetch 规范，若要实现一层封装，屏蔽一些基础能力并暴露给业务方使用，即实现一个请求库，这并不困难。我认为，真正难的是请求库的功能设计和抽象粒度。

如果功能设计分层不够清晰，抽象方式不够灵活，很容易产出"屎山代码"。

比如，对于请求库来说，是否要处理以下看似通用，但又具有定制性的功能呢？

- 自定义 headers

- 统一断网/弱网处理

- 接口缓存处理

- 接口统一错误提示

- 接口统一数据处理

- 统一数据层结合

- 统一请求埋点

如果初期不考虑清楚这些设计问题，在业务层面一旦使用了设计不良的请求库，那么很容易因无法满足业务需求而手写 Fetch，这势必导致代码库中的请求方式多种多样、风格不一。

这里我们稍微展开，以一个请求库的分层封装为例，其实任何一种通用能力的封装都可以参考图 17-1。

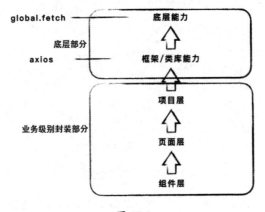

图 17-1

如图 17-1 所示，底层部分对应请求库中宿主提供的 XMLHttpRequest 或 Fetch 技术规范（底层能力），以及项目中已经内置的框架/类库能力。对于一个已有项目来说，底层部分往往是较难改变或重构的，也是可以在不同项目中复用的。而业务级别封装部分，比如依赖 axios 请求库的更上层封装，一般可以分为项目层、页面层、组件层三个层面，它们依次递进，完成最终的业务。底层能力部分对许多项目来说都可以复用，而让不同项目之间的代码质量和开发效率产生差异的，恰好是容易被轻视的业务级别封装部分。

比如，如果设计者在项目层的封装上做了几乎所有事情，囊括了所有请求相关的规则，则很容易使封装复杂，设计过度。不同层级的功能和职责是不同的，错误的使用和设计是让项目变得更加混乱的诱因之一。

合理的设计是，底层部分保留对全局封装的影响范围，而在项目层保留对页面层的影响能力，在页面层保留对组件层的影响能力。比如，我们在项目层提供了一个基础请求库封装，则可以在这一层默认发送 cookie（存在 cookie），同时通过配置 options.fetch 保留覆盖 globalThis.fetch 的能力，这样可以在 Node.js 等环境中通过注入一个 node-fetch npm 库来支持 SSR 能力。

这里需要注意的是，我们一定要避免设计一个特别大的 Fetch 方法：通过拓展 options 把所有事情都做了，用 options 驱动一切行为，这比较容易让 Fetch 代码和逻辑变得复杂、难以理解。

那么如何设计这种层次清晰的请求库呢？接下来，我们就从 axios 的设计中寻找答案。

axios 设计之美

axios 是一个被前端广泛使用的请求库，它的功能特点如下。

- 在浏览器端，使用 XMLHttpRequest 发送请求。

- 支持在 Node.js 环境下发送请求。

- 支持 Promise API，使用 Promise 风格语法。

- 支持请求和响应拦截。

- 支持自定义修改请求和返回内容。

- 支持取消请求。

- 默认支持 XSRF 防御。

下面我们主要从拦截器思想、适配器思想、安全思想三方面展开，分析 axios 设计的可取之处。

拦截器思想

拦截器思想是 axios 带来的最具启发性的思想之一。它提供了分层开发时借助拦截行为注入自定义能力的功能。简单来说，axios 拦截器的主要工作流程为任务注册 → 任务编排 → 任务调度（执行）。

我们先看任务注册，在请求发出前，可以使用 axios.interceptors.request.use 方法注入拦截逻辑，如下。

```
axios.interceptors.request.use(function (config) {
    // 请求发送前做一些事情，比如添加 headers
    return config;
}, function (error) {
    // 请求出现错误时，处理逻辑
    return Promise.reject(error);
});
```

请求返回后，使用 axios.interceptors.response.use 方法注入拦截逻辑，如下。

```
axios.interceptors.response.use(function (response) {
    // 响应返回 2xx 时做一些操作，响应状态码为 401 时自动跳转到登录页
    return response;
}, function (error) {
    // 响应返回除 2xx 以外的响应码时，执行错误处理逻辑
    return Promise.reject(error);
});
```

任务注册部分的源码实现也不复杂，具体如下。

```
// lib/core/Axios.js
function Axios(instanceConfig) {
  this.defaults = instanceConfig;
  this.interceptors = {
    request: new InterceptorManager(),
    response: new InterceptorManager()
  };
}


// lib/core/InterceptorManager.js
function InterceptorManager() {
  this.handlers = [];
}

InterceptorManager.prototype.use = function use(fulfilled, rejected) {
  this.handlers.push({
    fulfilled: fulfilled,
    rejected: rejected
  });
  // 返回当前的索引，用于移除已注册的拦截器
  return this.handlers.length - 1;
};
```

如上面的代码所示，我们定义的请求/响应拦截器会在每一个 axios 实例的 Interceptors 属性中被维护，this.interceptors.request 和 this.interceptors.response 也是 InterceptorManager 实例，该实例的 handlers 属性以数组的形式存储了使用方定义的各个拦截器逻辑。

注册任务后，我们再来看看任务编排时是如何将拦截器串联起来，并在任务调度阶段执行各个拦截器代码的，如下。

```
// lib/core/Axios.js
Axios.prototype.request = function request(config) {
  config = mergeConfig(this.defaults, config);

  // ...
  var chain = [dispatchRequest, undefined];
  var promise = Promise.resolve(config);

  // 任务编排
  this.interceptors.request.forEach(function unshiftRequestInterceptors(interceptor) {
    chain.unshift(interceptor.fulfilled, interceptor.rejected);
  });

  this.interceptors.response.forEach(function pushResponseInterceptors(interceptor) {
    chain.push(interceptor.fulfilled, interceptor.rejected);
  });

  // 任务调度
  while (chain.length) {
    promise = promise.then(chain.shift(), chain.shift());
  }

  return promise;
};
```

我们通过 chain 数组来编排、调度任务，dispatchRequest 方法执行发送请求。

编排过程的实现方式是：在实际发送请求的方法 dispatchRequest 的前面插入请求拦截器，在 dispatchRequest 的后面插入响应拦截器。

任务调度的实现方式是：通过一个 while 循环遍历迭代 chain 数组方法，并基于 Promise 实例回调特性串联执行各个拦截器。

我们通过图 17-2 来加深理解。

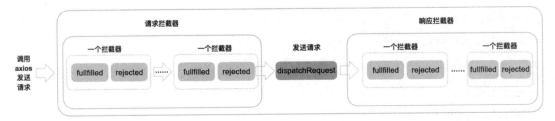

图 17-2

适配器思想

前文提到，axios 同时支持在 Node.js 环境和浏览器环境下发送请求。在浏览器端，我们可以选用 XMLHttpRequest 或 Fetch 方法发送请求，但在 Node.js 端，需要通过 http 模块发送请求。对此，axiso 是如何实现的呢？

为了适配不同环境，axios 提供了适配器 Adapter，具体实现在 dispatchRequest 方法中。

```
// lib/core/dispatchRequest.js
module.exports = function dispatchRequest(config) {
  // ...
  var adapter = config.adapter || defaults.adapter;

  return adapter(config).then(function onAdapterResolution(response) {
    // ...
    return response;
  }, function onAdapterRejection(reason) {
    // ...
    return Promise.reject(reason);
  });
};
```

如上面的代码所示，axios 支持使用方实现自己的 Adapter，自定义不同环境中的请求实现方式，也提供了默认的 Adapter。默认的 Adapter 逻辑代码如下。

```
function getDefaultAdapter() {
  var adapter;
  if (typeof XMLHttpRequest !== 'undefined') {
    // 在浏览器端使用 XMLHttpRequest 方法
    adapter = require('./adapters/xhr');
  } else if (typeof process !== 'undefined' &&
    Object.prototype.toString.call(process) === '[object process]') {
    // 在 Node.js 端使用 http 模块
    adapter = require('./adapters/http');
  }
```

```
  return adapter;
}
```

一个 Adapter 需要返回一个 Promise 实例（这是因为 axios 内部通过 Promise 链式调用完成请求调度），我们分别来看一下在浏览器端和 Node.js 端实现 Adapter 的逻辑。

```
module.exports = function xhrAdapter(config) {
  return new Promise(function dispatchXhrRequest(resolve, reject) {
    var requestData = config.data;
    var requestHeaders = config.headers;

    var request = new XMLHttpRequest();

    var fullPath = buildFullPath(config.baseURL, config.url);

    request.open(config.method.toUpperCase(), buildURL(fullPath, config.params,
config.paramsSerializer), true);


    // 监听 ready 状态
    request.onreadystatechange = function handleLoad() {
      // ....
    };

    request.onabort = function handleAbort() {
      // ...
    };

    // 处理网络请求错误
    request.onerror = function handleError() {
      // ...
    };

    // 处理超时
    request.ontimeout = function handleTimeout() {
      // ...
    };

    // ...

    request.send(requestData);
  });
};
```

以上代码是一个典型的使用 XMLHttpRequest 发送请求的示例。在 Node.js 端发送请求的实现代码，精简后如下。

```
var http = require('http');

/*eslint consistent-return:0*/
module.exports = function httpAdapter(config) {
  return new Promise(function dispatchHttpRequest(resolvePromise, rejectPromise) {
    var resolve = function resolve(value) {
      resolvePromise(value);
    };
    var reject = function reject(value) {
      rejectPromise(value);
    };
    var data = config.data;
    var headers = config.headers;

    var options = {
      // ...
    };


    var transport = http;

    var req = http.request(options, function handleResponse(res) {
      // ...
    });

    // Handle errors
    req.on('error', function handleRequestError(err) {
      // ...
    });

    // 发送请求
    if (utils.isStream(data)) {
      data.on('error', function handleStreamError(err) {
        reject(enhanceError(err, config, null, req));
      }).pipe(req);
    } else {
      req.end(data);
    }
  });
};
```

上述代码主要调用 Node.js http 模块进行请求的发送和处理，当然，真实场景的源码实现还需要考虑 HTTPS 及 Redirect 等问题，这里我们不再展开。

讲到这里，可能你会问：在什么场景下才需要自定义 Adapter 进行请求发送呢？比如在测试阶段或特殊环境中，我们可以发送 mock 请求。

```
if (isEnv === 'ui-test') {
    adapter = require('axios-mock-adapter')
}
```

实现一个自定义的 Adapter 也并不困难，它其实只是一个 Node.js 模块，最终导出一个 Promise 实例即可。

```
module.exports = function myAdapter(config) {
  // ...
  return new Promise(function(resolve, reject) {
    // ...
    sendRequest(resolve, reject, response);
    // ....
  });
}
```

相信学会了这些内容，你就能对 axios-mock-adapter 库的实现原理了然于心了。

安全思想

说到请求，自然关联着安全问题。在本篇的最后部分，我们对 axios 中的一些安全机制进行解析，涉及相关攻击手段 CSRF。

CSRF（Cross-Site Request Forgery，跨站请求伪造）的过程是，攻击者盗用你的身份，以你的名义发送恶意请求，对服务器来说，这个请求是完全合法的，但是却完成了攻击者期望的操作，比如以你的名义发送邮件和消息、盗取账号、添加系统管理员，甚至购买商品、转账等。

在 axios 中，我们主要依赖双重 cookie 来防御 CSRF。具体来说，对于攻击者，获取用户 cookie 是比较困难的，因此，我们可以在请求中携带一个 cookie 值，保证请求的安全性。这里我们将相关流程梳理如下。

- 用户访问页面，后端向请求域中注入一个 cookie，一般该 cookie 值为加密随机字符串。

- 在前端通过 Ajax 请求数据时，取出上述 cookie，添加到 URL 参数或请求头中。

- 后端接口验证请求中携带的 cookie 值是否合法，如果不合法（不一致），则拒绝请求。

上述流程的 axios 源码如下。

```
// lib/defaults.js
var defaults = {
  adapter: getDefaultAdapter(),

  // ...
  xsrfCookieName: 'XSRF-TOKEN',
```

```
xsrfHeaderName: 'X-XSRF-TOKEN',
};
```

在这里，axios 默认配置了 xsrfCookieName 和 xsrfHeaderName，实际开发中可以按具体情况传入配置信息。在发送具体请求时，以 lib/adapters/xhr.js 为例，代码如下。

```
// 添加 xsrf header
if (utils.isStandardBrowserEnv()) {
 var xsrfValue = (config.withCredentials || isURLSameOrigin(fullPath)) &&
config.xsrfCookieName ?
   cookies.read(config.xsrfCookieName) :
   undefined;

 if (xsrfValue) {
  requestHeaders[config.xsrfHeaderName] = xsrfValue;
 }
}
```

由此可见，对一个成熟请求库的设计来说，安全防范这个话题永不过时。

总结

本篇开篇分析了请求库代码设计、代码分层的方方面面，一个好的设计一定是层次明晰、各层各司其职的，一个好的设计也会直接提升业务开发效率。封装和设计是编程领域亘古不变的经典话题，需要每名开发者下沉到业务开发中去体会、思考。

本篇的后半部分从源码入手，分析了 axios 中优秀的设计思想。即便你在业务中没有使用过 axios，也要认真学习 axios，这是必要且重要的。

18

对比 Koa 和 Redux：解析前端中间件

在上一篇中，我们通过分析 axios 源码介绍了"如何设计一个请求库"，其中提到了代码分层理念。本篇将继续讨论代码设计这一话题，聚焦中间件化和插件化理念，并通过实现一个中间件化的请求库和上一篇的内容融会贯通。

以 Koa 为代表的 Node.js 中间件设计

说到中间件，很多开发者会想到 Koa，从设计的角度来看，它无疑是前端中间件的典型代表之一。我们先来剖析 Koa 的设计和实现。

先来看一下 Koa 中间件的应用，示例如下。

```javascript
// 最外层中间件，可以用于兜底 Koa 全局错误
app.use(async (ctx, next) => {
  try {
    // console.log('中间件 1 开始执行')
    // 执行下一个中间件
    await next();
    // console.log('中间件 1 执行结束')
  } catch (error) {
    console.log('[koa error]: ${error.message}')
  }
});

// 第二层中间件，可以用于日志记录
app.use(async (ctx, next) => {
  // console.log('中间件 2 开始执行')
  const { req } = ctx;
```

```
console.log('req is ${JSON.stringify(req)}');
await next();
console.log('res is ${JSON.stringify(ctx.res)}');
// console.log('中间件 2 执行结束')
});
```

Koa 实例通过 use 方法注册和串联中间件，其源码实现部分精简如下。

```
use(fn) {
    this.middleware.push(fn);
    return this;
}
```

如上面的代码所示，中间件被存储进 this.middleware 数组，那么中间件是如何被执行的呢？请参考如下源码。

```
// 通过 createServer 方法启动一个 Node.js 服务
listen(...args) {
    const server = http.createServer(this.callback());
    return server.listen(...args);
}
```

Koa 框架通过 http 模块的 createServer 方法创建了一个 Node.js 服务，并传入 this.callback() 方法，this.callback() 方法的源码精简实现如下。

```
callback() {
    // 从 this.middleware 数组中传入，组合中间件
    const fn = compose(this.middleware);

// handleRequest 方法作为 http 模块的 createServer 方法参数
// 该方法通过 createContext 封装了 http.createServer 中的 request 和 response 对象，
// 并将上述两个对象放到 ctx 中
    const handleRequest = (req, res) => {
        const ctx = this.createContext(req, res);
        // 将 ctx 和组合后的中间件函数 fn 传递给 this.handleRequest 方法
        return this.handleRequest(ctx, fn);
    };

    return handleRequest;
}

handleRequest(ctx, fnMiddleware) {
    const res = ctx.res;
    res.statusCode = 404;
    const onerror = err => ctx.onerror(err);
    const handleResponse = () => respond(ctx);
// on-finished npm 包提供的方法
// 该方法在 HTTP 请求 closes、finishes 或者 errors 时执行
```

```
    onFinished(res, onerror);
    // 将 ctx 对象传递给中间件函数 fnMiddleware
    return fnMiddleware(ctx).then(handleResponse).catch(onerror);
}
```

如上面的代码所示，我们将 Koa 中间件的组合和执行流程梳理如下。

- 通过 compose 方法组合各种中间件，返回一个中间件组合函数 fnMiddleware。

- 请求过来时，先调用 handleRequest 方法，该方法完成以下操作。

  ▪ 调用 createContext 方法，对该次请求封装一个 ctx 对象。

  ▪ 接着调用 this.handleRequest(ctx, fnMiddleware) 处理该次请求。

- 通过 fnMiddleware(ctx).then(handleResponse).catch(onerror) 执行中间件。

其中，一个核心过程就是使用 compose 方法组合各种中间件，其源码实现精简如下。

```
function compose(middleware) {
    // 这里返回的函数，就是上文中的 fnMiddleware
    return function (context, next) {
        let index = -1
        return dispatch(0)

        function dispatch(i) {
            //
            if (i <= index) return Promise.reject(new Error('next() called multiple times'))
            index = i
            // 取出第 i 个中间件 fn
            let fn = middleware[i]

            if (i === middleware.length) fn = next

            // 已经取到最后一个中间件，直接返回一个 Promise 实例，进行串联
            // 这一步的意义是，保证最后一个中间件调用 next 方法时也不会报错
            if (!fn) return Promise.resolve()

            try {
                // 把 ctx 和 next 方法传入中间件 fn，
                // 并将执行结果使用 Promise.resolve 包装
                // 这里可以发现，我们在一个中间件中调用的 next 方法，
                // 其实就是 dispatch.bind(null, i + 1)，即调用下一个中间件
                return Promise.resolve(fn(context, dispatch.bind(null, i + 1)));
            } catch (err) {
                return Promise.reject(err)
            }
        }
    }
```

```
    }
}
```

源码中加入了相关注释，如果对于你来说还是晦涩难懂，不妨看一下下面这个硬编码示例，以下代码显示了三个 Koa 中间件的执行情况。

```
async function middleware1() {
  ...
  await (async function middleware2() {
    ...
    await (async function middleware3() {
      ...
    });
    ...
  });
  ...
}
```

这里我们来做一个简单的总结。

- Koa 中间件机制被社区形象地总结为"洋葱模型"。所谓洋葱模型，就是指每一个 Koa 中间件都像一层洋葱圈，它既可以负责请求进入，也可以负责响应返回。换句话说，外层的中间件可以影响内层的请求和响应阶段，内层的中间件只能影响外层的响应阶段。

- dispatch(n)对应第 n 个中间件的执行，第 n 个中间件可以通过 await next()来执行下一个中间件，同时在最后一个中间件执行完成后依然有恢复执行的能力。即通过洋葱模型，await next()控制调用"下游"中间件，直到"下游"没有中间件且堆栈执行完毕，最终流回"上游"中间件。这种方式有一个优点，特别是对于日志记录及错误处理等需求非常友好。

这里我们稍微做一下扩展，Koa v1 的中间件实现了利用 Generator 函数+co 库（一种基于 Promise 的 Generator 函数流程管理工具）进行协程运行。本质上，Koa v1 中间件和 Koa v2 中间件的思想是类似的，只不过 Koa v2 主要用 Async/Await 来替换 Generator 函数+co 库，整体实现更加巧妙，代码更加优雅、简单。

对比 Express，再谈 Koa 中间件

说起 Node.js 框架，我们自然不能不提 Express，它的中间件机制同样值得我们学习。Express 不同于 Koa，它继承了路由、静态服务器和模板引擎等功能，因此看上去比 Koa 更像一个框架。通过学习 Express 源码，我们可以总结出它的工作机制。

- 通过 app.use 方法注册中间件。

- 一个中间件可以被视为一个 Layer 对象，其中包含了当前路由匹配的正则信息及 handle 方法。

- 所有中间件（Layer 对象）都使用 stack 数组存储。因此，每个路由对象都是通过一个 stack 数组存储相关中间件函数的。

- 当一个请求过来时，会从 REQ 中获取请求路径，根据路径从 stack 数组中找到匹配的 Layer 对象，具体匹配过程由 router.handle 函数实现。

- router.handle 函数通过 next()方法遍历每一个 Layer 对象，进行比对。

  - next()方法通过闭包维持了对 stack Index 游标的引用，当调用 next()方法时，就会从下一个中间件开始查找。

  - 如果比对结果为 true，则调用 layer.handle_request 方法，layer.handle_request 方法会调用 next()方法 ，实现中间件的执行。

我们将上述过程总结为图 18-1，帮助大家理解。

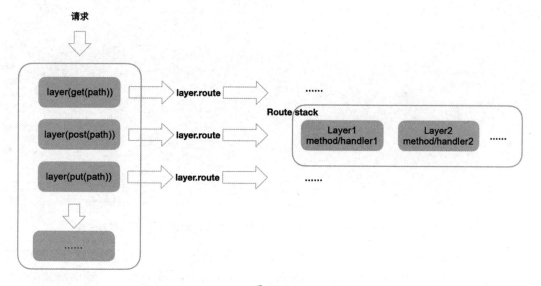

图 18-1

通过上述内容，我们知道，Express 的 next()方法维护了遍历中间件列表的 Index 游标，中间件每次调用 next()方法时会通过增加 Index 游标找到下一个中间件并执行。我们采用类似的硬编码形式帮助大家理解 Express 插件的作用机制。

```
((req, res) => {
 console.log('第一个中间件');
 ((req, res) => {
   console.log('第二个中间件');
   (async(req, res) => {
     console.log('第三个中间件 => 是一个 route 中间件，处理/api/test1');
     await sleep(2000)
     res.status(200).send('hello')
   })(req, res)
   console.log('第二个中间件调用结束');
 })(req, res)
 console.log('第一个中间件调用结束')
})(req, res)
```

如上面的代码所示，Express 中间件从设计上来讲并不是一个洋葱模型，它是基于回调实现的线形模型，不利于组合，不利于互相操作，在设计上并不像 Koa 一样简单。如果想实现一个可以记录请求响应的中间件，需要进行以下操作。

```
var express = require('express')
var app = express()

var requestTime = function (req, res, next) {
 req.requestTime = Date.now()
 next()
}

app.use(requestTime)

app.get('/', function (req, res) {
 var responseText = 'Hello World!<br>'
 responseText += '<small>Requested at: ' + req.requestTime + '</small>'
 res.send(responseText)
})

app.listen(3000)
```

可以看到，上述实现对业务代码有一定程度的侵扰，甚至会造成不同中间件间的耦合。

回退到"上帝视角"可以发现，Koa 的洋葱模型毫无疑问更加先进，而 Express 的线形机制不容易实现拦截处理逻辑，比如异常处理和统计响应时间，这在 Koa 里一般只需要一个中间件就能全部搞定。

当然，Koa 本身只提供了 http 模块和洋葱模型的最小封装，Express 是一种更高形式的抽象，其设计思路和面向目标也与 Koa 不同。

Redux 中间件设计和实现

通过前文，我们了解了 Node.js 两个"当红"框架的中间件设计，下面再换一个角度——基于 Redux 状态管理方案的中间件设计，更全面地解读中间件系统。

类似 Koa 中的 compose 实现，Redux 也实现了一个 compose 方法，用于完成中间件的注册和串联。

```
function compose(...funcs: Function[]) {
    return funcs.reduce((a, b) => (...args: any) => a(b(...args)));
}
```

compose 方法的执行如下。

```
compose([fn1, fn2, fn3])(args)
=>
compose(fn1, fn2, fn3) (...args) = > fn1(fn2(fn3(...args)))
```

简单来说，compose 方法是一种高阶聚合，先执行 fn3，并将执行结果作为参数传给 fn2，以此类推。我们使用 Redux 创建一个 store 时完成了对 compose 方法的调用，Redux 的精简源码如下。

```
// 这是一个简单的打印日志中间件
function logger({ getState, dispatch }) {
    // next()代表下一个中间件包装的dispatch方法，action表示当前接收到的动作
    return next => action => {
        console.log("before change", action);
        // 调用下一个中间件包装的dispatch 方法
        let val = next(action);
        console.log("after change", getState(), val);
        return val;
    };
}

// 使用logger 中间件，创建一个增强的 store
let createStoreWithMiddleware = Redux.applyMiddleware(logger)(Redux.createStore)

function applyMiddleware(...middlewares) {
  // middlewares 为中间件列表，返回以原始 createStore 方法（Redux.createStore）为参数的函数
  return createStore => (...args) => {
    // 创建原始的 store
    const store = createStore(...args)

    // 每个中间件中都会被传入 middlewareAPI 对象，作为中间件参数
    const middlewareAPI = {
      getState: store.getState,
      dispatch: (...args) => dispatch(...args)
    }
```

```
  // 给每个中间件传入 middlewareAPI 参数
  // 中间件的统一格式为 next => action => next(action)
  // chain 中保存的都是 next => action => {next(action)}的方法
  const chain = middlewares.map(middleware => middleware(middlewareAPI))
// 传入最原始的 store.dispatch 方法，作为 compose 方法的二级参数
// compose 方法最终返回一个增强的 dispatch 方法
  dispatch = compose(...chain)(store.dispatch)

  return {
    ...store,
    dispatch // 返回一个增强的 dispatch 方法
  }
 }
}
```

如上面的代码所示，我们将 Redux 中间件的特点总结如下。

- Redux 中间件接收 getState 和 dispatch 两个方法组成的对象为参数。

- Redux 中间件返回一个函数，该函数接收 next()方法为参数，并返回一个接收 action 的新的 dispatch 方法。

- Redux 中间件通过手动调用 next(action)方法，执行下一个中间件。

我们将 Redux 中间件的作用机制总结为图 18-2。

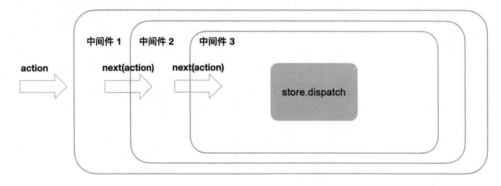

图 18-2

这看上去也像一个洋葱模型，但是在同步调用和异步调用上稍有不同，以三个中间件为例。

- 三个中间件均正常同步调用 next(action)，则执行顺序为，中间件 1 before next → 中间件 2 before next → 中间件 3 before next → dispatch 方法 → 中间件 3 after next → 中间件 2 after next → 中间件 1 after next。

- 第二个中间件没有调用 next(action)，则执行顺序为，中间件 1 befoe next → 中间件 2 逻辑 → 中间件 1 after next。注意，此时中间件 3 没有被执行。

- 第二个中间件异步调用 next(action)，其他中间件均正常同步调用 nextt(action)，则执行顺序 为，中间件 1 before next → 中间件 2 同步代码部分 → 中间件 1 after next → 中间件 2 异步 代码部分 before next → 中间件 3 before next → dispatch 方法 → 中间件 3 after next → 中间 件 2 异步代码部分 after next。

利用中间件思想，实现一个中间件化的 Fetch 库

前面我们分析了前端中间件思想，本节我们活学活用，利用中间件思想实现一个中间件化的 Fetch 库。

先来思考，一个中间件化的 Fetch 库应该具有哪些优点？Fetch 库的核心是只实现请求的发送， 而各种业务逻辑以中间件化的插件模式进行增强，这样一来可实现特定业务需求和请求库的解耦， 更加灵活，也是一种分层思想的体现。具体来说，一个中间件化的 Fetch 库应具备以下能力。

- 支持业务方递归扩展底层 Fetch API。

- 方便测试。

- 天然支持各类型的 Fetch 封装（比如 Native Fetch、fetch-ponyfill、fetch-polyfill 等）。

我们给这个中间件化的 Fetch 库取名为 fetch-wrap，fetch-wrap 的预期使用方式如下。

```
const fetchWrap = require('fetch-wrap');

// 这里可以接入自己的核心 Fetch 底层实现，比如原生 Fetch 或同构的 isomorphic-fetch 等
let fetch = require('isomorphic-fetch');

// 扩展 Fetch 中间件
fetch = fetchWrap(fetch, [
  middleware1,
  middleware2,
  middleware3,
]);

// 一个典型的中间件
function middleware1(url, options, innerFetch) {
```

```
    // ...
    // 业务扩展
    // ...
    return innerFetch(url, options);
}

// 一个更改 URL 的中间件
function(url, options, fetch) {
    return fetch(url.replace(/^(http:)?/, 'https:'), options);
},

// 一个修改返回结果的中间件
function(url, options, fetch) {
    return fetch(url, options).then(function(response) {
      if (!response.ok) {
        throw new Error(result.status + ' ' + result.statusText);
      }
      if (/application\/json/.test(result.headers.get('content-type'))) {
        return response.json();
      }
      return response.text();
    });
}

// 一个进行错误处理的中间件
function(url, options, fetch) {
    return fetch(url, options).catch(function(err) {
      console.error(err);
      throw err;
    });
}
```

fetch-wrap 的核心实现方法 fetchWrap 的源码如下。

```
// 接收第一个参数为基础 Fetch 库，第二个参数为中间件数组或单个中间件
module.exports = function fetchWrap(fetch, middleware) {
    // 没有使用中间件，则返回原生 Fetch 库
    if (!middleware || middleware.length < 1) {
        return fetch;
    }

    // 递归调用 extend 方法，每次递归时剔除 middleware 数组中的首项
    var innerFetch = middleware.length === 1 ? fetch : fetchWrap(fetch,
middleware.slice(1));

    var next = middleware[0];
```

```
    return function extendedFetch(url, options) {
        try {
            // 每一个 Fetch 中间件通过 Promsie 来串联
            return Promise.resolve(next(url, options || {}, innerFetch));
        } catch (err) {
            return Promise.reject(err);
        }
    };
}
```

可以看到，每一个 Fetch 中间件都接收一个 url 和 options 参数，因此具有了改写 url 和 options 的能力。同时接收一个 innerFetch 方法，innerFetch 为上一个中间件包装过的 fetch 方法，而每一个中间件也都返回一个包装过的 fetch 方法，将各个中间件依次调用串联起来。

另外，社区上的 umi-request 中间件机制也是类似的，其核心代码如下。

```
class Onion {
  constructor() {
    this.middlewares = [];
  }
  // 存储中间件
  use(newMiddleware) {
    this.middlewares.push(newMiddleware);
  }
  // 执行中间件
  execute(params = null) {
    const fn = compose(this.middlewares);
    return fn(params);
  }
}

export default function compose(middlewares) {
  return function wrapMiddlewares(params) {
    let index = -1;
    function dispatch(i) {
      index = i;
      const fn = middlewares[i];
      if (!fn) return Promise.resolve();
      return Promise.resolve(fn(params, () => dispatch(i + 1)));
    }
    return dispatch(0);
  };
}
```

可以看到，上述源码与 Koa 的实现更为相似，但其实道理和上面的 fetch-wrap 大同小异。至此，相信你已经了解了中间件的思想，也能够体会洋葱模型的精妙设计。

总结

本篇通过分析前端不同框架的中间件设计，剖析了中间件化这一重要思想。中间件化意味着插件化，这也是上一篇提到的分层思想的一种体现，同时，这种实现思想灵活且扩展能力强，能够和核心逻辑相解耦。

19

软件开发的灵活性和定制性

在前面两篇中，我们介绍了前端开发领域常见的开发模式和封装思想，本篇将该主题升华，聊一聊软件开发的灵活性和定制性这个话题。

业务需求是烦琐多变的，因此开发灵活性至关重要，这直接决定了开发效率，而与灵活性相伴相生的话题就是定制性。本篇主要从设计模式和函数式思想入手，结合实际代码，阐释灵活性和定制性。

设计模式

设计模式——我认为这是一个"一言难尽"的概念。维基百科对设计模式的定义如下。

在软件工程中，设计模式（Design Pattern）是针对软件设计中普遍存在（反复出现）的各种问题所提出的解决方案。这个术语是由埃里希·伽玛（Erich Gamma）等人在 20 世纪 90 年代从建筑设计领域引入计算机科学领域的。设计模式并不是直接用来完成代码编写的，而是用于描述在各种不同情况下要怎么解决问题的。

一般认为，设计模式有 23 种，这 23 种设计模式的本质是面向对象原则的实际运用，是对类的封装性、继承性和多态性，以及类的关联关系和组合关系的总结应用。

事实上，设计模式是一种经验总结，它就是一套"兵法"，最终是为了获得更好的代码重用性、可读性、可靠性、可维护性。我认为理解设计模式不能只停留在理论上，而应该深入到实际应用当中。在平常的开发中，也许你不知道，但你已经在使用设计模式了。

代理模式

ES.next 提供的 Proxy 特性使代理模式的实现变得更加容易。关于 Proxy 特性的使用等基础内容，这里不再赘述，我们直接来看一些代理模式的应用场景。

一个常见的代理模式应用场景是，针对计算成本比较高的函数，可以通过对函数进行代理来缓存函数对应参数的计算返回结果。执行函数时优先使用缓存值，否则返回计算值，代码如下。

```
const getCacheProxy = (fn, cache = new Map()) =>
  // 代理函数 fn
  new Proxy(fn, {
    // fn 的调用方法
    apply(target, context, args) {
      // 将调用参数字符串化，方便作为存储 key
      const argsString = args.join(' ')
      // 判断是否存在缓存，如果存在，则直接返回缓存值
      if (cache.has(argsString)) {
        return cache.get(argsString)
      }
      // 执行 fn 方法，得到计算结果
      const result = fn(...args)
      // 存储相关计算结果
      cache.set(argsString, result)

      return result
    }
  })
```

利用上述思想，我们还可以很轻松地实现一个根据调用频率进行截流的代理函数，代码如下。

```
const createThrottleProxy = (fn, timer) => {
  // 计算时间差
  let last = Date.now() - timer
  // 代理函数 fn
  return new Proxy(fn, {
    // 调用代理函数
    apply(target, context, args) {
      // 计算距离上次调用的时间差，如果大于 rate，则直接调用
      if (Date.now() - last >= rate) {
        fn(args)
        // 记录此次调用时间
        last = Date.now()
      }
    }
  })
}
```

我们再看一个 jQuery 中的例子，jQuery 中的$.proxy()方法接收一个已有的函数，并返回一个带有特定上下文的新函数。比如向一个特定对象的元素添加事件回调，代码如下。

```
$( "button" ).on( "click", function () {
 setTimeout(function () {
   $(this).addClass( "active" );
 });
});
```

上述代码中的$(this)是在 setTimeout 中执行的，不再是预期之中的"当前触发事件的元素"，因此我们可以通过存储 this 指向来找到当前触发事件的元素。

```
$( "button" ).on( "click", function () {
 var that = $(this)
 setTimeout(function () {
   that.addClass( "active" );
 });
});
```

也可以使用 jQuey 中的代理方法，如下。

```
$( "button" ).on( "click", function () {
   setTimeout($.proxy( unction () {
     // 这里的 this 指向正确
     $(this).addClass( "active" );
   }, this), 500);
});
```

其实，在 jQuery 源码中，$.proxy 的实现也并不困难。

```
proxy: function( fn, context ) {
 // ...

 // 模拟 bind 方法
 var args = slice.call(arguments, 2),
   proxy = function() {
    return fn.apply( context, args.concat( slice.call( arguments ) ) );
   };

 // 这里主要是为了全局唯一，以便后续删除
 proxy.guid = fn.guid = fn.guid || proxy.guid || jQuery.guid++;

 return proxy;
}
```

上述代码模拟了 bind 方法，以保证 this 上下文的指向准确。

事实上，代理模式在前端中的使用场景非常多。我们熟悉的 Vue.js 框架为了完成对数据的拦截

和代理，以便结合观察者模式对数据变化进行响应，在最新版本中也支持了 Proxy 特性，这些都是代理模式的典型应用。

装饰者模式

简单来说，装饰者模式就是在不改变原对象的基础上，对对象进行包装和拓展，使原对象能够应对更加复杂的需求。这有点像高阶函数，因此在前端开发中很常见，示例如下。

```
import React, { Component } from 'react'
import {connect} from 'react-redux'
class App extends Component {
 render() {
  //...
 }
}
export default connect(mapStateToProps,actionCreators)(App);
```

在上述示例中，react-redux 类库中的 connect 方法对相关 React 组件进行包装，以拓展新的 Props。另外，这种方法在 ant-design 中也有非常典型的应用，如下。

```
class CustomizedForm extends React.Component {}
CustomizedForm = Form.create({})(CustomizedForm)
```

如上面的代码所示，我们将一个 React 组件进行"装饰"，使其获得了表单组件的一些特性。

事实上，将上述两种模式相结合，很容易衍生出 AOP 面向切面编程的理念，示例如下。

```
Function.prototype.before = function(fn) {
 // 函数本身
 const self = this
 return function() {
   // 执行 self 函数前需要执行的函数 fn
  fn.apply(new(self), arguments)
  return self.apply(new(self), arguments)
 }
}

Function.prototype.after = function(fn) {
 const self = this
 return function() {
   // 先执行 self 函数
  self.apply(new(self), arguments)
  // 执行 self 函数后需要执行的函数 fn
  return fn.apply(new(self), arguments)
 }
}
```

如上面的代码所示，我们对函数原型进行了扩展，在函数调用前后分别调用了相关的切面方法。一个典型的场景就是对表单提交值进行验证，如下。

```
const validate = function(){
  // 表单验证逻辑
}

const formSubmit = function() {
  // 表单提交逻辑
  ajax( 'http:// xxx.com/login', param )
}

submitBtn.onclick = function() {
  formSubmit.before( validate )
}
```

至此，我们对前端中常见的两种设计模式进行了分析，实际上，在前端中还处处可见观察者模式等经典设计模式的应用，我们将在下一篇中对这些内容进行说明。

函数式思想

设计模式和面向对象相伴相生，而面向对象和函数式思想"相互对立"、互为补充。函数式思想在前端领域同样应用颇多，这里我们对函数式思想的应用进行简单说明。

函数组合的简单应用

纯函数：如果一个函数的输入参数确定，输出结果也是唯一确定的，那么它就是纯函数。

同时，需要强调的是，对于纯函数而言，函数的内部逻辑是不能修改外部变量的，不能调用 Math.radom() 方法及发送异步请求等，因为这些操作都具有不确定性，可能会产生副作用。

纯函数是函数式编程中最基本的概念，另一个基本概念是高阶函数。高阶函数体现了"函数是第一等公民"的思想，它是这样一类函数——接收一个函数作为参数，返回另一个函数。

我们来看一个例子：函数 filterLowerThan10 接收一个数组作为参数，它会挑选出数组中数值小于 10 的元素，所有符合条件的元素会构成新数组并被返回。

```
const filterLowerThan10 = array => {
  let result = []
  for (let i = 0, length = array.length; i < length; i++) {
    let currentValue = array[i]
    if (currentValue < 10) result.push(currentValue)
```

```
    }
    return result
}
```

对于另一个需求：挑选出数组中的非数值元素，所有符合条件的元素会构成新数组并被返回。该需求可通过 filterNaN 函数实现，代码如下。

```
const filterNaN = array => {
    let result = []
    for (let i = 0, length = array.length; i < length; i++) {
        let currentValue = array[i]
        if (isNaN(currentValue)) result.push(currentValue)
    }
    return result
}
```

上面两个函数都是比较典型的纯函数，不够优雅的一点是，filterLowerThan10 和 filterNaN 中都有遍历的逻辑，都存在重复的 for 循环。它们本质上都需要遍历一个列表，并用给定的条件过滤列表。那么，我们能否用函数式思想将遍历和过滤过程解耦呢？

好在 JavaScript 对函数式编程思想较为友好，我们使用 Filter 函数来实现，并进行一定程度的改造，代码如下。

```
const lowerThan10 = value => value < 10

[12, 3, 4, 89].filter(lowerThan10)
```

继续延伸使用场景，如果输入比较复杂，想先过滤出数组中数值小于 10 的元素，需要保证数组中的每一项都是 Number 类型的，此时可以使用下面的代码。

```
[12, 'sd', null, undefined, {}, 23, 45, 3, 6].filter(value=> !isNaN(value) && value !==
null).filter(lowerThan10)
```

curry 化和反 curry 化

继续思考上面的例子，filterLowerThan10 通过硬编码写了 10 作为阈值，我们用 curry 化思想将其改造，代码如下。

```
const filterLowerNumber = number => {
    return array => {
        let result = []
        for (let i = 0, length = array.length; i < length; i++) {
            let currentValue = array[i]
            if (currentValue < number) result.push(currentValue)
        }
        return result
```

```
  }
}

const filterLowerThan10 = filterLowerNumber(10)
```

curry 化（柯里化，又译为卡瑞化或加里化），是指把接收多个参数的函数变成接收一个单一参数（最初函数的第一个参数）的函数，并返回接收余下参数且返回结果的新函数的过程。

curry 化的优势非常明显，如下。

- 提高复用性。

- 减少重复传递不必要的参数。

- 根据上下文动态创建函数。

其中，根据上下文动态创建函数也是一种惰性求值的体现，示例如下。

```
const addEvent = (function() {
  if (window.addEventListener) {
    return function (type, element, handler, capture) {
      element.addEventListener(type, handler, capture)
    }
  }
  else if (window.attachEvent){
    return function (type, element, fn) {
      element.attachEvent('on' + type, fn)
    }
  }
})()
```

这是一个典型的兼容 IE9 浏览器事件 API 的例子，该示例根据兼容性的嗅探，充分利用 curry 化思想实现了需求。

那么我们如何编写一个通用的 curry 化函数呢？下面我给出一种方案。

```
const curry = (fn, length) => {
  // 记录函数的行参个数
  length = length || fn.length
  return function (...args) {
    // 当参数未满时，递归调用
    if (args.length < length) {
      return curry(fn.bind(this, ...args), length - args.length)
    }
    // 参数已满，执行 fn 函数
    else {
      return fn.call(this, ...args)
    }
```

```
    }
}
```

如果不想使用 bind 方法，另一种常规思路是对每次调用时产生的参数进行存储。

```
const curry = fn =>
    judge = (...arg1) =>
        // 判断参数是否已满
        arg1.length >= fn.length
            ? fn(...arg1) // 执行函数
            : (...arg2) => judge(...arg1, ...arg2) // 将参数合并，继续递归调用
```

对应 curry 化，还有一种反 curry 化思想：反 curry 化在于扩大函数的适用性，使本来只有特定对象才能使用的功能函数可以被任意对象使用。

有一个 UI 组件 Toast，简化如下。

```
function Toast (options) {
    this.message = ''
}

Toast.prototype = {
    showMessage: function () {
        console.log(this.message)
    }
}
```

这样的代码使得所有 Toast 实例均可使用 showMessage 方法，使用方式如下。

```
new Toast({message: 'show me'}).showMessage()
```

如果脱离组件场景，我们不想实现 Toast 实例，而使用 Toast.prototype.showMessage 方法，预期通过反 curry 化实现，则代码如下。

```
// 反 curry 化通用函数
// 核心实现思想是：先取出要执行 fn 方法的对象，标记为 obj1，同时从 arguments 中将其删除，
// 在调用 fn 时，将 fn 执行上下文环境改为 obj1
const unCurry = fn => (...args) => fn.call(...args)

const obj = {
    message: 'uncurry test'
}

const unCurryShowMessaage = unCurry(Toast.prototype.showMessage)

unCurryShowMessaage(obj)
```

以上是正常函数的反 curry 化实现。我们也可以将反 curry 化通用函数挂载在函数原型上，如下。

```
// 将反 curry 化通用函数挂载在函数原型上
Function.prototype.unCurry = !Function.prototype.unCurry || function () {
    const self = this
    return function () {
        return Function.prototype.call.apply(self, arguments)
    }
}
```

当然，我们也可以借助 bind 方法实现。

```
Function.prototype.unCurry = function() {
  return this.call.bind(this)
}
```

通过下面这个例子，我们可以更好理解反 curry 化的核心思想。

```
// 将 Array.prototype.push 反 curry 化，实现一个适用于对象的 push 方法
const push = Array.prototype.push.unCurry()

const test = { foo: 'lucas' }
push(test, 'messi', 'ronaldo', 'neymar')
console.log(test)

// {0: "messi", 1: "ronaldo", 2: "neymar", foo: "lucas", length: 3}
```

反 curry 化的核心思想就在于，利用第三方对象和上下文环境"强行改命，为我所用"。

最后我们再看一个例子，将对象原型上的 toString 方法"为我所用"，实现了一个更普遍适用的数据类型检测函数，如下。

```
// 利用反 curry 化，创建一个检测数据类型的函数 checkType
let checkType = uncurring(Object.prototype.toString)

checkType('lucas'); // [object String]
```

总结

本篇从设计模式和函数式思想入手，分析了如何在编程中做到灵活性和定制性，并通过大量的实例来强化思想，巩固认识。

事实上，前端领域中的灵活性和定制性编码方案和其他领域的相关思想是完全一致的，设计模式和函数式思想具有"普适意义"，我们将会在下一篇中继续延伸讨论这个话题。

20

理解前端中的面向对象思想

"对象"这个概念在编程中非常重要，任何语言的开发者都应该具有面向对象思维，这样才能有效运用对象。良好的面向对象系统设计是应用具有稳健性、可维护性和可扩展性的关键。反之，如果面向对象设计环节有失误，项目将面临灾难。

说到 JavaScript 面向对象，它实质是基于原型的对象系统，而不是基于类的。这是设计之初由语言所决定的。随着 ES Next 标准的进化和新特性的添加，JavaScript 面向对象更加贴近其他传统面向对象语言。目睹编程语言的发展和变迁，伴随着其成长，我认为这是开发者之幸。

本篇将深入对象和原型，理解 JavaScript 的面向对象思想。请注意，本篇的内容偏向进阶，要求读者具有一定的知识储备。

实现 new 没有那么容易

说起 JavaScript 中的 new 关键字，有一段很有趣的历史。其实，JavaScript 的创造者 Brendan Eich 实现 new 是为了让语言获得更高的流行度，它是强行学习 Java 的一个残留产出。当然，也有很多人认为这个设计掩盖了 JavaScript 中真正的原型继承，更像是基于类的继承。

这样的误会使得很多传统 Java 开发者并不能很好地理解 JavaScript。实际上，我们前端工程师应该知道 new 关键字到底做了什么事情。

- 创建一个空对象，这个对象将会作为执行 new 构造函数之后返回的对象实例。

- 将上面创建的空对象的原型（__proto__）指向构造函数的 prototype 属性。

- 将这个空对象赋值给构造函数内部的 this，并执行构造函数逻辑。

- 根据构造函数的执行逻辑，返回第一步创建的对象或构造函数的显式返回值。

因为 new 是 JavaScript 的关键字，因此我们要实现一个 newFunc 来模拟 new 这个关键字。预计的实现方式如下。

```javascript
function Person(name) {
  this.name = name
}

const person = new newFunc(Person, 'lucas')

console.log(person)

// {name: "lucas"}
```

具体的实现如下。

```javascript
function newFunc(...args) {
  // 取出 args 数组第一个参数，即目标构造函数
  const constructor = args.shift()

  // 创建一个空对象，且这个空对象继承构造函数的 prototype 属性，
  // 即实现 obj.__proto__ === constructor.prototype
  const obj = Object.create(constructor.prototype)

  // 执行构造函数，得到构造函数的返回结果
  // 注意，这里我们使用 apply，将构造函数内的 this 指向 obj
  const result = constructor.apply(obj, args)

  // 如果构造函数执行后，返回结果是对象类型，就直接返回，否则返回 obj 对象
  return (typeof result === 'object' && result != null) ? result : obj
}
```

上述代码并不复杂，有几个关键点需要注意。

- 使用 Object.create 将 obj 的 __proto__ 指向构造函数的 prototype 属性。

- 使用 apply 方法将构造函数内的 this 指向 obj。

- 在 newFunc 返回时，使用三目运算符决定返回结果。

我们知道，构造函数如果有显式返回值且返回值为对象类型，那么构造函数的返回结果不再是目标实例，示例如下。了解这些注意点，理解 newFunc 的实现就不再困难了。

```javascript
function Person(name) {
  this.name = name
```

```
  return {1: 1}
}

const person = new Person(Person, 'lucas')

console.log(person)

// {1: 1}
```

如何优雅地实现继承

实现继承是面向对象的一个重点概念。前面提到过 JavaScript 的面向对象系统是基于原型的，它的继承不同于其他大多数语言。社区中讲解 JavaScript 继承的资料不在少数，这里不再赘述每一种继承方式的实现过程，需要各位读者提前了解。

ES5 相对可用的继承方法

在本节中，我们仅总结以下 JavaScript 中实现继承的关键点。

如果想让 Child 继承 Parent，那么采用原型链实现继承的方法如下。

```
Child.prototype = new Parent()
```

对于这样的实现，不同 Child 实例的 __proto__ 会引用同一 Parent 实例。

通过构造函数实现继承的方法如下。

```
function Child (args) {
  // ...
  Parent.call(this, args)
}
```

这样的实现问题也比较大，其实只是实现了实例属性的继承，Parent 原型的方法在 Child 实例中并不可用。基于此，组合上述两种方法实现继承，可使 Parent 原型的方法在 Child 实例中可用，示例如下。

```
function Child (args1, args2) {
  // ...
  this.args2 = args2
  Parent.call(this, args1)
}
Child.prototype = new Parent()
Child.prototype.constrcutor = Child
```

上述代码的问题在于，Child 实例中会存在 Parent 的实例属性。因为我们在 Child 构造函数中执行了 Parent 构造函数。同时，Child 的 __proto__ 中也会存在同样的 Parent 的实例属性，且所有 Child 实例的 __proto__ 指向同一内存地址。另外，上述代码也没有实现对静态属性的继承。

还有一些其他不完美的继承方法，这里不再过多介绍。

下面我们给出一个比较完整的继承方法，它解决了上述一系列的问题，代码如下。

```
function inherit(Child, Parent) {
    // 继承原型上的属性
    Child.prototype = Object.create(Parent.prototype)

    // 修复 constructor
    Child.prototype.constructor = Child

    // 存储超类
    Child.super = Parent

    // 继承静态属性
    if (Object.setPrototypeOf) {
        // setPrototypeOf es6
        Object.setPrototypeOf(Child, Parent)
    } else if (Child.__proto__) {
        // __proto__，ES6 引入，但是部分浏览器早已支持
        Child.__proto__ = Parent
    } else {
        // 兼容 IE10 等陈旧浏览器
        // 将 Parent 上的静态属性和方法复制到 Child 上，不会覆盖 Child 上的方法
        for (var k in Parent) {
            if (Parent.hasOwnProperty(k) && !(k in Child)) {
                Child[k] = Parent[k]
            }
        }
    }
}
```

具体原理已经包含在了注释当中。需要指出的是，上述静态属性继承方式仍然存在一个问题：在陈旧的浏览器中，属性和方法的继承是静态复制实现的，继承完成后，后续父类的改动不会自动同步到子类。这是不同于正常面向对象思想的，但是这种组合式继承方法相对更完美、优雅。

继承 Date 对象

值得一提的一个细节是，前面几种继承方法无法继承 Date 对象。我们来进行测试，如下。

```
function DateConstructor() {
    Date.apply(this, arguments)
    this.foo = 'bar'
}

inherit(DateConstructor, Date)

DateConstructor.prototype.getMyTime = function() {
    return this.getTime()
};


let date = new DateConstructor()

console.log(date.getMyTime())
```

执行上述测试代码，将会得到报错"Uncaught TypeError: this is not a Date object."。

究其原因，是因为 JavaScript 的 Date 对象只能通过令 JavaScript Date 作为构造函数并通过实例化而获得。因此 V8 引擎实现代码中就一定有所限制，如果发现调用 getTime()方法的对象不是 Date 构造函数构造出来的实例，则抛出错误。

那么如何实现对 Date 对象的继承呢？方法如下。

```
function DateConstructor() {
    var dateObj = new(Function.prototype.bind.apply(Date,
    [Date].concat(Array.prototype.slice.call(arguments))))()

    Object.setPrototypeOf(dateObj, DateConstructor.prototype)

    dateObj.foo = 'bar'

    return dateObj
}

Object.setPrototypeOf(DateConstructor.prototype, Date.prototype)

DateConstructor.prototype.getMyTime = function getTime() {
    return this.getTime()
}

let date = new DateConstructor()

console.log(date.getMyTime())
```

我们来分析一下代码，调用构造函数 DateConstructor 返回的对象 dateObj 如下。

```
dateObj.__proto__ === DateConstructor.prototype
```

而我们通过

```
Object.setPrototypeOf(DateConstructor.prototype, Date.prototype)
```

方法，实现了下面的效果。

```
DateConstructor.prototype.__proto__ === Date.prototype
```

所以，连起来如下。

```
date.__proto__.__proto__ === Date.prototype
```

继续分析，DateConstructor 构造函数返回的 dateObj 是一个真正的 Date 对象，原因如下。

```
var dateObj = new(Function.prototype.bind.apply(Date,
[Date].concat(Array.prototype.slice.call(arguments))))()var dateObj =
new(Function.prototype.bind.apply(Date,
[Date].concat(Array.prototype.slice.call(arguments))))()
```

它是由 Date 构造函数实例化出来的，因此它有权调用 Date 原型上的方法，而不会被引擎限制。

整个实现过程通过更改原型关系，在构造函数里调用原生构造函数 Date 并返回其实例的方法，"欺骗"了浏览器。这样的做法比较取巧，但其副作用是更改了原型关系，同时会干扰浏览器的某些优化操作。

那么有没有更加"体面"的方式呢？其实随着 ES6 class 的推出，我们完全可以直接使用 extends 关键字实现 Date 对象的继承，示例如下。

```
class DateConstructor extends Date {
    constructor() {
        super()
        this.foo ='bar'
    }
    getMyTime() {
        return this.getTime()
    }
}

let date = new DateConstructor()
```

上面的方法可以完美执行，结果如下。

```
date.getMyTime()
// 1558921640586
```

直接在支持 ES6 class 的浏览器中使用上述代码完全没有问题，可是项目大部分是使用 Babel 进行编译的。按照 Babel 编译 class 的方法，运行后仍然会得到报错"Uncaught TypeError: this is not a Date object."，因此我们可以得知，Babel 并没有对继承 Date 对象进行特殊处理，无法做到兼容。

jQuery 中的面向对象思想

本节，我们将从 jQuery 源码架构设计入手，分析一下基本的原型及原型链知识如何在 jQuery 源码中发挥作用，进而理解 jQuery 中的面向对象思想。

你可能会想：什么？这都哪一年了，你还在说 jQuery？其实优秀的思想是永远不过时的，研究清楚 jQuery 的设计思想，仍然会令我们受益匪浅。

我们从一个问题开始。通过以下两个方法，我们都能得到一个数组。

```
// 方法一
const pNodes = $('p')
// 方法二
const divNodes= $('div')
```

我们也可以通过如下方法实现上述功能。

```
const pNodes = $('p')
pNodes.addClass('className')
```

数组上为什么没有 addClass 方法？这个问题先放在一边。我们想一想：$是什么？你的第一反应可能是：这是一个函数。因此，我们采用如下方式调用执行。

```
$('p')
```

但是你一定又见过下面这样的使用方式。

```
$.ajax()
```

所以，$又是一个对象，它有 Ajax 的静态方法，示例如下。

```
// 构造函数
function $() {

}

$.ajax = function () {
  // ...
}
```

实际上，我们分析 jQuery 源码架构会发现如下内容（具体内容有删减和改动）。

```
var jQuery = (function(){
    var $

    // ...

    $ = function(selector, context) {
        return function (selector, context) {
            var dom = []
            dom.__proto__ = $.fn

            // ...

            return dom
        }
    }

    $.fn = {
        addClass: function() {
            // ...
        },
        // ...
    }

    $.ajax = function() {
        // ...
    }

    return $
})()

window.jQuery = jQuery
window.$ === undefined && (window.$ = jQuery)
```

顺着源码分析，当调用$('p')时，最终返回的是 dom，而 dom.__proto__指向了$.fn，$.fn 是包含多种方法的对象集合。因此，返回结果的原型链上存在 addClass 这样的方法。同理，$('span')也不例外，任何实例都不例外。

```
$('span').__proto__ === $.fn
```

同时，ajax()方法直接挂载在构造函数$上，它是一个静态属性方法。

请仔细体会 jQuery 的源码，其实"翻译"成 ES class 代码就很好理解了（不完全对等）。

```
class $ {
  static ajax() {
    // ...
```

```
    }

    constructor(selector, context) {
      this.selector = selector
      this.context = context

      // ...
    }

    addClass() {
      // ...
    }
}
```

这个应用虽然并不复杂，但还是很微妙地表现出了面向对象的设计之精妙。

类继承和原型继承的区别

前面我们已经了解了 JavaScript 中的原型继承，那么它和传统面向对象语言的类继承有什么不同呢？传统面向对象语言的类继承会引发一些问题，具体如下。

- 单一继承问题。

- 紧耦合问题。

- 脆弱基类问题。

- 层级僵化问题。

- 必然重复性问题。

- "大猩猩-香蕉" 问题。

基于上述理论，我借用 Eric Elliott 的著名文章 *Difference between class prototypal inheritance* 来说明类继承和原型继承的优劣，先来看图 20-1。

通过图 20-1 可以看出一些问题，对于类 8，它只想继承五边形的属性，却继承了链上其他并不需要的属性，比如五角星、正方形属性。这就是 "大猩猩-香蕉" 问题：我只想要一个香蕉，但是你给了我整个森林。对于类 9，对比其父类，只需要把五角星属性修改成四角星，但是五角星继承自基类 1，如果要修改，就会影响整个继承树，这体现了脆弱基类、层级僵化问题。好吧，如果不修改，就需要给类 9 新建一个具有四角星属性的基类，这便是必然重复性问题。

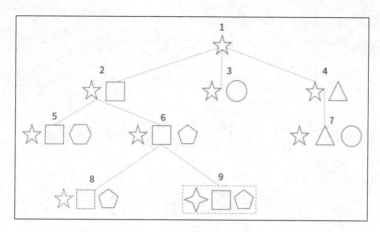

图 20-1

那么基于原型的继承如何解决上述问题呢？思路如图 20-2 所示。

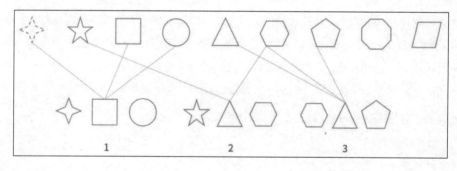

图 20-2

采用原型继承，其实本质是进行对象组合，可以避免复杂纵深的层级关系。当类 1 需要四角星属性的时候，只需要组合新属性即可，不会影响到其他类。

总结

面向对象是一个永远说不完的话题，更是一个永远不会过时的话题，具备良好的面向对象架构能力，对于开发者来说至关重要。同时，由于 JavaScript 面向对象的特殊性，使它区别于其他语言，显得"与众不同"。我们在了解 JavaScript 原型、原型链知识的前提下，对比其他编程语言的思想进行学习，就变得非常重要和有意义了。

21

利用 JavaScript 实现经典数据结构

前面几篇从编程思维的角度分析了软件设计哲学。从本篇开始，我们将深入数据结构这个话题。

数据结构是计算机中组织和存储数据的特定方式，借助数据结构能方便且高效地对数据进行访问和修改。数据结构体现了数据之间的关系，以及操作数据的一系列方法。数据是程序的基本单元，因此无论哪种语言、哪种领域，都离不开数据结构。另一方面，数据结构是算法的基础，其本身也包含了算法的部分内容。也就是说，想要掌握算法，有一个坚实的数据结构基础是必要条件。

本篇，我们将用 JavaScript 实现几个常见的数据结构。

数据结构简介

我通常将数据结构分为八大类。

- 数组：Array。

- 堆栈：Stack。

- 队列：Queue。

- 链表：Linked List。

- 树：Tree。

- 图：Graph。

- 字典树：Trie。

- 散列表（哈希表）：Hash Table。

各类数据结构之间的关系大概如下。

- 堆栈和队列是类似数组的结构，非常多的初级题目要求用数组实现堆栈和队列，它们在插入和删除的方式上和数组有所差异，但是实现还是非常简单的。

- 链表、树和图这些数据结构的特点是，其节点需要引用其他节点，因此在增/删时，需要注意对相关前驱和后继节点的影响。

- 可以从堆栈和队列出发，构建出链表。

- 树和图最为复杂，但它们本质上扩展了链表的概念。

- 散列表的关键是理解散列函数，明白依赖散列函数实现保存和定位数据的过程。

- 直观上认为，链表适合记录和存储数据，散列表和字典树在检索数据及搜索方面有更广阔的应用场景。

以上这些"直观感性"的认知并不是"恒等式"，我们将在下面的学习中去印证这些认知，在接下来的两篇中，你将会看到熟悉的 React、Vue.js 框架的部分实现，以及典型的算法应用场景，也请你做好相关基础知识的储备。

堆栈和队列

堆栈和队列是一种操作受限的线性结构，它们非常简单，虽然 JavaScript 并没有原生内置这样的数据结构，但我们可以使用数组轻松地将它们模拟出来。

堆栈的实现：后进先出 LIFO（Last In、First Out），代码如下。

```javascript
class Stack {
  constructor(...args) {
    // 使用数组进行模拟
    this.stack = [...args]
  }

  push(...items) {
    // 入栈
    return this.stack.push(... items)
  }

  pop() {
```

```
    // 出栈，从数组尾部弹出一项
  return this.stack.pop()
}

peek() {
  return this.isEmpty()
    ? undefined
    : this.stack[this.size() - 1]
}

isEmpty() {
  return this.size() == 0
}

size() {
  return this.stack.length
}
}
```

队列的实现：先进先出 FIFO（First In、First Out），根据上面的代码"照葫芦画瓢"，如下。

```
class Queue {
  constructor(...args) {
      // 使用数组进行模拟
    this.queue = [...args]
  }

  enqueue(...items) {
    // 入队
    return this.queue.push(... items)
  }

  dequeue() {
    // 出队
    return this.queue.shift()
  }

  front() {
    return this.isEmpty()
      ? undefined
      : this.queue[0]
  }

  back() {
    return this.isEmpty()
      ? undefined
      : this.queue[this.size() - 1]
  }
```

```
isEmpty() {
  return this.size() == 0
}

size() {
  return this.queue.length
}
}
```

我们可以看到，不管是堆栈还是队列，都是用数组进行模拟实现的。数组是最基本的数据结构，它的价值是惊人的。

链表（单向链表和双向链表）

链表和数组一样，也按照一定的顺序存储元素，不同的地方在于，链表不能像数组一样通过下标被访问，而是要通过"指针"指向下一个元素。我们可以直观地得出结论：链表不需要一段连续的存储空间，"指向下一个元素"的方式能够更大限度地利用内存。

根据上述内容，我们可以总结出链表的优点。

- 链表的插入和删除操作的时间复杂度是常数级的，我们只需要改变相关节点的指针指向即可。

- 链表可以像数组一样顺序被访问，查找元素的时间复杂度是线性变化的。

要想实现链表，我们需要先对链表进行分类，常见的有单向链表和双向链表。

- 单向链表：单向链表是维护一系列节点的数据结构，其特点是，每个节点中都包含数据，同时包含指向链表中下一个节点的指针。

- 双向链表：不同于单向链表，双向链表的特点是，每个节点分支除了包含数据，还包含分别指向其前驱和后继节点的指针。

首先，根据双向链表的特点，我们实现一个节点构造函数（节点类），代码如下。

```
class Node {
  constructor(data) {
    // data 为当前节点储存的数据
    this.data = data
    // next 指向下一个节点
    this.next = null
    // prev 指向前一个节点
    this.prev = null
```

```
    }
}
```

有了节点类，我们来初步实现双向链表类，代码如下。

```
class DoublyLinkedList {
    constructor() {
        // 双向链表开头
        this.head = null
        // 双向链表结尾
            this.tail = null
    }

    // ...
}
```

接下来，我们需要实现双向链表原型上的一些方法，这些方法包括以下几种。

1. add

在链表尾部添加一个新的节点，实现如下。

```
add(item) {
  // 实例化一个节点
  let node = new Node(item)

  // 如果当前链表还没有头节点
  if(!this.head) {
    this.head = node
    this.tail = node
  }

  // 如果当前链表已经有了头节点，只需要在尾部加上目标节点
  else {
    // 把当前的尾部节点作为新节点的 prev
    node.prev = this.tail
    // 把当前尾部节点的 next 设置为目标节点 node
    this.tail.next = node
    this.tail = node
  }
}
```

2. addAt

在链表指定位置添加一个新的节点，实现如下。

```
addAt(index, item) {
  let current = this.head

  // 维护查找时当前节点的索引
```

```
  let counter = 1
  let node = new Node(item)

  // 头部插入
  if (index === 0) {
    this.head.prev = node
    node.next = this.head
    this.head = node
  }

  // 非头部插入，需要从头开始，找寻插入位置
  else {
    while(current) {
      current = current.next
      if( counter === index) {
        node.prev = current.prev
        current.prev.next = node
        node.next = current
        current.prev = node
      }
      counter++
    }
  }
}
```

3. remove

删除链表中指定数据项对应的节点，实现如下。

```
remove(item) {
  let current = this.head

  while (current) {
    // 找到了目标节点
    if (current.data === item ) {
      // 链表中只有当前目标节点，即目标节点既是链表头又是链表尾
      if (current == this.head && current == this.tail) {
        this.head = null
        this.tail = null
      }
      // 目标节点为链表头
      else if (current == this.head ) {
        this.head = this.head.next
        this.head.prev = null
      }
      // 目标节点为链表尾
      else if (current == this.tail ) {
        this.tail = this.tail.prev;
        this.tail.next = null;
```

```
    }
    // 目标节点在链表头尾之间，位于中部
    else {
      current.prev.next = current.next;
      current.next.prev = current.prev;
    }
  }
  current = current.next
  }
}
```

4. removeAt

删除链表中指定位置的节点，实现如下。

```
removeAt(index) {
  // 从头开始遍历
  let current = this.head
  let counter = 1

  // 删除链表头
  if (index === 0 ) {
   this.head = this.head.next
   this.head.prev = null
  }
  else {
   while(current) {
    current = current.next
    // 删除链表尾
    if (current == this.tail) {
     this.tail = this.tail.prev
     this.tail.next = null
    }
    else if (counter === index) {
     current.prev.next = current.next
     current.next.prev = current.prev
     break
    }
    counter++
   }
  }
}
```

5. reverse

翻转链表，实现如下。

```
reverse() {
  let current = this.head
```

```
  let prev = null

  while (current) {
   let next = current.next

   // 前后倒置
   current.next = prev
   current.prev = next
   prev = current
   current = next
  }

  this.tail = this.head
  this.head = prev
}
```

6. swap

交换两个节点的数据，实现如下。

```
swap(index1, index2) {
 // 使 index1 始终小于 index2，方便后面查找交换
 if (index1 > index2) {
  return this.swap(index2, index1)
 }

 let current = this.head
 let counter = 0
 let firstNode

 while(current !== null) {
  // 找到第一个节点，先存起来
  if (counter === index1 ){
    firstNode = current
  }

  // 找到第二个节点，进行数据交换
  else if (counter === index2) {
   // ES 标准提供了更为简洁的交换数据的方式，这里我们用传统方式实现更为直观
   let temp = current.data
   current.data = firstNode.data
   firstNode.data = temp
  }

  current = current.next
  counter++
 }
 return true
}
```

7. isEmpty

查询链表是否为空，实现如下。

```
isEmpty() {
  return this.length() < 1
}
```

8. length

查询链表的长度，实现如下。

```
length() {
  let current = this.head
  let counter = 0
  // 完整遍历链表
  while(current !== null) {
    counter++
    current = current.next
  }
  return counter
}
```

9. traverse

遍历链表，实现如下。

```
traverse(fn) {
  let current = this.head

  while(current !== null) {
    // 执行遍历时回调
    fn(current)
    current = current.next
  }
  return true
}
```

如上面的代码所示，有了 length 方法的遍历实现，traverse 也就不难理解了，它接收一个遍历执行函数，在 while 循环中进行调用。

10. find

查找某个节点的索引，实现如下。

```
find(item) {
  let current = this.head
  let counter = 0
```

```
while( current ) {
  if( current.data == item ) {
    return counter
  }
  current = current.next
  counter++
}
return false
}
```

至此，我们就实现了所有双向链表的方法。双向链表的实现并不复杂，在编写代码的过程中，开发者要做到心中有"表"，考虑到当前节点的 next 和 prev 取值。

树

前端开发者应该对树这个数据结构丝毫不陌生，不同于之前介绍的所有数据结构，树是非线性的。树存储的数据之间有明确的层级关系，因此对于维护具有层级关系的数据，树是一个天然的良好选择。

事实上，树有很多种分类，但是它们都具有以下特性。

- 除了根节点，所有的节点都有一个父节点。
- 每个节点都可以有若干子节点，如果没有子节点，则称此节点为叶子节点。
- 一个节点所拥有的叶子节点的个数，称为该节点的度，因此叶子节点的度为 0。
- 所有节点的度中，最大的数值为整棵树的度。
- 树的最大层级称为树的深度。

二叉树算是最基本的树，因为它的结构最简单，每个节点最多包含两个子节点。二叉树非常有用，根据二叉树，我们可以延伸得到二叉搜索树（BST）、平衡二叉搜索树（AVL）、红黑树（R/B Tree）等。

这里我们对二叉搜索树展开分析，二叉搜索树具有以下特性。

- 左子树上所有节点的值均小于或等于根节点的值。
- 右子树上所有节点的值均大于或等于根节点的值。
- 左、右子树也分别为二叉搜索树。

根据其特性，我们实现二叉搜索树时应该先构造一个节点类，代码如下。

```
class Node {
 constructor(data) {
  this.left = null
  this.right = null
  this.value = data
 }
}
```

基于此，我们实现二叉搜索树的不同方法，具体如下。

1. insert

插入一个新节点，实现如下。

```
insert(value) {
  let newNode = new Node(value)
  // 判读是否为根节点
  if (!this.root) {
   this.root = newNode
  } else {
  // 不是根节点，则直接调用 this.insertNode 方法
   this.insertNode(this.root, newNode)
  }
}
```

2. insertNode

根据父节点，插入一个子节点，实现如下。

```
insertNode(root, newNode) {
 // 根据待插入节点的值的大小，递归调用 this.insertNode 方法
 if (newNode.value < root.value) {
  (!root.left) ? root.left = newNode : this.insertNode(root.left, newNode)
 } else {
  (!root.right) ? root.right = newNode : this.insertNode(root.right, newNode)
 }
}
```

理解上述两个方法是理解二叉搜索树的关键，如果你理解了这两个方法的实现，下面的其他方法也就"不在话下"了。

可以看到，insertNode 方法先比较目标父节点和插入子节点的值，如果插入子节点的值更小，则考虑放到父节点的左边，接着递归调用 this.insertNode(root.left, newNode)；如果插入子节点的值更大，则考虑放到父节点的右边，接着递归调用 this.insertNode(root.left, newNode)。insert 方法与 insertNode 方法相比只是多了一个构造 Node 节点实例的步骤，接下来要区分有无父节点的情况，调用

this.insertNode 方法。

3. removeNode

根据一个父节点，删除一个子节点，实现如下。

```
removeNode(root, value) {
    if (!root) {
      return null
    }
    if (value < root.value) {
      root.left = this.removeNode(root.left, value)
      return root
    } else if (value > root.value) {
      root.right = tis.removeNode(root.right, value)
      return root
    } else {
      // 找到了需要删除的节点
      // 如果当前 root 节点无左右子节点
      if (!root.left && !root.right) {
        root = null
        return root
      }
      // 只有左子节点
      if (root.left && !root.right) {
        root = root.left
        return root
      }
      // 只有右子节点
      else if (root.right) {
        root = root.right
        return root
      }
      // 有左右两个子节点
      let minRight = this.findMinNode(root.right)
      root.value = minRight.value
      root.right = this.removeNode(root.right, minRight.value)
      return root
    }
  }
}
```

4. remove

删除一个节点，实现如下。

```
remove(value) {
    if (this.root) {
      this.removeNode(this.root, value)
```

```
    }
}

// 找到值最小的节点
// 该方法不断递归，直到找到最左的叶子节点
findMinNode(root) {
    if (!root.left) {
      return root
    } else {
      return this.findMinNode(root.left)
    }
}
```

上述代码不难理解，唯一需要说明的是，当需要删除的节点含有左右两个子节点时，因为我们要把当前节点删除，因此需要找到合适的"补位"节点，这个"补位"节点一定在该目标节点的右子树当中，这样才能保证"补位"节点的值一定大于该目标节点左子树所有节点的值，而该目标节点的左子树不需要调整；同时，为了保证"补位"节点的值一定小于该目标节点右子树所有节点的值，要找的"补位"节点其实就是该目标节点的右子树当中值最小的那个节点。

5. search

查找节点，实现如下。

```
search(value) {
    if (!this.root) {
      return false
    }
    return Boolean(this.searchNode(this.root, value))
}
```

6. searchNode

根据一个父节点查找子节点，实现如下。

```
searchNode(root, value) {
    if (!root) {
      return null
    }

    if (value < root.value) {
      return this.searchNode(root.left, value)
    } else if (value > root.value) {
      return this.searchNode(root.right, value)
    }

    return root
}
```

7. preOrder

前序遍历，实现如下。

```
preOrder(root) {
  if (root) {
    console.log(root.value)
    this.preOrder(root.left)
    this.preOrder(root.right)
  }
}
```

8. InOrder

中序遍历，实现如下。

```
inOrder(root) {
  if (root) {
    this.inOrder(root.left)
    console.log(root.value)
    this.inOrder(root.right)
  }
}
```

9. PostOrder

后续遍历，实现如下。

```
postOrder(root) {
  if (root) {
    this.postOrder(root.left)
    this.postOrder(root.right)
    console.log(root.value)
  }
}
```

上述前、中、后序遍历的区别其实就在于 console.log(root.value)方法执行的位置不同。

图

图是由具有边的节点组合而成的数据结构，图可以是定向的，也可以是不定向的。图是应用最广泛的数据结构之一，真实场景中处处有图。图的几种基本元素如下。

- Node：节点。

- Edge：边。

- |V|：图中节点的总数。

- |E|：图中边的总数。

这里我们主要实现一个定向图 Graph 类，代码如下。

```
class Graph {
  constructor() {
    // 使用 Map 数据结构表述图中顶点的关系
    this.AdjList = new Map()
  }
}
```

先通过创建节点来创建一个图，如下。

```
let graph = new Graph();
graph.addVertex('A')
graph.addVertex('B')
graph.addVertex('C')
graph.addVertex('D')
```

下面我们来实现图中的各种常用方法。

1. addVertex

添加节点，实现如下。

```
addVertex(vertex) {
  if (!this.AdjList.has(vertex)) {
    this.AdjList.set(vertex, [])
  } else {
    throw 'vertex already exist!'
  }
}
```

这时候，A、B、C、D 节点都对应一个数组，如下。

```
'A' => [],
'B' => [],
'C' => [],
'D' => []
```

数组将用来存储边，预计得到如下关系。

```
Map {
  'A' => ['B', 'C', 'D'],
  'B' => [],
  'C' => ['B'],
  'D' => ['C']
}
```

根据以上描述，其实已经可以把图画出来了。

2. addEdge

添加边，实现如下。

```
addEdge(vertex, node) {
  if (this.AdjList.has(vertex)) {
    if (this.AdjList.has(node)){
      let arr = this.AdjList.get(vertex)
      if (!arr.includes(node)){
        arr.push(node)
      }
    } else {
      throw 'Can't add non-existing vertex ->'${node}''
    }
  } else {
    throw 'You should add '${vertex}' first'
  }
}
```

3. print

打印图，实现如下。

```
print() {
  // 使用 for...of 遍历并打印 this.AdjList
  for (let [key, value] of this.AdjList) {
    console.log(key, value)
  }
}
```

剩下的内容就是遍历图了。遍历算法分为广度优先算法（BFS）和深度优先算法（DFS）。

BFS 的实现如下。

```
createVisitedObject() {
  let map = {}
  for (let key of this.AdjList.keys()) {
    arr[key] = false
  }
  return map
}

bfs (initialNode) {
  // 创建一个已访问节点的 map
  let visited = this.createVisitedObject()
  // 模拟一个队列
  let queue = []
```

```
// 第一个节点已访问
visited[initialNode] = true
// 第一个节点入队列
queue.push(initialNode)

while (queue.length) {
  let current = queue.shift()
  console.log(current)

  // 获得该节点与其他节点的关系
  let arr = this.AdjList.get(current)

  for (let elem of arr) {
    // 如果当前节点没有访问过
    if (!visited[elem]) {
      visited[elem] = true
      queue.push(elem)
    }
  }
}
```

如上面的代码所示，BFS 是一种利用队列实现的搜索算法。对于图来说，就是从起点出发，对于每次出队列的节点，都要遍历其四周的节点。因此，BFS 的实现步骤如下。

- 确定起始节点，并初始化一个空对象——visited。

- 初始化一个空数组，该数组将模拟一个队列。

- 将起始节点标记为已访问。

- 将起始节点放入队列。

- 循环直到队列为空。

DFS 的实现如下。

```
createVisitedObject() {
  let map = {}
  for (let key of this.AdjList.keys()) {
    arr[key] = false
  }
  return map
}
// 深度优先算法
dfs(initialNode) {
  let visited = this.createVisitedObject()
```

```
  this.dfsHelper(initialNode, visited)
}

dfsHelper(node, visited) {
  visited[node] = true
  console.log(node)

  let arr = this.AdjList.get(node)
  // 遍历节点调用 this.dfsHelper
  for (let elem of arr) {
    if (!visited[elem]) {
      this.dfsHelper(elem, visited)
    }
  }
}
}
```

如上面的代码所示，对于 DFS，我将它总结为"不撞南墙不回头"。从起点出发，先把一个方向的节点都遍历完才会改变方向。换成程序语言就是，DFS 是利用递归实现的搜索算法。因此，DFS 的实现过程如下。

- 确定起始节点，创建访问对象。

- 调用辅助函数递归起始节点。

BFS 的实现重点在于队列，而 DFS 的实现重点在于递归，这是它们的本质区别。

总结

本篇介绍了前端领域最为常用几种数据结构，事实上数据结构更重要的是应用，希望大家能够在需要的场景想到最为适合的数据结构来处理问题。大家务必要掌握好这些内容，接下来的几篇都会用到这些知识。随着需求复杂度的上升，前端工程师越来越离不开数据结构。是否能够掌握相关内容，将成为能否进阶的重要因素。

22

剖析前端数据结构的应用场景

上一篇介绍了通过 JavaScript 实现几种常见数据结构的方法。事实上，前端领域到处可见数据结构的应用场景，尤其随着需求复杂度的上升，前端工程师越来越离不开数据结构。React、Vue.js 这些设计精巧的框架，在线文档编辑系统、大型管理系统，甚至一个简单的检索需求，都离不开数据结构的支持。是否能够掌握这一难点内容，将是能否进阶的关键。

本篇将解析数据结构在前端领域的应用场景，以此来帮助大家加深理解，做到灵活应用。

堆栈和队列的应用

堆栈和队列的实际应用场景比比皆是，以下列出常见场景。

- 查看浏览器的历史记录，总是回退到"上一个"页面，该操作需要遵循堆栈的原则。

- 类似查看浏览器的历史记录，任何 Undo/Redo 都是一个堆栈的实现。

- 在代码中被广泛应用的递归调用栈，同样也是堆栈思想的体现，想想我们常说的"堆栈溢出"就是这个道理。

- 浏览器在抛出异常时，通常都会抛出调用堆栈的信息。

- 计算机科学领域的进制转换、括号匹配、栈混洗、表达式求值等，都是堆栈的应用。

- 我们常说的宏任务/微任务都遵循队列思想，不管是什么类型的任务，都是先进先执行的。

- 队列在后端也应用广泛，如消息队列、RabbitMQ、ActiveMQ 等。

另外，与性能话题相关，HTTP 1.1 中存在一个队头阻塞的问题，原因就在于队列这种数据结构的特点。具体来说，在 HTTP 1.1 中，每一个链接都默认是长链接，对于同一个 TCP 链接，HTTP 1.1 规定，服务器端的响应返回顺序需要遵循其接收响应的顺序。这样便会带来一个问题：如果第一个请求处理需要较长时间，响应较慢，这将"拖累"其他后续请求的响应，形成队头阻塞。

HTTP 2 采用了二进制分帧和多路复用等方法，使同域名下的通信都在同一个链接上完成，这个链接上的请求和响应可以并行执行，互不干扰。

在框架层面，堆栈和队列的应用更是比比皆是。比如 React 的 Context 特性，代码如下。

```
import React from "react";
const ContextValue = React.createContext();

export default function App() {
  return (
    <ContextValue.Provider value={1}>
     <ContextValue.Consumer>
       {(value1) => (
         <ContextValue.Provider value={2}>
           <ContextValue.Consumer>
             {(value2) => (
               <span>
                 {value1}-{value2}
               </span>
             )}
           </ContextValue.Consumer>
         </ContextValue.Provider>
       )}
     </ContextValue.Consumer>
    </ContextValue.Provider>
  );
}
```

对于以上代码，React 内部通过一个堆栈结构将 ContextValue.Provider 数据状态入栈，在后续阶段将这部分源码状态出栈，以供 ContextValue.Consumer 消费。

链表的应用

React 的核心算法 Fiber 的实现遵循链表原则。React 最早开始使用大名鼎鼎的 Stack Reconciler 调度算法，Stack Reconciler 调度算法最大的问题在于，它就像函数调用栈一样，递归且自顶向下进行 diff 和 render 相关操作，在执行的过程中，该调度算法始终会占据浏览器主线程。也就是说，在此期间用户交互所触发的布局行为、动画执行任务都不会立即得到响应，因此会影响用户体验。

因此，React Fiber 将渲染和更新过程进行了拆解，简单来说，就是每次检查虚拟 DOM 的一小部分，在检查间隙会检查"是否还有时间继续执行下一个虚拟 DOM 树上某个分支任务"，同时观察是否有优先级更高的任务需要响应。如果"没有时间执行下一个虚拟 DOM 树上的某个分支任务"，且有优先级更高的任务，React 就会让出主线程，直到主线程"不忙"时再继续执行任务。

React Fiber 的实现也很简单，它将 Stack Reconciler 过程分成块，一次执行一块，执行完一块需要将结果保存起来，根据是否还有空闲的响应时间（requestIdleCallback）来决定下一步策略。当所有的块都执行完毕，就进入提交阶段，这个阶段需要更新 DOM，是一口气完成的。

以上是比较主观的介绍，下面我们来看具体的实现。

为了达到"随意中断调用栈并手动操作调用栈"的目的，可通过 React Fiber 重新实现 React 组件堆栈调用，也就是说，一个 Fiber 就是一个虚拟堆栈帧，一个 Fiber 的结构大概如下。

```
function FiberNode(
  tag: WorkTag,
  pendingProps: mixed,
  key: null | string,
  mode: TypeOfMode,
) {
  // Instance
  // ...
  this.tag = tag;

  // Fiber
  this.return = null;
  this.child = null;
  this.sibling = null;
  this.index = 0;

  this.ref = null;

  this.pendingProps = pendingProps;
  this.memoizedProps = null;
  this.updateQueue = null;
  this.memoizedState = null;
  this.dependencies = null;

  // Effects
  // ...
  this.alternate = null;
}
```

事实上，Fiber 模式就是一个链表。React 也借此从依赖于内置堆栈的同步递归模型，变为具有链表和指针的异步模型。

具体的渲染过程如下。

```
function renderNode(node) {
  // 判断是否需要渲染该节点，如果 Props 发生变化，则调用 render
  if (node.memoizedProps !== node.pendingProps) {
    render(node)
  }

  // 是否有子节点，进行子节点渲染
  if (node.child !== null) {
    return node.child
  // 是否有兄弟节点，进行兄弟节点渲染
  } else if (node.sibling !== null){
    return node.sibling
  // 没有子节点和兄弟节点
  } else if (node.return !== null){
    return node.return
  } else {
    return null
  }
}

function workloop(root) {
  nextNode = root
  while (nextNode !== null && (no other high priority task)) {
    nextNode = renderNode(nextNode)
  }
}
```

注意，在 Workloop 当中，while 条件 nextNode !== null && (no other high priority task)是描述 Fiber 工作原理的关键伪代码。

在 Fiber 之前，React 递归遍历虚拟 DOM，在遍历过程中找到前后两个虚拟 DOM 的差异，并生成一个 Mutation。这种递归遍历有一个局限性，每次递归都会在堆栈中添加一个同步帧，因此无法将遍历过程拆分为粒度更小的工作单元，也就无法暂停组件更新并在未来的某个时间恢复更新。

那么，如何不通过递归的形式去实现遍历呢？基于链表的 Fiber 模型应运而生。最早的原始模型可以在 2016 年的 issue 中找到。另外，React 中的 Hooks 也是通过链表这个数据结构实现的。

树的应用

从应用上来看，前端开发离不开的 DOM 就是一个树数据结构。同理，不管是 React 还是 Vue.js 的虚拟 DOM 都是树。

常见的树有 React Element 树和 Fiber 树，React Element 树其实就是各级组件渲染的结果，调用 React.createElement 返回 React Element 节点的总和。每一个 React 组件，不管是 class 组件还是 functional 组件，调用一次 render 或执行一次 function，就会生成 React Element 节点。

React Element 树和 Fiber 树是在 Reconciler 过程中相互交替逐级构造的。这个生成过程采用了 DFS 算法，主要源码位于 ReactFiberWorkLoop.js 中。这里进行了简化，但依然可以清晰看到 DFS 过程。

```
function workLoopSync() {
  // 开始循环
  while (workInProgress !== null) {
    performUnitOfWork(workInProgress);
  }
}

function performUnitOfWork(unitOfWork: Fiber): void {
  const current = unitOfWork.alternate;
  let next;
  // beginWork 阶段，向下遍历子孙组件
  next = beginWork(current, unitOfWork, subtreeRenderLanes);
  if (next === null) {
    // completeUnitOfWork 是向上回溯树阶段
    completeUnitOfWork(unitOfWork);
  } else {
    workInProgress = next;
  }
}
```

另外，在 React 中，当 context 数据状态改变时，需要找出依赖该 context 数据状态的所有子节点，以进行状态变更和渲染。这个过程也是一个 DFS 过程，源码可以参考 ReactFiberNewContext.js。

回到树的应用这个话题，上一篇介绍了二叉搜索树，这里我们来介绍字典树及其应用场景。

字典树（Trie）是针对特定类型的搜索而优化的树数据结构。典型的例子是 AutoComplete（自动填充），它适合用于"通过部分值得到完整值"的场景。因此，字典树也是一种搜索树，我们有时候也称之为前缀树，因为任意一个节点的后代都存在共同的前缀。我们总结一下字典树的特点，如下。

- 字典树能做到高效查询和插入，时间复杂度为 $O(k)$，k 为字符串长度。

- 如果大量字符串没有共同前缀会很消耗内存，可以想象一下最极端的情况，所有单词都没有共同前缀时，这颗字典树会是什么样子的。字典树的核心是减少不必要的字符比较，即用空间换时间，再利用共同前缀来提高查询效率。

除了刚刚提到的 AutoComplete 自动填充，字典树还有很多其他应用场景。

- 搜索。

- 分类。

- IP 地址检索。

- 电话号码检索。

字典树的实现也不复杂，一步步来，首先实现一个字典树上的节点，如下。

```
class PrefixTreeNode {
  constructor(value) {
    // 存储子节点
    this.children = {}
    this.isEnd = null
    this.value = value
  }
}
```

一个字典树继承自 PrefixTreeNode 类，如下。

```
class PrefixTree extends PrefixTreeNode {
  constructor() {
    super(null)
  }
}
```

通过下面的方法，我们可以实现具体的字典树数据结构。

1. addWord

创建一个字典树节点，实现如下。

```
addWord(str) {
    const addWordHelper = (node, str) => {
        // 当前节点不含以 str 开头的目标
        if (!node.children[str[0]]) {
            // 以 str 开头，创建一个 PrefixTreeNode 实例
            node.children[str[0]] = new PrefixTreeNode(str[0])
            if (str.length === 1) {
                node.children[str[0]].isEnd = true
            }
```

```
        else if (str.length > 1) {
            addWordHelper(node.children[str[0]], str.slice(1))
        }
    }
}

addWordHelper(this, str)
}
```

2. predictWord

给定一个字符串，返回字典树中以该字符串开头的所有单词，实现如下。

```
predictWord(str) {
    let getRemainingTree = function(str, tree) {
      let node = tree
      while (str) {
        node = node.children[str[0]]
        str = str.substr(1)
      }
      return node
    }
    // 该数组维护所有以 str 开头的单词
    let allWords = []

    let allWordsHelper = function(stringSoFar, tree) {
      for (let k in tree.children) {
        const child = tree.children[k]
        let newString = stringSoFar + child.value
        if (child.endWord) {
          allWords.push(newString)
        }
        allWordsHelper(newString, child)
      }
    }

    let remainingTree = getRemainingTree(str, this)

    if (remainingTree) {
      allWordsHelper(str, remainingTree)
    }

    return allWords
}
```

总结

　　本篇针对上一篇中的经典数据结构，结合前端应用场景进行了分析。能够看到，无论是框架还是业务代码，都离不开数据结构的支持。数据结构也是计算机编程领域中一个最基础、最重要的概念，它既是重点，也是难点。说到底，数据结构的真正意义在于应用，大家要善于在实际的应用场景中去加深对它的理解。

第四部分

在这一部分中，我会一步一步带领大家从 0 到 1 实现一个完整的应用项目或公共库。这些工程实践并不是社区上泛滥的 Todo MVC，而是代表先进设计理念的现代化工程架构项目（比如设计实现前端+移动端离线包方案）。同时在这一部分中，我也会对编译和构建、部署和发布这些热门话题进行重点介绍。

前端架构设计实战

23

npm scripts：打造一体化构建和部署流程

一个顺畅的基建流程离不开 npm scripts。npm scripts 能将工程化的各个环节串联起来，相信任何一个现代化的项目都有自己的 npm scripts 设计。那么，作为架构师或资深开发者，我们如何设计并实现项目配套的 npm scripts 呢？我们如何对 npm scripts 进行封装抽象使其可以被复用并实现基建统一呢？

本篇就围绕如何使用 npm scripts 打造一体化的构建和部署流程展开。

npm scripts 是什么

我们先来系统地了解一下 npm scripts。设计之初，npm 创造者允许开发者在 package.json 文件中通过 scripts 字段来自定义项目脚本。比如我们可以在 package.json 文件中如下使用相关 scripts。

```
{
  // ...
  "scripts": {
    "build": "node build.js",
    "dev": "node dev.js",
    "test": "node test.js",
  }
  // ...
}
```

对应上述代码，我们在项目中可以使用命令行执行相关的脚本。

- $ npm run build。

- $ npm run dev。

- $ npm run test。

其中 build.js、dev.js、test.js 三个 Node.js 模块分别对应上面三个命令行。这样的设计可以方便我们统计和集中维护与项目工程化或基建相关的所有脚本/命令，也可以利用 npm 的很多辅助功能，例如下面几个。

- 使用 npm 钩子，比如 pre、post，对应 npm run build 的钩子命令是 prebuild 和 postbuild。

- 开发者使用 npm run build 时，会默认先执行 npm run prebuild 再执行 npm run build，最后执行 npm run postbuild，对此我们可以自定义相关命令逻辑，代码如下。

```
{
  // ...
  "scripts": {
    "prebuild": "node prebuild.js",
    "build": "node build.js",
    "postbuild": "node postbuild.js",
  }
  // ...
}
```

- 使用 npm 的环境变量 process.env.npm_lifecycle_event，通过 process.env.npm_lifecycle_event 在相关 npm scripts 脚本中获得当前运行脚本的名称。

- 使用 npm 提供的 npm_package_ 能力获取 package.json 文件中的相关字段值，示例如下。

```
// 获取 package.json 文件中的 name 字段值
console.log(process.env.npm_package_name)

// 获取 package.json 文件中的 version 字段值
console.log(process.env.npm_package_version)
```

更多 npm scripts 的"黑魔法"，我们不再一一列举了。

npm scripts 原理

其实，npm scripts 的原理比较简单，来执行 npm scripts 的核心奥秘就在于 npm run。npm run 会自动创建一个 Shell 脚本（实际使用的 Shell 脚本根据系统平台差异而有所不同，在类 UNIX 系统里使用的是/bin/sh，在 Windows 系统里使用的是 cmd.exe），npm scripts 脚本就在这个新创建的 Shell 脚本中运行。这样一来，我们可以得出以下几个关键结论。

- 只要是 Shell 脚本可以运行的命令，都可以作为 npm scripts 脚本。

- npm 脚本的退出码也遵守 Shell 脚本规则。

- 如果系统里安装了 Python，可以将 Python 脚本作为 npm scripts。

- npm scripts 脚本可以使用 Shell 通配符等常规能力，示例如下。其中*表示任意文件名，**表示任意一层子目录，执行 npm run lint 后就可以对当前目录下任意一层子目录的.js 文件进行 Lint 审查。

```
{
  // ...
  "scripts": {
    "lint": "eslint **/*.js",
  }
  // ...
}
```

另外，请大家思考：通过 npm run 创建出来的 Shell 脚本有什么特别之处呢？

我们知道，node_modules/.bin 子目录中的所有脚本都可以直接以脚本名的形式被调用，而不必写出完整路径，示例如下。

```
{
  // ...
  "scripts": {
    "build": "webpack",
  }
  // ...
}
```

在 package.json 文件中直接写脚本名 webpack 即可，而不需要写成下面这样。

```
{
  // ...
  "scripts": {
    "build": "./node_modules/.bin/webpack",
  }
  // ...
}
```

实际上，npm run 创建出来的 Shell 需要将当前目录下的 node_modules/.bin 子目录加入 PATH 变量中，在 npm scripts 执行完成后再将 PATH 变量恢复。

npm scripts 使用技巧

这里我们简单介绍两个常见场景，以此说明 npm scripts 的关键使用技巧。

1. 传递参数

任何命令脚本都需要进行参数传递。在 npm scripts 中，可以使用 -- 标记参数。

```
$ webpack --profile --json > stats.json
```

另外一种传递参数的方式是借助 package.json 文件，示例如下。

```
{
  // ...
 "scripts": {
  "build": "webpack --profile --json > stats.json",
 }
 // ...
}
```

2. 串行/并行执行脚本

在一个项目中，任意 npm scripts 之间可能都会有依赖关系，我们可以通过&&符号来串行执行脚本，示例如下。

```
$ npm run pre.js && npm run post.js
```

如果需要并行执行脚本，可以使用&符号，示例如下。

```
$ npm run scriptA.js & npm run scriptB.js
```

这两种执行方式其实是 Bash 能力的体现，社区里也封装了很多串行/并行执行脚本的公共包供开发者选用，比如 npm-run-all 就是一个常用的例子。

最后，特别强调两点 npm scripts 的注意事项。

首先，npm scripts 可以和 git-hooks 工具结合，为项目提供更顺畅的体验。比如，pre-commit、husky、lint-staged 这类工具支持 Git Hooks，在必要的 Git 操作节点执行 npm scripts。

同时需要注意的是，我们编写的 npm scripts 应该考虑不同操作系统的兼容性问题，因为 npm scripts 理论上在任何系统中都可用。社区提供了很多跨平台方案，比如 run-script-os 允许我们针对不同平台进行不同脚本定制，示例如下。

```
{
 // ...
 "scripts": {
```

```
  // ...
  "test": "run-script-os",
  "test:win32": "echo 'del whatever you want in Windows 32/64'",
  "test:darwin:linux": "echo 'You can combine OS tags and rm all the things!'",
  "test:default": "echo 'This will run on any platform that does not have its own script'"
  // ...
},
  // ...
}
```

接下来我们从一个实例出发，打造一个 lucas-scripts，实践 npm scripts，同时丰富我们的工程化经验。

打造一个 lucas-scripts

lucas-scripts 其实是我设计的一个 npm scripts 插件集合，基于 Monorepo 风格的项目，借助 npm 抽象 "自己常用的" npm scripts 脚本，以达到在多个项目中复用的目的。

其设计思想源于 Kent C.Dodds 的 Tools without config 思想。事实上，在 PayPal 公司内部有一个 paypal-scripts 插件库（未开源），参考 paypal-scripts 的设计思路，我有了设计 lucas-scripts 的想法。我们先从设计思想上分析，paypal-scripts 和 lucas-scripts 主要解决了哪类问题。

谈到前端开发，各种工具的配置着实令人头大，而对于一个企业级团队来说，维护统一的企业级工具的配置或设计，对工程效率的提升至关重要。这些工具包括但不限于以下几种。

- 测试工具。

- 客户端打包工具。

- Lint 工具。

- Babel 工具。

这些工具的背后往往是烦琐的配置，但这些配置却至关重要。比如，Webpack 可以完成许多工作，但是它的配置却经常经不起推敲。

在此背景下，lucas-scripts 负责维护和掌管工程基建中的种种工具及方案，同时它的使命不仅仅是服务 Bootstrap 一个项目，而是长期维护基建方案，可以随时升级，随时插拔。

这很类似于我们熟悉的 create-react-app。create-react-app 可以帮助 React 开发者迅速启动一个项目，它以黑盒方式维护了 Webpack 构建、Jest 测试等能力。开发者只需要使用 react-scripts 就能满足构建和测试需求，专注业务开发。lucas-scripts 的理念相同：开发者只要使用 lucas-scripts 就可以使用各种开箱即用的 npm scripts 插件，npm scripts 插件提供基础工具的配置和方案设计。

但需要注意的是，create-react-app 官方并不允许开发者自定义工具配置，而使用 lucas-scripts 理应获得更灵活的配置能力。那么，如何能让开发者自定义配置呢？在设计上，我们支持开发者在项目中添加.babelrc 配置文件或在项目的 package.json 文件中添加相应的 Babel 配置项，lucas-scripts 在运行时读取这些信息，并采用开发者自定义的配置即可。

比如，我们支持在项目中通过 package.json 文件来进行配置，代码如下。

```
{
  "babel": {
    "presets": ["lucas-scripts/babel"],
    "plugins": ["glamorous-displayname"]
  }
}
```

上述代码支持开发者使用 lucas-scripts 定义的 Babel 预设，以及名为 glamorous-displayname 的 Babel 插件。

下面，我们就以 lucas-scripts 中封装的 Babel 配置项为例，进行详细讲解。

lucas-scripts 提供了一套默认的 Babel 设计方案，具体代码如下。

```
// 使用名为browserslist 的包进行降级目标设置
const browserslist = require('browserslist')
const semver = require('semver')

// 几个工具包，这里不再一一展开
const {
  ifDep,
  ifAnyDep,
  ifTypescript,
  parseEnv,
  appDirectory,
  pkg,
} = require('../utils')

// 获取环境变量
const {BABEL_ENV, NODE_ENV, BUILD_FORMAT} = process.env
// 对几个关键变量的判断
const isTest = (BABEL_ENV || NODE_ENV) === 'test'
const isPreact = parseEnv('BUILD_PREACT', false)
const isRollup = parseEnv('BUILD_ROLLUP', false)
const isUMD = BUILD_FORMAT === 'umd'
const isCJS = BUILD_FORMAT === 'cjs'
```

```
const isWebpack = parseEnv('BUILD_WEBPACK', false)
const isMinify = parseEnv('BUILD_MINIFY', false)
const treeshake = parseEnv('BUILD_TREESHAKE', isRollup || isWebpack)
const alias = parseEnv('BUILD_ALIAS', isPreact ? {react: 'preact'} : null)

// 是否使用@babel/runtime
const hasBabelRuntimeDep = Boolean(
  pkg.dependencies && pkg.dependencies['@babel/runtime'],
)

const RUNTIME_HELPERS_WARN =
  'You should add @babel/runtime as dependency to your package. It will allow reusing "babel
helpers" from node_modules rather than bundling their copies into your files.'

// 强制使用@babel/runtime，以降低编译后的代码体积等
if (!treeshake && !hasBabelRuntimeDep && !isTest) {
  throw new Error(RUNTIME_HELPERS_WARN)
} else if (treeshake && !isUMD && !hasBabelRuntimeDep) {
  console.warn(RUNTIME_HELPERS_WARN)
}

// 获取用户的 Browserslist 配置，默认进行 IE 10 和 iOS 7 配置
const browsersConfig = browserslist.loadConfig({path: appDirectory}) || [
  'ie 10',
  'ios 7',
]

// 获取 envTargets
const envTargets = isTest
  ? {node: 'current'}
  : isWebpack || isRollup
  ? {browsers: browsersConfig}
  : {node: getNodeVersion(pkg)}

// @babel/preset-env 配置，默认使用以下配置项
const envOptions = {modules: false, loose: true, targets: envTargets}

// Babel 默认方案
module.exports = () => ({
  presets: [
    [require.resolve('@babel/preset-env'), envOptions],
    // 如果存在 react 或 preact 依赖项，则补充@babel/preset-react
    ifAnyDep(
      ['react', 'preact'],
      [
        require.resolve('@babel/preset-react'),
        {pragma: isPreact ? ifDep('react', 'React.h', 'h') : undefined},
      ],
```

```
    ),
    // 如果使用 Typescript, 则补充@babel/preset-typescript
    ifTypescript([require.resolve('@babel/preset-typescript')]),
  ].filter(Boolean),
  plugins: [
    [
      // 强制使用@babel/plugin-transform-runtime
      require.resolve('@babel/plugin-transform-runtime'),
      {useESModules: treeshake && !isCJS},
    ],
    // 使用 babel-plugin-macros
    require.resolve('babel-plugin-macros'),
    // 别名配置
    alias
      ? [
          require.resolve('babel-plugin-module-resolver'),
          {root: ['./src'], alias},
        ]
      : null,
    // 是否编译为 UMD 规范代码
    isUMD
      ? require.resolve('babel-plugin-transform-inline-environment-variables')
      : null,
    // 强制使用@babel/plugin-proposal-class-properties
    [require.resolve('@babel/plugin-proposal-class-properties'), {loose: true}],
    // 是否进行压缩
    isMinify
      ? require.resolve('babel-plugin-minify-dead-code-elimination')
      : null,
    treeshake
      ? null
      : require.resolve('@babel/plugin-transform-modules-commonjs'),
  ].filter(Boolean),
})


// 获取 Node.js 版本
function getNodeVersion({engines: {node: nodeVersion = '10.13'} = {}}) {
  const oldestVersion = semver
    .validRange(nodeVersion)
    .replace(/[>=<|]/g, ' ')
    .split(' ')
    .filter(Boolean)
    .sort(semver.compare)[0]
  if (!oldestVersion) {
    throw new Error(
      'Unable to determine the oldest version in the range in your package.json at
engines.node: "${nodeVersion}". Please attempt to make it less ambiguous.',
    )
```

```
  }
  return oldestVersion
}
```

通过上面的代码，我们在 Babel 方案中强制使用了一些最佳实践，比如使用了特定的通过 loose、moudles 设置的 @babel/preset-env 配置项，使用了 @babel/plugin-transform-runtime，还使用了 @babel/plugin-proposal-class-properties。

了解了 Babel 设计方案，我们在使用 lucas-scripts 时是如何调用该设计方案并执行 Babel 编译的呢？来看相关源码，如下。

```
const path = require('path')
// 支持使用 DEFAULT_EXTENSIONS
const {DEFAULT_EXTENSIONS} = require('@babel/core')
const spawn = require('cross-spawn')
const yargsParser = require('yargs-parser')
const rimraf = require('rimraf')
const glob = require('glob')

// 工具方法
const {
  hasPkgProp,
  fromRoot,
  resolveBin,
  hasFile,
  hasTypescript,
  generateTypeDefs,
} = require('../../utils')

let args = process.argv.slice(2)
const here = p => path.join(__dirname, p)
// 解析命令行参数
const parsedArgs = yargsParser(args)

// 是否使用 lucas-scripts 提供的默认 Babel 方案
const useBuiltinConfig =
  !args.includes('--presets') &&
  !hasFile('.babelrc') &&
  !hasFile('.babelrc.js') &&
  !hasFile('babel.config.js') &&
  !hasPkgProp('babel')

// 使用 lucas-scripts 提供的默认 Babel 方案，读取相关配置
const config = useBuiltinConfig
  ? ['--presets', here('../../config/babelrc.js')]
  : []
```

```javascript
// 是否使用 babel-core 提供的 DEFAULT_EXTENSIONS 能力
const extensions =
  args.includes('--extensions') || args.includes('--x')
    ? []
    : ['--extensions', [...DEFAULT_EXTENSIONS, '.ts', '.tsx']]

// 忽略某些文件夹，不进行编译
const builtInIgnore = '**/__tests__/**,**/__mocks__/**'

const ignore = args.includes('--ignore') ? [] : ['--ignore', builtInIgnore]

// 是否复制文件
const copyFiles = args.includes('--no-copy-files') ? [] : ['--copy-files']

// 是否使用特定的 output 文件夹
const useSpecifiedOutDir = args.includes('--out-dir')
// 默认的 output 文件夹名为 dist
const builtInOutDir = 'dist'
const outDir = useSpecifiedOutDir ? [] : ['--out-dir', builtInOutDir]
const noTypeDefinitions = args.includes('--no-ts-defs')

// 编译开始前，是否先清理 output 文件夹
if (!useSpecifiedOutDir && !args.includes('--no-clean')) {
  rimraf.sync(fromRoot('dist'))
} else {
  args = args.filter(a => a !== '--no-clean')
}

if (noTypeDefinitions) {
  args = args.filter(a => a !== '--no-ts-defs')
}

// 入口编译流程
function go() {
    // 使用 spawn.sync 方式，调用 @babel/cli
  let result = spawn.sync(
    resolveBin('@babel/cli', {executable: 'babel'}),
    [
      ...outDir,
      ...copyFiles,
      ...ignore,
      ...extensions,
      ...config,
      'src',
    ].concat(args),
    {stdio: 'inherit'},
  )
  // 如果 status 不为 0，返回编译状态
```

```
if (result.status !== 0) return result.status

const pathToOutDir = fromRoot(parsedArgs.outDir || builtInOutDir)

  // 使用 Typescript, 产出 type 类型
if (hasTypescript && !noTypeDefinitions) {
  console.log('Generating TypeScript definitions')
  result = generateTypeDefs(pathToOutDir)
  console.log('TypeScript definitions generated')
  if (result.status !== 0) return result.status
}

// 因为 Babel 目前仍然会复制不需要进行编译的文件, 所以我们要将这些文件手动进行清理
const ignoredPatterns = (parsedArgs.ignore || builtInIgnore)
  .split(',')
  .map(pattern => path.join(pathToOutDir, pattern))
const ignoredFiles = ignoredPatterns.reduce(
  (all, pattern) => [...all, ...glob.sync(pattern)],
  [],
)
ignoredFiles.forEach(ignoredFile => {
  rimraf.sync(ignoredFile)
})

return result.status
}

process.exit(go())
```

通过上面的代码，我们就可以将 lucas-scripts 的 Babel 方案融会贯通了。

总结

本篇先介绍了 npm scripts 的重要性，接着分析了 npm scripts 的原理。本篇后半部分从实践出发，分析了 lucas-scripts 的设计理念，以此进一步巩固了 npm scripts 相关知识。

说到底，npm scripts 就是一个 Shell 脚本，以前端开发者所熟悉的 Node.js 来实现 npm scripts 还不够，事实上，npm scripts 的背后是对一整套工程化体系的总结，比如我们需要通过 npm scripts 来抽象 Babel 方案、Rollup 方案等。相信通过本篇的学习，你会有所收获。

24

自动化代码检查：剖析 Lint 工具

不管是团队扩张还是业务发展，这些都会导致项目代码量呈爆炸式增长。为了避免"野蛮生长"现象，我们需要一个良好的技术选型和成熟的架构做支撑，也需要团队中的每一个开发者都能用心维护项目。在此方向上，除了进行人工代码审核，还需要借助一些自动化 Lint 工具的力量。

作为一名前端工程师，在使用自动化工具的基础上，如何尽可能发挥其能量？在必要的情况下，如何开发适合自己团队需求的工具？本篇将围绕这些问题展开。

自动化 Lint 工具

现代前端开发"武器"基本都已经实现了自动化。不同工具的功能不同，我们的目标是合理结合各种工具，打造一条完善的自动化流水线，以高效率、低投入的方式为代码质量提供有效保障。

Prettier

首先从 Prettier 说起，英文单词 prettier 是 pretty 的比较级，pretty 译为"漂亮、美化"。顾名思义，Prettier 这个工具能够美化代码，或者说格式化、规范化代码，使代码更加工整。它一般不会检查代码的具体写法，而是在"可读性"上做文章。Prettier 目前支持包括 JavaScript、JSX、Angular、Vue.js、Flow、TypeScript、CSS（Less、SCSS）、JSON 等多种语言、框架数据交换格式、语法规范扩展。

总体来说，Prettier 能够将原始代码风格移除，并替换为团队统一配置的代码风格。可以说，几乎所有团队都在使用这款工具，这里我们简单分析一下使用它的原因。

- 构建并统一代码风格。

- 帮助团队新成员快速融入团队。

- 开发者可以完全聚焦业务开发，不必在代码整理上花费过多心思。

- 方便，低成本灵活接入，快速发挥作用。

- 清理并规范已有代码。

- 减少潜在 Bug。

- 已获得社区的巨大支持。

当然，Prettier 也可以与编辑器结合，在开发者保存代码后立即进行美化，也可以集成到 CI 环境或者 Git 的 pre-commit 阶段来执行。

在 package.json 文件中配置如下内容。

```
{
  "husky": {
    "hooks": {
      "pre-commit": "pretty-quick --staged"
    }
  }
}
```

分析上述代码：在 husky 中定义 pre-commit 阶段，对变化的文件运行 Prettier，--staged 参数表示只对 staged 文件代码进行美化。

这里我们使用了官方推荐的 pretty-quick 来实现 pre-commit 阶段的代码美化。这只是实现方式之一，还可以通过 lint-staged 来实现，我们会在下面 ESLint 和 husky 部分介绍。

通过上述示例可以看出，Prettier 确实很灵活，且自动化程度很高，接入项目也十分方便。

ESLint

下面来看一下以 ESLint 为代表的 Linter（代码风格检查工具）。Code Linting 表示静态分析代码原理，找出代码反模式的过程。多数编程语言都有 Linter，它们往往被集成在编译阶段，完成 Code Linting 任务。

对于 JavaScript 这种动态、宽松类型的语言来说，开发者更容易在编程中犯错。JavaScript 不具备先天编译流程，往往会在运行时暴露错误，而 ESLint 的出现，允许开发者在执行前发现代码中错误或不合理的写法。ESLint 最重要的几点设计思想如下。

- 所有规则都插件化。

- 所有规则都可插拔（随时开关）。

- 所有设计都透明化。

- 使用 Espree 进行 JavaScript 解析。

- 使用 AST 分析语法。

想要顺利执行 ESLint，还需要安装并应用规则插件。具体做法是，在根目录中打开.eslintrc 配置文件，在该文件中加入以下内容。

```
{
  "rules": {
    "semi": ["error", "always"],
    "quote": ["error", "double"]
  }
}
```

semi、quote 就是 ESLint 规则的名称，其值对应的数组第一项可以为 off/0、warn/1、error/2，分别表示关闭规则、以 warning 形式打开规则、以 error 形式打开规则。

同样地，我们还会在.eslintrc 文件中发现"extends": "eslint:recommended"，该语句表示 ESLint 默认的规则都将被打开。当然，我们也可以选取其他规则集合，比较出名的有 Google JavaScript Style Guide、Airbnb JavaScript Style Guide。

继续拆分.eslintrc 配置文件，它主要由六个字段组成。

- env：指定想启用的环境。

- extends：指定额外配置的选项，如['airbnb']表示使用 Airbnb 的 Code Linting 规则。

- plugins：设置规则插件。

- parser：默认情况下，ESLint 使用 Espree 进行解析。

- parserOptions：如果要修改默认解析器，需要设置 parserOptions。

- rules：定义拓展的、通过插件添加的所有规则。

注意，上述.eslintrc 配置文件采用了.eslintrc.js 文件格式，还可以采用.yaml、.json、.yml 等文件格式。如果项目中含有多种格式的配置文件，优先级顺序如下。

- .eslintrc.js。

- .eslintrc.yaml。

- .eslintrc.yml。

- .eslintrc.json。

最终，我们在 package.json 文件中添加 scripts。

```
"scripts": {
    "lint": "eslint --debug src/",
    "lint:write": "eslint --debug src/ --fix"
},
```

对上述 npm scripts 进行分析，如下。

- lint 命令将遍历所有文件，并为每个存在错误的文件提供详细日志，但需要开发者手动打开这些文件并更正错误。

- lint:write 与 lint 命令类似，但这个命令可以自动更正错误。

Linter 和 Prettier

我们应该如何对比以 ESLint 为代表的 Linter 和 Prettier 呢，它们到底是什么关系？可以说，它们解决的问题不同，定位不同，但又相辅相成。

所有的 Linter（以 ESLint 为代表），其规则都可以划分为两类。

1. 格式化规则（Formatting Rules）

典型的"格式化规则"有 max-len、no-mixed-spaces-and-tabs、keyword-spacing、comma-style，它们"限制一行的最大长度""禁止使用空格和 Tab 混合缩进"等。事实上，即便开发者写出的代码违反了这类规则，只要在 Lint 阶段前经过 Prettier 处理也会被更正，不会抛出提醒，非常让人省心，这也是 Linter 和 Prettier 功能重叠的地方。

2. 代码质量规则（Code Quality Rules）

"代码质量规则"的具体示例如 prefer-promise-reject-errors、no-unused-vars、no-extra-bind、no-implicit-globals，它们限制"声明未使用变量""不必要的函数绑定"等代码书写规范。这个时候，Prettier 对这些规则无能为力，而这些规则对于代码质量和强健性至关重要，需要 Linter 来保障。

与 Prettier 相同，Linter 也可以将代码集成到编辑器或 Git pre-commit 阶段执行。前面已经演示了 Prettier 搭配 husky 使用的示例，下面我们来介绍一下 husky 到底是什么。

husky 和 lint-staged

其实，husky 就是 Git 的一个钩子，在 Git 进行到某一阶段时，可以将代码交给开发者完成某些特定的操作。比如每次提交（commit 阶段）或推送（push 阶段）代码时，就可以执行相关的 npm 脚本。需要注意的是，对整个项目代码进行检查会很慢，我们一般只想对修改的文件代码进行检查，此时就需要使用 lint-staged，示例如下。

```
"scripts": {
    "lint": "eslint --debug src/",
    "lint:write": "eslint --debug src/ --fix",
    "prettier": "prettier --write src/**/*.js"
},
"husky": {
    "hooks": {
        "pre-commit": "lint-staged"
    }
},
"lint-staged": {
    "*.(js|jsx)": ["npm run lint:write", "npm run prettier", "git add"]
},
```

上述代码表示在 pre-commit 阶段对以 js 或 jsx 为后缀且修改的文件执行 ESLint 和 Prettier 操作，之后再执行 git add 命令将代码添加到暂存区。

lucas-scripts 中的 Lint 配置最佳实践

结合上一篇的内容，我们可以扩充 lucas-scripts 项目中关于 Lint 工具的抽象设计。相关脚本如下。

```
const path = require('path')
const spawn = require('cross-spawn')
const yargsParser = require('yargs-parser')
const {hasPkgProp, resolveBin, hasFile, fromRoot} = require('../utils')

let args = process.argv.slice(2)
const here = p => path.join(__dirname, p)
const hereRelative = p => here(p).replace(process.cwd(), '.')
const parsedArgs = yargsParser(args)

// 是否使用默认 ESLint 配置
const useBuiltinConfig =
```

```javascript
  !args.includes('--config') &&
  !hasFile('.eslintrc') &&
  !hasFile('.eslintrc.js') &&
  !hasPkgProp('eslintConfig')

// 获取默认的 eslintrc.js 配置文件
const config = useBuiltinConfig
  ? ['--config', hereRelative('../config/eslintrc.js')]
  : []

const defaultExtensions = 'js,ts,tsx'
const ext = args.includes('--ext') ? [] : ['--ext', defaultExtensions]
const extensions = (parsedArgs.ext || defaultExtensions).split(',')

const useBuiltinIgnore =
  !args.includes('--ignore-path') &&
  !hasFile('.eslintignore') &&
  !hasPkgProp('eslintIgnore')

const ignore = useBuiltinIgnore
  ? ['--ignore-path', hereRelative('../config/eslintignore')]
  : []

// 是否使用--no-cache
const cache = args.includes('--no-cache')
  ? []
  : [
      '--cache',
      '--cache-location',
      fromRoot('node_modules/.cache/.eslintcache'),
    ]

const filesGiven = parsedArgs._.length > 0
const filesToApply = filesGiven ? [] : ['.']

if (filesGiven) {
  // 筛选出需要进行 Lint 操作的相关文件
  args = args.filter(
    a => !parsedArgs._.includes(a) || extensions.some(e => a.endsWith(e)),
  )
}

// 使用 spawn.sync 执行 ESLint 操作
const result = spawn.sync(
  resolveBin('eslint'),
  [...config, ...ext, ...ignore, ...cache, ...args, ...filesToApply],
  {stdio: 'inherit'},
)
```

```
process.exit(result.status)
```

npm scripts 的 eslintrc.js 文件就比较简单了，默认配置如下。

```
const {ifAnyDep} = require('../utils')

module.exports = {
  extends: [
    // 选用一种 ESLint 的规则即可
    require.resolve('XXXX'),
    // 对于 React 相关环境，选用一种 ESLint 的规则即可
    ifAnyDep('react', require.resolve('XXX')),
  ].filter(Boolean),
  rules: {},
}
```

上述代码中的规则配置可以采用自定义的 ESLint config 实现，也可以选用社区上流行的 config。具体流程和执行原理在上一篇中已经梳理过，此处不再展开。下面，我们从 AST 的层面深入 Lint 工具原理，并根据其扩展能力开发更加灵活的工具集。

工具背后的技术原理和设计

本节我们以复杂精妙的 ESLint 为例来分析。ESLint 是基于静态语法分析（AST）进行工作的，使用 Espree 来解析 JavaScript 语句，生成 AST。

有了完整的解析树，我们就可以基于解析树对代码进行检查和修改。ESLint 的灵魂是，每条规则都是独立且插件化的，我们挑一个比较简单的"禁止块级注释"规则的源码来分析。

```
module.exports = {
  meta: {
    docs: {
      description: '',
      category: 'Stylistic Issues',
      recommended: true
    }
  },
  create (context) {
    const sourceCode = context.getSourceCode()
    return {
      Program () {
        const comments = sourceCode.getAllComments()
        const blockComments = comments.filter(({ type }) => type === 'Block')
        blockComments.length && context.report({
```

```
        message: 'No block comments'
      })
    }
  }
}
```

从上述代码中可以看出，一条规则就是一个 Node.js 模块，它由 meta 和 create 组成。meta 包含了该规则的文档描述，相对简单。create 接收一个 context 参数，返回一个对象，代码如下。

```
{
  meta: {
    docs: {
      description: '禁止块级注释',
      category: 'Stylistic Issues',
      recommended: true
    }
  },
  create (context) {
    // ...
    return {

    }
  }
}
```

从 context 对象上可以取得当前执行的代码，并通过选择器获取当前需要的内容。

虽然 ESLint 背后的技术原理比较复杂，但是基于 AST 技术，它已经给开发者提供了较为成熟的 API。编写一条自己的代码检查规则并不是很难，只需要开发者找到相关的 AST 选择器。更多的选择器可以参考 Selectors - ESLint - Pluggable JavaScript linter，熟练掌握选择器将是我们开发插件扩展功能的关键。

当然，更多场景远不止这么简单，比如，多条规则是如何串联起来生效的？事实上，规则可以从多个源中定义，比如从代码的注释中，或者从配置文件中。

ESLint 首先收集到所有规则配置源，将所有规则归并之后，进行多重遍历：遍历由源码生成的 AST，将语法节点传入队列；之后遍历所有应用规则，采用事件发布订阅模式（类似 Webpack Tapable）为所有规则的选择器添加监听事件；在触发事件时执行代码检查，如果发现问题则将 report message 记录下来，这些记录下来的信息最后将被输出。

请你再思考，程序中免不了有各种条件语句、循环语句，因此代码的执行是非顺序的。相关规则，比如"检测定义但未使用变量""switch-case 中避免执行多条 case 语句"的实现，就涉及 ESLint

中更高级的 Code Path Analysis 等理念。ESLint 将 Code Path 抽象为 5 个事件。

- onCodePathStart。

- onCodePathEnd。

- onCodePathSegmentStart。

- onCodePathSegmentEnd。

- onCodePathSegmentLoop。

利用这五个事件，我们可以更加精确地控制检查范围和粒度。更多的 ESLint 规则实现可以参考源码。

这种优秀的插件扩展机制对于设计一个库，尤其是设计一个规范工具来说，是非常值得借鉴的。事实上，Prettier 也会在新的版本中引入插件机制，感兴趣的读者可以尝鲜。

总结

本篇深入工程化体系的重点细节——自动化代码检查，并反过来使用 lucas-scripts 实现了一套智能的 Lint 工具，建议结合上一篇的内容共同学习。

在代码规范化的道路上，只有你想不到的，没有你做不到的。简单的规范化工具用起来非常清爽，但是其背后的实现却蕴含了很深的设计哲理与技术细节，值得我们深入学习。同时，作为前端工程师，我们应该从平时开发的痛点和效率瓶颈入手，敢于尝试，不断探索。提高团队开发的自动化程度能减少不必要的麻烦。

25

前端+移动端离线包方案设计

NSR（Native Side Rendering，客户端离线包渲染）方案是前端和客户端配合的典型案例。在本篇中，我们将详细分析一个前端+移动端离线包方案的设计思路。

当然，设计离线包方案并不是终极目的，通过离线包方案的源起和落地，我们也会梳理整个 Hybrid 页面的相关优化方案。

从流程图分析 Hybrid 性能痛点

简单来说，离线包是解决性能问题、提升 Hybrid 页面可用性的重要方案。Hybrid 页面性能具有一定的特殊性，因为它是客户端和前端的衔接，因此性能较为复杂。我们从加载一个 Hybrid 页面的流程来分析，如图 25-1 所示。

参考图 25-1，在一个原生页面上点击按钮，打开一个 Hybrid 页面，首先经过原生页面路由识别到"正在访问一个 Hybrid 页面"，此时会启动一个 WebView 容器，接着进入一个正常的前端 CSR 渲染流程：首先请求并加载 HTML，接着以 HTML 为起点加载 JavaScript、CSS 等静态资源，并通过 JavaScript 发送数据请求，最终完成页面内容的渲染。

整个路径分成了两各阶段：客户端阶段、前端阶段。每个单一阶段都有多种优化方法，比如对于 WebView 容器的启动，客户端可以提前启动 WebView 容器池，这样在真正访问 Hybrid 页面时可以复用已储备好的 WebView 容器。再比如，前端渲染架构可以从 CSR 切换到 SSR，这样在一定程度上能保证首屏页面的直出，获得更好的 FMP、FCP 时间。

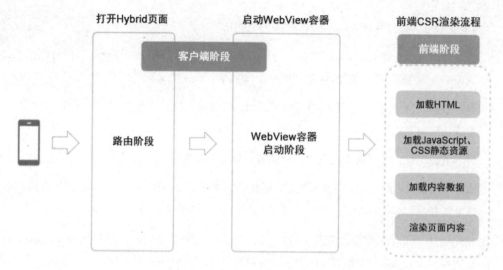

图 25-1

相应优化策略

我们结合图 25-2，简单总结一下上述流程中能够做到的优化策略。

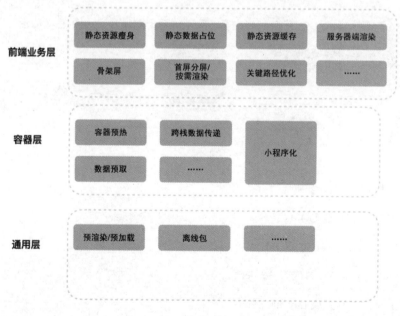

图 25-2

在前端业务层，我们可以从以下几个方向进行优化。

- 静态资源瘦身：将 JavaScript 和 CSS 等静态资源进行充分压缩，或实施合理的分割策略，有效地减少对于静态资源的网络请求时间、响应脚本解析时间等。

- 静态数据占位：使用静态数据预先填充页面，使得页面能够更迅速地呈现内容，并在数据请求成功后加载真实数据。

- 静态资源缓存：常用的工程手段，合理缓存静态资源可减少网络 I/O，提升性能。

- 服务器端渲染：即 SSR，前面提到过，SSR 可以直出带有数据的首屏页面，有效优化 FMP、FCP 等指标。

- 骨架屏：广义的骨架屏甚至包括 Loading Icon 在内，这其实是一种提升用户体验的关键手段。在内容渲染完成之前，我们可以加载一段表意内容的 Icon 或占位区块 placeholder，帮助用户缓解焦虑的心理，营造一种"页面加载渲染足够快"的感觉。

- 首屏分屏或按需渲染：这种手段和静态资源瘦身有一定关系。我们将非关键的内容延迟按需渲染，而不是在首次加载渲染时就一并完成，这样可以优先保证视口内的内容展现。

- 关键路径优化：关键路径优化，是指页面在渲染内容完成前必须先完成的步骤。对于关键路径的优化，其实前面几点已经涵盖了。

从 HTML、JavaScript、CSS 字节到将内容渲染至屏幕上的流程，如图 25-3 所示。

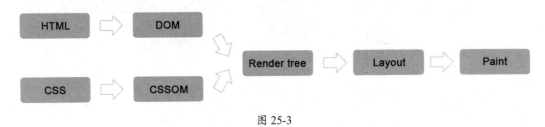

图 25-3

图 25-3 中涉及的主要步骤如下。

- 解析 HTML 并构建 DOM。

- 并行解析 CSS 并构建 CSSOM。

- 将 DOM 与 CSSOM 合成为 Render tree。

- 根据 Render tree 合成 Layout，完成绘制。

由上述流程可以总结出，优化关键为：减少关键资源的数量；缩小关键资源的体积；优化关键资源的加载顺序，充分并行化。

接下来我们再来看看客户端容器层的优化方案，大概如下。

- 容器预热。

- 数据预取。

- 跨栈数据传递。

- 小程序化。

其中，小程序化能够充分利用客户端开发的性能优势，但与主题不相关，我们暂且不讨论。容器预热和数据预取也是常规的优化手段，其本质都是"抢跑"。

离线包方案主要属于通用层优化策略，接下来我们进入离线包方案的设计环节。

离线包方案的设计流程

自从 UC 团队在 GMTC2019 全球大前端技术大会上提到 0.3s 的"闪开方案"以来，很多团队已经将离线包方案落地并将其发扬光大。事实上，该方案的提出可以追溯到更早的时候。其核心思路是：客户端提前下载好 HTML 模板，在用户交互时，由客户端完成数据请求并渲染 HTML，最终交给 WebView 容器加载。

换句话说，以离线包方案为代表的 NSR，就是客户端版本的 SSR。各个团队可能在实现思路的细节上有所不同，但主要流程大同小异，如图 25-4 所示。

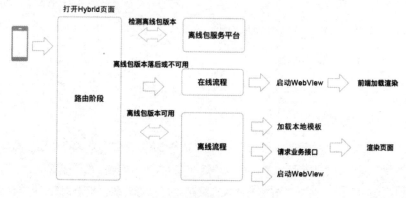

图 25-4

根据图 25-4，我们总结出离线包方案的基本实现流程，如下。

- 用户打开 Hybrid 页面。

- 在原生客户端路由阶段，判断离线包版本是否可用。

  ▪ 如果内置的离线包版本不可用或已经落后线上版本，则进入在线流程，即正常启动 WebView，由前端加载渲染页面。

  ▪ 如果内置的离线包版本可用，则进入离线流程。完成以下操作后，客户端将执行权和必要数据交给前端，由 WebView 完成页面的渲染。

    - 客户端并行加载本地模板。

    - 客户端并行请求业务接口。

    - 客户端启动 WebVeiw。

整个流程简单清晰，但有几个主要问题需要我们思考。

- 如何检测离线包版本，如何维护离线包？

- 如何生成离线包模板？

- 客户端如何"知道"页面需要请求哪些业务数据？

离线包服务平台

关于上述第一个问题——如何检测离线包版本，如何维护离线包？这是一个可大可小的话题。简单来说，可以由开发者手动打出离线包，并将其内置在应用包中，随着客户端发版进行更新。但是这样做的问题也非常明显。

- 更新周期太慢，需要和客户端发版绑定。

- 手动流程过多，不够自动化、工程化。

一个更合理的方式是实现"离线包平台"，该平台需要提供以下服务。

1. 提供离线包获取服务

获取离线包可以考虑主动模式和被动模式。被动模式下，需要开发者将构建好的离线包手动上传到离线包平台。主动模式则更为智能，可以绑定前端 CI/CD 流程，在每次发版上线时自动完成离线包构建，构建成功后由 CI/CD 环节主动请求离线包接口，将离线包推送到离线平台。

2. 提供离线包查询服务

提供一个 HTTP 服务，该服务用于离线包状态查询。比如，在每次启动应用时，客户端查询该服务，获取各个业务离线包的最新稳定版本，客户端以此判断是否可以应用本地离线包资源。

3. 提供离线包下发服务

提供一个 HTTP 服务，可以根据各个离线包版本的不同下发离线包，也可以将离线包内静态资源完全扁平化，进行增量下发。需要注意的是，扁平化增量下发可以较大限度地使用离线包资源。比如某次离线包版本构建过程中，v2 和 v1 两个版本比较可能会存在较多没有变化的静态资源，此时就可以复用已有的静态资源，减少带宽和存储压力。

整体的离线包服务平台可以抽象为图 25-5。

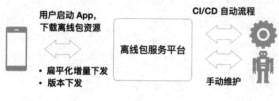

图 25-5

离线包服务平台按照版本不同整体下发资源的流程如图 25-6 所示。

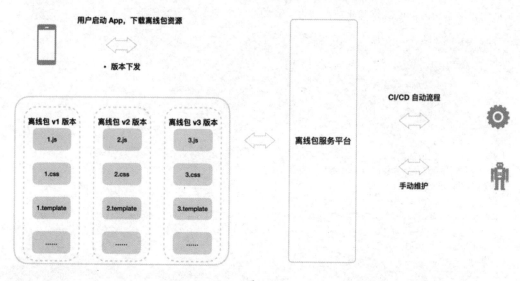

图 25-6

离线包服务平台进行扁平化增量下发资源的流程如图 25-7 所示。

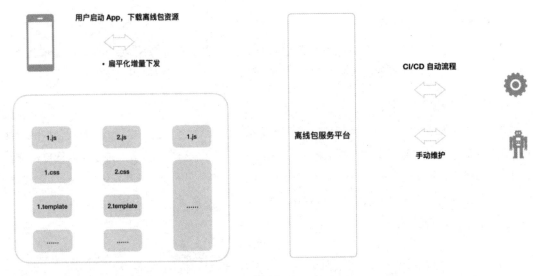

图 25-7

离线包构建能力

了解了离线包服务平台，我们再思考一个问题：如何构建一个离线包呢？

以"客户端发送数据请求"的离线包方案为例，既然数据请求需要由客户端发出，那么离线包资源就需要声明"该页面需要哪些数据请求"。因此，离线包中需要一个.json 文件用于配置声明。

```json
// 一个描述离线包配置声明的.json 文件 appConfig.json
{
    "appid": XXX,
    "name":"template1",
    "version": "2020.1204.162513",
    "author": "xxxx",
    "description": "XXX 页面",
    "check_integrity": true,
    "home": "https://www.XXX.com/XXX",
    "host": {"online":"XXX.com"},
    "scheme": {"android":{"online":"https"},
    "iOS":{"online":"resource"}},
    "expectedFiles":["1.js","2.js","1.css","2.css","index.html"],
    "created_time":1607070313,
    "sdk_min":"1.0.0",
    "sdk_max":"2.0.0",
    "dataApi": ["xxxx"]
}
```

上面的 appConfig.json 描述了该离线包的关键信息，比如 dataApi 表明业务所需要的数据接口，一般这里可以放置首屏关键请求，由客户端发出这些请求并由 template 渲染。appid 表明了该业务 ID，expectedFiles 表明了该业务所需的离线包资源，这些资源一并内置于离线包当中。

对于 expectedFiles 声明的资源，依然可以通过 Webpack 等构建工具打包。我们可以通过编写一个 Webpack 插件来获取 dataApi 字段内容，当然初期也可以由开发者手动维护该字段。

离线包方案持续优化

上述内容基本已经囊括了一个离线包方案的设计流程，但是一个工程方案还需要考虑更多的细节。下面我们来对更多优化点进行分析。

离线包可用性和使用命中率

试想，如果业务迭代频繁，离线包也会迭代频繁，可用离线包的命中率就会降低，效果上会打折扣。同时离线包的下载以及解压过程也可能会出现错误，导致离线包不可用。

为此，一般的做法是采用重试和定时轮询机制。在网络条件允许的情况下，为了减少网络原因导致的离线包不可用，我们可以设置最大重试次数，并设定 15s 或一定时间的间隔，进行离线包下载重试。

为了防止移动运营商的劫持，我们还需要保证离线包的完整性，即检查离线包文件是否被篡改过。一般在下发离线包时要同时下发文件签名，离线包下载完成后由客户端进行签名校验。

另外，定时轮询机制能够定时到离线包服务平台拉取最新版本的离线包，这样能够防止离线包下载不及时，是对"仅在 App 启动时加载离线包"策略的很好补充。当然，你也可以让服务器端主动推送离线包，但是该方案成本较高。

离线包安全性考量

离线包方案从本质上改变了传统 Hybrid 页面加载和渲染技术较为激进的弊端，我们需要从各方面考量离线包的安全性。一般可以设计灰度发布状态，即在全量铺开某离线包前先进行小流量测试，观察一部分用户的使用情况。

另外，还要建立健全的 fallback 机制，在发现当前最新版本的离线包不可用时，迅速切换到稳定可用的版本，或者回退到线上传统机制。

实际情况中，我们总结了需要使用 fallback 机制的情况，包括但不限于以下三种。

- 离线包解压缩失败。

- 离线包服务平台接口连接超时。

- 使用增量 diff 时，资源合并失败。

用户流量考量

为了减少每次下载或更新离线包时对流量的消耗，可以使用增量更新机制。一种思路是在客户端根据 hash 值进行增量更新，另一种思路是在利用 diff 时根据文件更改进行增量包设计。

我们也可以在具体文件内容层面进行 diff 操作，具体策略是使用 Node.js 的 bsdiff/bspatch 二进制差量算法工具包 bsdp，但 bsdiff 算法产出的结果往往也会受到压缩包压缩等级和压缩包修改内容的影响，且 patch 包的生成具有一定的风险，可以按照业务和团队的实际情况进行选型。

另外，还有一些优化手段值得一提。

- 离线包资源的核心静态文件可以和图片等富媒体资源文件分离缓存，这样可以更方便地管理缓存，且离线包核心静态资源也可以整体被提前加载进内存，减少磁盘 I/O 耗时。

- 使用离线包之后是否会对现有的 A/B 测试策略、数据打点策略有影响？离线包渲染后，在用户真实访问之前，我们是不能够将预创建页面的 UV、PV、数据曝光等埋点进行上报的，否则会干扰正常的数据统计。

- HTML 文件是否应该作为离线包资源的一部分？在目前的主流方案中，很多方案也将 HTML 文件作为离线包资源的一部分。另一种方案是只缓存 JavaScript、CSS 文件，而 HTML 文件还需要使用在线策略。

总结

本篇分析了在加载一个 Hybrid 页面的过程中，前端业务层、容器层、通用层的优化策略，并着重分析了离线包方案的设计和优化。

性能优化是一个宏大的话题，我们不仅需要在前端领域进行性能优化，还要有更高的视角，在业务全链路上追求性能最优。离线包方案是一个典型的例子，它突破了传统狭隘前端需要各个业务团队协调配合的现状，我们要认真掌握。

26

设计一个"万能"的项目脚手架

脚手架是工程化中不可缺少的一环。究竟什么是脚手架呢？广义上来说，脚手架就是为了保证施工过程顺利进行而搭设的工作平台。

编程领域的脚手架主要用于新项目的启动和搭建，能够帮助开发者提升效率和开发体验。对于前端来说，从零开始建立一个项目是复杂的，因此也就存在了较多类型的脚手架。

- Vue.js、React 等框架类脚手架。

- Webpack 等构建配置类脚手架。

- 混合脚手架，比如大家熟悉的 vue-cli 或者 create-react-app。

本篇我们就深入这些脚手架的原理进行讲解。

命令行工具的原理和实现

现代脚手架离不开命令行工具，命令行工具即 Command-line interfaces（CLI），是编程领域的重要概念，也是我们开发中经常接触到的工具之一。比如 Webpack、Babel、npm、Yarn 等都是典型的命令行工具。此外，流畅的命令行工具能够迅速启动一个脚手架，实现自动化和智能化流程。在本节中，我们就使用 Node.js 来开发一个命令行工具。

先来看几个开发命令行工具的关键依赖。

- 'inquirer'、'enquirer'、'prompts'：可以处理复杂的用户输入，完成命令行输入交互。

- 'chalk'、'kleur'：使终端可以输出彩色信息文案。

- 'ora'：使命令行可以输出好看的 Spinners。

- 'boxen'：可以在命令行中画出 Boxes 区块。

- 'listr'：可以在命令行中画出进度列表。

- 'meow'、'arg'：可以进行基础的命令行参数解析。

- 'commander'、'yargs'：可以进行更加复杂的命令行参数解析。

我们的目标是支持以下面这种启动方式建立项目。

```
npm init @lucas/project
```

在 npm 6.1 及以上版本中可以使用 npm init 或 yarn create 命令来启动项目，比如下面两个命令是等价的。

```
# 使用 Node.js
npm init @lucas/project

# 使用 Yarn
yarn create @lucas/project
```

启动命令行项目

下面进入开发阶段，首先创建项目。

```
mkdir create-project && cd create-project
npm init --yes
```

接着在 create-project 文件中创建 src 目录及 cli.js 文件，cli.js 文件的内容如下。

```
export function cli(args) {
 console.log(args);
}
```

接下来，为了使命令行可以在终端执行，需要新建 bin/目录，并在其下创建一个 create-project 文件，如下。

```
#!/usr/bin/env node

require = require('esm')(module /*, options*/);
require('../src/cli').cli(process.argv);
```

在上述代码中，我们使用了'esm'模块，这样就可以在其他文件中使用 import 关键字，即 ESM 模块规范。我们在上述文件中引入 cli.js 并将命令行参数'process.argv'传给 cli 函数执行。

当然，为了能够正常使用'esm'模块，我们需要先安装该模块，执行 npm install esm 命令。此时，package.json 文件内容如下。

```
{
  "name": "@lucas/create-project",
  "version": "1.0.0",
  "description": "A CLI to bootstrap my new projects",
  "main": "src/index.js",
  "bin": {
    "@lucas/create-project": "bin/create-project",
    "create-project": "bin/create-project"
  },
  "publishConfig": {
    "access": "public"
  },
  "scripts": {
    "test": "echo \"Error: no test specified\" && exit 1"
  },
  "keywords": [
    "cli",
    "create-project"
  ],
  "author": "YOUR_AUTHOR",
  "license": "MIT",
  "dependencies": {
    "esm": "^3.2.18"
  }
}
```

这里需要注意的是 bin 字段，我们注册了两个可用命令：一个是带有 npm 命名 scope 的命令，一个是常规的 create-project 命令。

为了调试方便，我们在终端项目目录下执行以下调试命令。

```
npm link
```

执行上述命令可以在全局范围内添加一个软链接到当前项目中。执行命令

```
create-project --yes
```

就会得到如下输出。

```
[ '/usr/local/Cellar/node/11.6.0/bin/node',
  '/Users/dkundel/dev/create-project/bin/create-project',
  '--yes' ]
```

解析处理命令行输入

在解析处理命令行输入之前，我们需要设计命令行支持的几个选项，如下。

- [template] ：支持默认的几种模板类型，用户可以通过 select 命令进行选择。

- --git：等同于通过 git init 命令创建一个新的 Git 项目。

- --install：支持自动下载项目依赖。

- --yes：跳过命令行交互，直接使用默认配置。

我们利用 inquirer 使得命令行支持用户交互，同时使用 arg 来解析命令行参数，安装命令如下。

```
npm install inquirer arg
```

接下来编写命令行参数解析逻辑，在 cli.js 中添加以下内容。

```
import arg from 'arg';
// 解析命令行参数为 options
function parseArgumentsIntoOptions(rawArgs) {
 // 使用 arg 进行解析
 const args = arg(
   {
     '--git': Boolean,
     '--yes': Boolean,
     '--install': Boolean,
     '-g': '--git',
     '-y': '--yes',
     '-i': '--install',
   },
   {
     argv: rawArgs.slice(2),
   }
 );
 return {
   skipPrompts: args['--yes'] || false,
   git: args['--git'] || false,
   template: args._[0],
   runInstall: args['--install'] || false,
 }
}

export function cli(args) {
 // 获取命令行配置
 let options = parseArgumentsIntoOptions(args);
 console.log(options);
}
```

上述代码很容易理解，里面已经加入了相关注释。接下来，我们实现默认配置和交互式配置选择逻辑，代码如下。

```javascript
import arg from 'arg';
import inquirer from 'inquirer';

function parseArgumentsIntoOptions(rawArgs) {
    // ...
}

async function promptForMissingOptions(options) {
 // 默认使用名为 JavaScript 的模板
 const defaultTemplate = 'JavaScript';
 // 使用默认模板则直接返回
 if (options.skipPrompts) {
   return {
     ...options,
     template: options.template || defaultTemplate,
   };
 }
 // 准备交互式问题
 const questions = [];
 if (!options.template) {
   questions.push({
     type: 'list',
     name: 'template',
     message: 'Please choose which project template to use',
     choices: ['JavaScript', 'TypeScript'],
     default: defaultTemplate,
   });
 }

 if (!options.git) {
   questions.push({
     type: 'confirm',
     name: 'git',
     message: 'Initialize a git repository?',
     default: false,
   });
 }
 // 使用 inquirer 进行交互式查询，并获取用户答案选项
 const answers = await inquirer.prompt(questions);
 return {
   ...options,
   template: options.template || answers.template,
   git: options.git || answers.git,
 };
```

```
}

export async function cli(args) {
 let options = parseArgumentsIntoOptions(args);
 options = await promptForMissingOptions(options);
 console.log(options);
}
```

这样一来，我们就可以获取以下配置。

```
{
   skipPrompts: false,
   git: false,
   template: 'JavaScript',
   runInstall: false
}
```

下面我们需要完成将模板下载到本地的逻辑，事先准备好两种名为 typescript 和 javascript 的模板，并将相关的模板存储在项目的根目录下。在实际开发中，可以内置更多的模板。

我们使用 ncp 包实现跨平台递归拷贝文件，使用 chalk 做个性化输出。安装命令如下。

```
npm install ncp chalk
```

在 src/目录下，创建新的文件 main.js，代码如下。

```
import chalk from 'chalk';
import fs from 'fs';
import ncp from 'ncp';
import path from 'path';
import { promisify } from 'util';

const access = promisify(fs.access);
const copy = promisify(ncp);

// 递归拷贝文件
async function copyTemplateFiles(options) {
 return copy(options.templateDirectory, options.targetDirectory, {
   clobber: false,
 });
}

// 创建项目
export async function createProject(options) {
 options = {
   ...options,
   targetDirectory: options.targetDirectory || process.cwd(),
 };
```

```
const currentFileUrl = import.meta.url;
const templateDir = path.resolve(
  new URL(currentFileUrl).pathname,
  '../../templates',
  options.template.toLowerCase()
);
options.templateDirectory = templateDir;

try {
    // 判断模板是否存在
  await access(templateDir, fs.constants.R_OK);
} catch (err) {
    // 模板不存在
  console.error('%s Invalid template name', chalk.red.bold('ERROR'));
  process.exit(1);
}

// 拷贝模板
await copyTemplateFiles(options);

console.log('%s Project ready', chalk.green.bold('DONE'));
return true;
}
```

在上述代码中，我们通过 import.meta.url 获取当前模块的 URL，并通过 fs.constants.R_OK 判断对应模板是否存在。此时 cli.js 文件的关键内容如下。

```
import arg from 'arg';
import inquirer from 'inquirer';
import { createProject } from './main';

function parseArgumentsIntoOptions(rawArgs) {
// ...
}

async function promptForMissingOptions(options) {
// ...
}

export async function cli(args) {
 let options = parseArgumentsIntoOptions(args);
 options = await promptForMissingOptions(options);
 await createProject(options);
}
```

接下来，我们需要完成 Git 的初始化及依赖安装工作，这时需要用到以下依赖。

- 'execa'：允许在开发中使用类似 Git 的外部命令。

- 'pkg-install'：使用 yarn install 或 npm install 命令安装依赖。

- 'listr'：给出当前进度。

安装依赖，命令如下。

```
npm install execa pkg-install listr
```

将 main.js 文件中的内容更新如下。

```javascript
import chalk from 'chalk';
import fs from 'fs';
import ncp from 'ncp';
import path from 'path';
import { promisify } from 'util';
import execa from 'execa';
import Listr from 'listr';
import { projectInstall } from 'pkg-install';

const access = promisify(fs.access);
const copy = promisify(ncp);

// 拷贝模板
async function copyTemplateFiles(options) {
 return copy(options.templateDirectory, options.targetDirectory, {
  clobber: false,
 });
}
// 初始化 Git
async function initGit(options) {
 // 执行 git init 命令
 const result = await execa('git', ['init'], {
  cwd: options.targetDirectory,
 });
 if (result.failed) {
  return Promise.reject(new Error('Failed to initialize git'));
 }
 return;
}
// 创建项目
export async function createProject(options) {
 options = {
  ...options,
  targetDirectory: options.targetDirectory || process.cwd()
```

```
  };

  const templateDir = path.resolve(
    new URL(import.meta.url).pathname,
    '../../templates',
    options.template
  );
  options.templateDirectory = templateDir;

  try {
      // 判断模板是否存在
    await access(templateDir, fs.constants.R_OK);
  } catch (err) {
    console.error('%s Invalid template name', chalk.red.bold('ERROR'));
    process.exit(1);
  }
  // 声明 tasks
  const tasks = new Listr([
    {
      title: 'Copy project files',
      task: () => copyTemplateFiles(options),
    },
    {
      title: 'Initialize git',
      task: () => initGit(options),
      enabled: () => options.git,
    },
    {
      title: 'Install dependencies',
      task: () =>
        projectInstall({
          cwd: options.targetDirectory,
        }),
      skip: () =>
        !options.runInstall
          ? 'Pass --install to automatically install dependencies'
          : undefined,
    },
  ]);
  // 并行执行 tasks
  await tasks.run();
  console.log('%s Project ready', chalk.green.bold('DONE'));
  return true;
}
```

这样一来，命令行工具就大功告成了。

接下来我们主要谈谈模板维护的问题，在上述实现中，模板在本地被维护。为了扩大模板的使用范围，可以将其共享到 GitHub 中。我们可以在 package.json 文件中声明 files 字段，以此来声明哪些文件可以被发布出去。

```
},
 "files": [
   "bin/",
   "src/",
   "templates/"
 ]
}
```

另外一种做法是将模板单独维护到一个 GitHub 仓库当中。创建项目时，使用 download-git-repo 来下载模板。

从命令行工具到万能脚手架

前面我们分析了一个命令行工具的实现流程，这些内容并不复杂。但如何从一个命令行工具升级为一个万能脚手架呢？我们继续探讨。

使用命令行工具启动并创建一个基于模板的项目，只能说是形成了一个脚手架的雏形。对比大家熟悉的 vue-cli、create-react-app、@tarojs/cli、umi 等，我们还需要从可伸缩性、用户友好性方面考虑。

- 如何使模板支持版本管理？

- 模板如何进行扩展？

- 如何进行版本检查和更新？

- 如何自定义构建？

可以使用 npm 维护模板，支持版本管理。当然，在脚手架的设计中，要加入对版本的选择和处理操作。

如前文所说，模板扩展可以借助中心化手段，集成开发者力量，提供模板市场。这里需要注意的是，不同模板或功能区块的可插拔性是非常重要的。

版本检查可以通过 npm view @lucas/create-project version 来实现，根据环境提示用户进行更新。

构建是一个老大难问题，不同项目的构建需求是不同的。参照开篇所讲，不同构建脚本可以考虑单独抽象，提供可插拔式封装。比如 jslib-base 这个库，这也是一个"万能脚手架"。

使用脚手架初始化一个项目的过程，本质是根据输入信息进行模板填充。比如，如果开发者选择使用 TypeScript 及英语环境开发项目，并使用 Rollup 进行构建，那么在初始化 rollup.config.js 文件时，我们要读取 rollup.js.tmpl，并将相关信息（比如对 TypeScript 的编译）填写到模板中。

类似的情况还有初始化 .eslintrc.ts.json、package.json、CHANGELOG.en.md、README.en.md，以及 doc.en.md 等。

所有这些文件的生成过程都需要满足可插拔特性，更理想的是，这些插件是一个独立的运行时。因此，我们可以将每一个脚手架文件（即模板文件）视作一个独立的应用，由命令行统一指挥调度。

比如 jslib-base 这个库对于 Rollup 构建的处理，支持开发者传入 option，由命令行处理函数，结合不同的配置版本进行自定义分配，具体代码如下。

```js
const path = require('path');
const util = require('@js-lib/util');

function init(cmdPath, name, option) {
    const type = option.type;
    const module = option.module = option.module.reduce((prev, name) => (prev[name] = name,
prev), ({}));
    util.copyTmpl(
        path.resolve(__dirname, `./template/${type}/rollup.js.tmpl`),
        path.resolve(cmdPath, name, 'config/rollup.js'),
        option,
    );
    if (module.umd) {
        util.copyFile(
            path.resolve(__dirname, `./template/${type}/rollup.config.aio.js`),
            path.resolve(cmdPath, name, 'config/rollup.config.aio.js')
        );
    }
    if (module.esm) {
        util.copyFile(
            path.resolve(__dirname, `./template/${type}/rollup.config.esm.js`),
            path.resolve(cmdPath, name, 'config/rollup.config.esm.js')
        );
    }
    if (module.commonjs) {
        util.copyFile(
            path.resolve(__dirname, `./template/${type}/rollup.config.js`),
            path.resolve(cmdPath, name, 'config/rollup.config.js')
        );
    }

    util.mergeTmpl2JSON(
```

```
    path.resolve(__dirname, `./template/${type}/package.json.tmpl`),
    path.resolve(cmdPath, name, 'package.json'),
    option,
);

if (type === 'js') {
    util.copyFile(
        path.resolve(__dirname, `./template/js/.babelrc`),
        path.resolve(cmdPath, name, '.babelrc')
    );
} else if (type === 'ts') {
    util.copyFile(
        path.resolve(__dirname, `./template/ts/tsconfig.json`),
        path.resolve(cmdPath, name, 'tsconfig.json')
    );
}
}
module.exports = {
    init: init,
}
```

如上述代码所示，根据用户输入不同，这里使用了不同版本的 Rollup 构建内容。

了解了这些内容，对于实现一个自己的 create-react-app、vue-cli 脚手架会更有思路和体会。

总结

本篇从开发一个命令行工具入手，分析了实现一个脚手架的方方面面。实现一个企业级脚手架需要不断打磨和优化，不断增强用户体验和可操作性，比如处理边界情况、终端提示等，更重要的是对构建逻辑的抽象和封装，以及根据业务需求扩展命令和模板。

第五部分

在这一部分中，我们以实战的方式灵活运用并实践 Node.js。这一部分不会讲解 Node.js 的基础内容，读者需要先储备相关知识。我们的重点会放在 Node.js 的应用和发展上，比如我会带大家设计并完成一个真正意义上的企业级网关，其中涉及网络知识、Node.js 理论知识、权限和代理知识等。再比如，我会带大家研究并实现一个完善可靠的 Node.js 服务系统，它可能涉及异步消息队列、数据存储，以及相关微服务等传统后端知识，让读者能够真正在团队中落地 Node.js 技术，不断开疆扩土。

前端全链路——Node.js 全栈开发

27

同构渲染架构：实现 SSR 应用

从本篇开始，我们正式进入 Node.js 主题学习阶段。

作为 Node.js 技术的重要应用场景，同构渲染 SSR 应用尤其重要。现在来看，SSR 已经并不新鲜，实现起来也并不困难。可是有的开发者认为：SSR 应用不就是调用一个与 renderToString（React 中的）类似的 API 吗？

讲道理，确实如此，但 SSR 应用不止这么简单。就拿面试来说，同构的考查点不是 "纸上谈兵" 的理论，而是实际实施时的细节。本篇将一步步实现一个 SSR 应用，并分析 SSR 应用的重点。

实现一个简易的 SSR 应用

SSR 渲染架构的优势已经非常明显了，不管是对 SEO 友好还是性能提升，大部分开发者已经耳熟能详了。在这一部分，我们以 React 技术栈为背景，实现一个 SSR 应用。

首先启动项目。

```
npm init --yes
```

配置 Babel 和 Webpack，目的是将 ESM 和 React 编译为 Node.js 和浏览器能够理解的代码。相关.babelrc 文件的内容如下。

```
{
  "presets": ["@babel/env", "@babel/react"]
}
```

如上面的代码所示，我们直接使用@babel/env 和@babel/react 作为预设。相关 webpack.config.js

文件的内容如下。

```js
const path = require('path');
module.exports = {
    entry: {
        client: './src/client.js',
        bundle: './src/bundle.js'
    },
    output: {
        path: path.resolve(__dirname, 'assets'),
        filename: "[name].js"
    },
    module: {
        rules: [
            { test: /\.js$/, exclude: /node_modules/, loader: "babel-loader" }
        ]
    }
}
```

配置入口文件为./src/client.js 和./src/bundle.js，对它们进行打包，结果如下。

- assets/bundle.js：CSR 架构下的浏览器端脚本。

- assets/client.js：SSR 架构下的浏览器端脚本，衔接 SSR 部分。

在业务源码中，我们使用 ESM 规范编写 React 和 Redux 代码，低版本的 Node.js 并不能直接支持 ESM 规范，因此需要使用 Babel 将 src/文件夹内的代码编译并保存到 views/目录下，相关命令如下。

```
"babel": "babel src -d views"
```

我们对项目目录进行说明，如下。

- src/components 中存放 React 组件。

- src/redux/中存放 Redux 相关代码。

- assets/和 media/中存放样式文件及图片。

- src/server.js 和 src/template.js 是 Node.js 环境相关脚本。

src/server.js 脚本内容如下。

```js
import React from 'react';
import { renderToString } from 'react-dom/server';
import { Provider } from 'react-redux';
import configureStore from './redux/configureStore';
import App from './components/app';

module.exports = function render(initialState) {
```

```
    // 初始化 Redux store
const store = configureStore(initialState);
let content = renderToString(<Provider store={store} ><App /></Provider>);
const preloadedState = store.getState();
return {
  content,
  preloadedState
};
};
```

针对上述内容展开分析，如下。

- initialState 作为参数被传递给 configureStore()方法，并实例化一个新的 store。

- 调用 renderToString()方法，得到服务器端渲染的 HTML 字符串 content。

- 调用 Redux 的 getState()方法，得到状态 preloadedState。

- 返回 HTML 字符串 content 和 preloadedState。

src/template.js 脚本内容如下。

```
export default function template(title, initialState = {}, content = "") {
  let scripts = '';
  // 判断是否有 content 内容
  if (content) {
    scripts = ' <script>
                window.__STATE__ = ${JSON.stringify(initialState)}
              </script>
              <script src="assets/client.js"></script>
              '
  } else {
    scripts = ' <script src="assets/bundle.js"> </script> '
  }
  let page = '<!DOCTYPE html>
            <html lang="en">
            <head>
              <meta charset="utf-8">
              <title> ${title} </title>
              <link rel="stylesheet" href="assets/style.css">
            </head>
            <body>
              <div class="content">
                <div id="app" class="wrap-inner">
                  ${content}
                </div>
              </div>

                ${scripts}
```

```
        </body>
        ';

  return page;
}
```

我们对上述内容进行解读：template 函数接收 title、initialState 和 content 为参数，拼凑成最终的
HTML 文档，将 initialState 挂载到 window.__STATE__ 中，作为 script 标签内联到 HTML 文档，同时
将 SSR 架构下的 assets/client.js 脚本或 CSR 架构下的 assets/bundle.js 脚本嵌入。

下面，我们聚焦同构部分的浏览器端脚本。

在 CSR 架构下，assets/bundle.js 脚本的内容如下。

```
import React from 'react';
import { render } from 'react-dom';
import { Provider } from 'react-redux';
import configureStore from './redux/configureStore';
import App from './components/app';

// 获取 store
const store = configureStore();
render(
  <Provider store={store} > <App /> </Provider>,
  document.querySelector('#app')
);
```

而在 SSR 架构下，assets/client.js 脚本内容大概如下。

```
import React from 'react';
import { hydrate } from 'react-dom';
import { Provider } from 'react-redux';
import configureStore from './redux/configureStore';
import App from './components/app';

const state = window.__STATE__;
delete window.__STATE__;
const store = configureStore(state);
hydrate(
  <Provider store={store} > <App /> </Provider>,
  document.querySelector('#app')
);
```

assets/client.js 对比 assets/bundle.js 而言比较关键的不同点在于，使用了 window.__STATE__.获取
初始状态，同时使用了 hydrate()方法代替 render()方法。

SSR 应用中容易忽略的细节

接下来，我们对几个更细节的问题进行分析，这些问题不单单涉及代码层面的解决方案，更是工程化方向的设计方案。

环境区分

我们知道，SSR 应用实现了客户端代码和服务器端代码的基本统一，我们只需要编写一种组件，就能生成适用于服务器端和客户端的组件案例。但是大多数情况下服务器端代码和客户端代码还是需要单独处理的，其差别如下。

1. 路由代码差别

服务器端需要根据请求路径匹配页面组件，客户端需要通过浏览器中的地址匹配页面组件。

客户端代码如下。

```
const App = () => {
  return (
    <Provider store={store}>
      <BrowserRouter>
        <div>
          <Route path='/' component={Home}>
          <Route path='/product' component={Product}>
        </div>
      </BrowserRouter>
    </Provider>
  )
}
ReactDom.render(<App/>, document.querySelector('#root'))
```

BrowserRouter 组件根据 window.location 及 history API 实现页面切换，而服务器端肯定是无法获取 window.location 的。

服务器端代码如下。

```
const App = () => {
  return
    <Provider store={store}>
      <StaticRouter location={req.path} context={context}>
        <div>
          <Route path='/' component={Home}>
        </div>
      </StaticRouter>
```

```
    </Provider>
  }
Return ReactDom.renderToString(<App/>)
```

服务器端需要使用 StaticRouter 组件，我们要将请求地址和上下文信息，即 location 和 context 这两个 prop 传入 StaticRouter 中。

2. 打包差别

服务器端运行的代码如果需要依赖 Node.js 核心模块或第三方模块，我们就不再需要把这些模块代码打包到最终代码中了，因为环境中已经安装了这些依赖，可以直接引用。我们需要在 Webpack 中配置 target: node，并借助 webpack-node-externals 插件解决第三方依赖打包的问题。

注水和脱水

什么叫作注水和脱水呢？这和 SSR 应用中的数据获取有关：在服务器端渲染时，首先服务器端请求接口拿到数据，并准备好数据状态（如果使用 Redux，就进行 store 更新），为了减少客户端请求，我们需要保留这个状态。

一般做法是在服务器端返回 HTML 字符串时将数据 JSON.stringify 一并返回，这个过程叫作脱水（dehydrate）。在客户端，不再需要进行数据请求，可以直接使用服务器端下发的数据，这个过程叫作注水（hydrate）。

在服务器端渲染时，如何能够请求所有的 API，保障数据全部已经被请求呢？一般有两种方案。

1. react-router 解决方案

配置路由 route-config，结合 matchRoutes，找到页面上相关组件所需请求接口的方法并执行请求。这要求开发者通过路由配置信息，显式告知服务器端请求内容，如下。

```
const routes = [
  {
    path: "/",
    component: Root,
    loadData: () => getSomeData()
  }
  // etc.
]

import { routes } from "./routes"

function App() {
  return (
```

```
  <Switch>
    {routes.map(route => (
      <Route {...route} />
    ))}
  </Switch>
  )
}
```

服务器端代码如下。

```
import { matchPath } from "react-router-dom"

const promises = []
routes.some(route => {
  const match = matchPath(req.path, route)
  if (match) promises.push(route.loadData(match))
  return match
})

Promise.all(promises).then(data => {
  putTheDataSomewhereTheClientCanFindIt(data)
})
```

2. 类似 Next.js 的解决方案

我们需要在 React 组件上定义静态方法。比如定义静态 loadData 方法，在服务器端渲染时，我们可以遍历所有组件的 loadData，获取需要请求的接口。

安全问题

安全问题非常关键，尤其涉及服务器端渲染时，开发者要格外小心。这里提出一个注意事项：我们前面提到了注水和脱水过程，其中的代码非常容易遭受 XSS 攻击。比如，一个脱水过程的代码如下。

```
ctx.body = `
  <!DOCTYPE html>
  <html lang="en">
    <head>
      <meta charset="UTF-8">
    </head>
    <body>
      <script>
      window.context = {
        initialState: ${JSON.stringify(store.getState())}
      }
    </script>
```

```
    <div id="app">
        // ...
    </div>
  </body>
</html>
`
```

对于上述代码，我们要严格清洗 JSON 字符串中的 HTML 标签和其他危险字符。具体可使用 serialize-javascript 库进行处理，这也是 SSR 应用中最容易被忽视的细节。

这里给大家留一个思考题：React dangerouslySetInnerHTML API 也有类似风险，React 是怎么处理这个安全隐患的呢？

请求认证问题

上面讲到服务器端预先请求数据，那么请大家思考这样一个场景：某个请求依赖用户信息，比如请求"我的学习计划列表"。这种情况下，服务器端请求是不同于客户端的，不会有浏览器添加 cookie 及不含其他相关内容的 header 信息。在服务器端发送相关请求时，一定不会得到预期的结果。

针对上述问题，解决办法也很简单：服务器端请求时需要保留客户端页面请求信息（一般是 cookie），并在 API 请求时携带并透传这个信息。

样式处理问题

SSR 应用的样式处理问题容易被开发者忽视，但这个问题非常关键。比如，我们不能再使用 style-loader 了，因为这个 Webpack Loader 会在编译时将样式模块载入 HTML header。但在服务器端渲染环境下，没有 Window 对象，style-loader 就会报错。一般我们使用 isomorphic-style-loader 来解决样式处理问题，示例代码如下。

```
{
  test: /\.css$/,
  use: [
    'isomorphic-style-loader',
    'css-loader',
    'postcss-loader'
  ],
}
```

isomorphic-style-loader 的原理是什么呢？

我们知道，对于 Webpack 来说，所有的资源都是模块。Webpack Loader 在编译过程中可以将导入的 CSS 文件转换成对象，拿到样式信息。因此，isomorphic-style-loader 可以获取页面中所有组件的样式。为了实现得更加通用化，isomorphic-style-loader 利用 context API 在渲染页面组件时获取所有 React 组件的样式信息，最终将其插入 HTML 字符串中。

在服务器端渲染时，我们需要加入以下逻辑。

```
import express from 'express'
import React from 'react'
import ReactDOM from 'react-dom'
import StyleContext from 'isomorphic-style-loader/StyleContext'
import App from './App.js'

const server = express()
const port = process.env.PORT || 3000

server.get('*', (req, res, next) => {
  // CSS Set 类型来存储页面所有的样式
  const css = new Set()
  const insertCss = (...styles) => styles.forEach(style => css.add(style._getCss()))

  const body = ReactDOM.renderToString(
    <StyleContext.Provider value={{ insertCss }}>
      <App />
    </StyleContext.Provider>
  )

  const html = `<!doctype html>
    <html>
      <head>
        <script src="client.js" defer></script>
        // 将样式插入 HTML 字符串中
        <style>${[...css].join('')}</style>
      </head>
      <body>
        <div id="root">${body}</div>
      </body>
    </html>`
  res.status(200).send(html)
})

server.listen(port, () => {
  console.log(`Node.js app is running at http://localhost:${port}/`)
})
```

分析上面的代码，我们定义了 CSS Set 类型来存储页面所有的样式，定义了 insertCss 方法，该方法使得每个 React 组件可以获取 context，进而可以调用 insertCss 方法。该方法在被调用时，会将组件样式加入 CSS Set 当中。最后我们使用[...css].join('')命令就可以获取页面的所有样式字符串了。

　　强调一下，isomorphic-style-loader 的源码已经更新，采用了最新的 React Hooks API，推荐给 React 开发者阅读，相信你一定会收获很多！

总结

　　本篇前半部分"手把手"教大家实现了服务器端渲染的 SSR 应用，后半部分从更高的层面剖析了 SSR 应用中那些关键的细节和疑难问题的解决方案。这些经验源于真刀真枪的线上案例，即使你没有开发过 SSR 应用，也能从中全方位地了解关键信息，掌握这些细节，SSR 应用的实现就会更稳、更可靠。

　　SSR 应用其实远比理论复杂，绝对不是靠几个 API 和几台服务器就能完成的，希望大家多思考、多动手，主动去获得更多体会。

28

性能守卫系统设计：完善 CI/CD 流程

性能始终是一个宏大的话题，前面几篇或多或少都涉及了对性能优化的讨论。其实，除了在性能出现问题时进行优化，我们还需要在性能可能恶化时有所感知并进行防控。因此，一个性能守卫系统，即性能监控系统尤为重要。

借助 Node.js 的能力，本篇将聚焦 CI/CD 流程，设计一个性能守卫系统。希望通过本篇的学习，你可以认识到，除了同构直出、数据聚合，Node.js 还能做其他重要且有趣的事。

性能守卫理论基础

性能守卫的含义是，对每次上线进行性能把关，对性能恶化做到提前预警。那么我们如何感知性能的好坏呢？对于 Load/DOMContentLoaded 事件、FP/FCP 指标，我们已经耳熟能详了，下面再扩充介绍几个更加现代化的性能指标。

1. LCP（Largest Contentful Paint）

衡量页面的加载体验，它表示视口内可见的最大内容元素的渲染时间。相比于 FCP，这个指标可以更加真实地反映具体内容的加载速度。比如，如果页面渲染前有一个 loading 动画，那么 FCP 可能会以 loading 动画出现的时间为准统计渲染内容的时间，而 LCP 定义了 loading 动画加载后真实渲染出内容的时间。

2. FID（First Input Delay）

衡量可交互性，它表示用户和页面进行首次交互操作所花费的时间。它比 TTI（Time to Interact）

更加提前，在这个阶段，页面虽然已经显示出部分内容，但并不完全具备可交互性，在用户响应上可能会有较大的延迟。

3. CLS（Cumulative Layout Shift）

衡量视觉稳定性，表示在页面的整个生命周期中，产生的预期外的样式移动的总和。所以，CLS 越小越好。

以上是几个重要的、现代化的性能指标。结合传统的 FP/FCP/FMP 时间，我们可以构建出一个相对完备的指标系统。请你思考：如何从这些指标中得到监控素材？

业界公认的监控素材主要由两方提供。

- 真实用户监控（Real User Monitoring，RUM）。

- 合成监控（Synthetic Monitoring，SYN）。

在真实用户监控中得到素材的过程是，基于用户真实访问应用情况，在应用生命周期内计算产出性能指标并进行上报。开发者拉取日志服务器上的指标数据，进行清洗加工，最终生成真实的访问监控报告。真实用户监控一般搭配稳定的 SDK，会在一定程度上影响用户访问性能，也给用户带来了额外的流量消耗。

通过合成监控获得的监控素材属于一种实验室数据，一般在某一个模拟场景中，借助工具，再搭配规则和性能审计条目，能得到合成监控报告。合成监控的优点比较明显，它的实现比较简单，有现成的、成熟的解决方案。如果搭配丰富的场景和规则，得到的数据类型也会更多。但它的缺点是数据量相对较小，且模拟条件配置相对复杂，无法完全反映真实场景。

在 CI/CD 流程中，我们需要设计的性能守卫系统就是一种合成监控方案。在方案设计上，我们需要做到扬长避短。

Lighthouse 原理介绍

前面提到，实现合成监控有成熟的解决方案，比如 Lighthouse。本篇中的方案也基于 Lighthouse 实现，这里先对 Lighthouse 原理进行介绍。

Lighthouse 是一个开源的自动化工具，它提供了四种使用方式。

- Chrome DevTools。

- Chrome 插件。

- Node.js CLI。

- Node.js 模块。

我们先通过 Chrome DevTools 来快速体验一下 Lighthouse。在 Audits 面板下进行相关测试，可以得到一个网址测试报告，内容如图 28-1 所示。

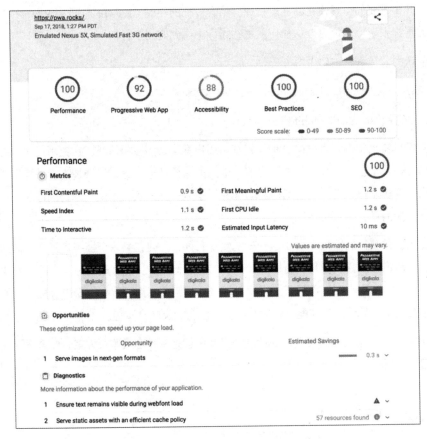

图 28-1

这个报告是如何得出的呢？要想搞清楚这个问题，要先了解 Lighthouse 的架构，如图 28-2 所示。

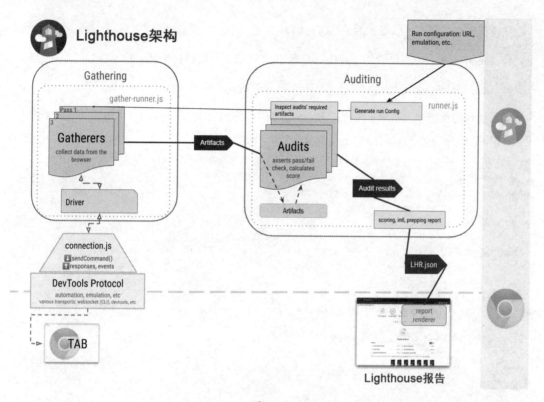

图 28-2

图 28-2 中一些关键名词的解释如下。

- Driver（驱动器）：遵循协议 CDP（Chrome Debugging Protocol）与浏览器进行交互的对象。

- Gatherers（采集器）：调用 Driver 运行浏览器命令后得到的网页基础信息，每个采集器都会收集自己的目标信息，并生成中间产物。

- Artifacts（中间产物）：一系列 Gatherers 的集合，会被审计项使用。

- Audits（审计项）：以中间产物作为输入进行性能测试并评估分数后得到的 LHAR（LightHouse Audit Result Object）标准数据对象。

在了解上述关键名词的基础上，我们对 Lighthouse 架构原理及工作流程进行分析。

- 首先，Lighthouse 驱动 Driver，基于协议 CDP 调用浏览器进行应用的加载和渲染。

- 然后通过 Gatherers 模块集合收集到的 Artifacts 信息。

- Artifacts 信息在 Auditing 阶段通过对自定义指标的审计得到 Audits 结果，并生成相关文件。

从该流程中，我们可以得到的关键信息如下。

- Lighthouse 会与浏览器建立连接，并通过 CDP 与浏览器进行交互。

- 通过 Lighthouse，我们可以自定义审计项并得到审计结果。

本篇实现的性能守卫系统是采用 Lighthouse 的后两种使用方式（Node.js CLI 和 Node.js 模块）进行性能跑分的，下面的代码给出了一个基本的使用示例。

```javascript
const fs = require('fs');
const lighthouse = require('lighthouse');
const chromeLauncher = require('chrome-launcher');

(async () => {
  // 启动一个 Chrome
  const chrome = await chromeLauncher.launch({chromeFlags: ['--headless']});
  const options = {logLevel: 'info', output: 'html', onlyCategories: ['performance'], port:
chrome.port};
  // 使用 Lighthouse 对目标页面进行跑分
  const runnerResult = await lighthouse('https://example.com', options);

  // '.report'是一个 HTML 类型的分析页面
  const reportHtml = runnerResult.report;
  fs.writeFileSync('lhreport.html', reportHtml);

  // '.lhr' 是用于 lighthous-ci 方案的结果集合
  console.log('Report is done for', runnerResult.lhr.finalUrl);
  console.log('Performance score was', runnerResult.lhr.categories.performance.score *
100);

  await chrome.kill();
})();
```

上面的代码描述了一个简单的在 Node.js 环境下使用 Lighthouse 的场景。其中提到了 lighthous-ci，这是官方给出的将 CI/CD 过程接入 Lighthouse 的方案。但在企业中，CI/CD 过程相对敏感，性能守卫系统需要在私有前提下接入 CI/CD 流程，本质上来说是实现了一个专有的 lighthous-ci 方案。

性能守卫系统 Perf-patronus

我们暂且给性能守卫系统命名为 Perf-patronus，寓意为"性能护卫神"。预计 Perf-patronus 会默认监控以下性能指标。

- FCP：首次出现有意义内容的渲染时间。

- Total Blocking Time：总阻塞时间。

- First CPU Idle：首次 CPU 空闲时间。

- TTI：可交互时间。

- Speed Index：速度指数。

- LCP：最大内容元素的渲染时间。

Perf-patronus 技术架构和工作流程如图 28-3 所示。

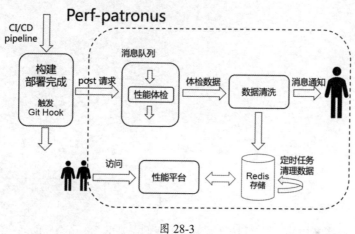

图 28-3

- 在特定环境完成构建部署后，开始进行性能体检。

- 性能体检服务由消息队列消费完成。

- 每一次性能体检会产出体检数据，根据数据是否达标决定是否进行后续的消息通知。体检数据不达标时需进行数据清洗。

- 清洗后的数据由 Redis 存储，这些已存储的数据会被定时清理。

- 体检数据同时被性能平台所消费，展示相关页面性能，供外部访问。

预计系统使用情况如图 28-4 所示。

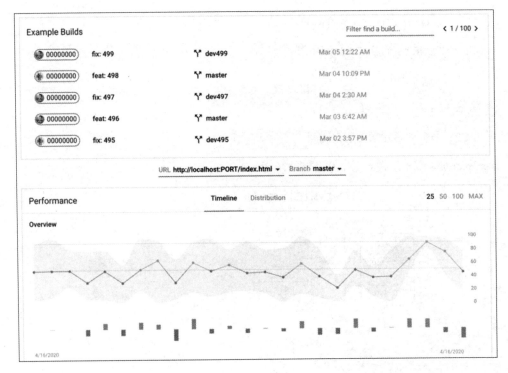

图 28-4

Perf-patronus 技术架构及工作流程相对清晰，但我们需要思考一个重要的问题：如何真实反映用户情况，并以此为出发点完善性能守卫系统的相关设计？

用户访问页面的真实情况千变万化，即便代码没有变化，其他可变因素也会大量存在。因此我们应该统一共识，确定一个相对稳定可靠的性能评判标准，其中的关键一环是分析可能出现的可变因素，对每一类可变因素进行针对性处理，保证每次性能体检服务产出数据的说服力和稳定性。

常见的可变因素有以下几个。

- 页面不确定性：比如存在 A/B 测试时，性能体检服务无法进行处理，需要接入者保证页面性能的可对比性。

- 用户侧网络情况不确定性：针对这种情况，性能体检服务中应该设置可靠的 Throttling 机制，以及较合理的请求等待时间。

- 终端设备不确定性：性能体检服务中应该设计可靠的 CPU Simulating 能力，并统一 CPU 能力测试范围。

- 页面服务器的稳定性：这方面因素影响较小，不用过多考虑。对于服务"挂掉"的情况，能反映出性能异常即可。

- 性能体检服务的稳定性：在同一台机器上，如果存在其他应用服务，可能会影响性能体检服务的稳定性和一致性。不过预计该影响不大，可以通过模拟网络环境和 CPU 能力来保障性能体检服务的稳定性和一致性。

在对性能体检服务进行跑分设计时，考虑上述可变因素，大体上可以通过以下手段最大化"磨平"差异。

- 保证性能体检服务的硬件/容器能力。

- 需要接入者清楚代码或页面变动对页面性能可能产生的影响，并做好相应的接入侧处理。

- 自动化重复多次运行性能体检服务。

- 模拟多种网络/终端情况，设计得分权重。

对于有登录状态的页面，我们提供以下几种方案运行登录状态下的性能体检服务。

- 通过 Puppeteer page.cookie 在测试时保持登录状态。

- 通过在请求服务时传递参数来解决登录状态问题。

下面我们通过代码来串联整个性能体检服务的流程。入口任务代码如下。

```
async run(runOptions: RunOptions) {
    // 检查相关数据
  const results = {};
  // 使用 Puppeteer 创建一个无头浏览器
  const context = await this.createPuppeteer(runOptions);
  try {
    // 执行必要的登录流程
    await this.Login(context);
    // 页面打开前的钩子函数
    await this.before(context);
    // 打开页面，获取数据
    await this.getLighthouseResult(context);
    // 页面打开后的钩子函数
    await this.after(context, results);
    // 收集页面性能数据
    return await this.collectArtifact(context, results);
  } catch (error) {
    throw error;
  } finally {
    // 关闭页面和无头浏览器
```

```
    await this.disposeDriver(context);
  }
}
```

其中，创建一个 Puppeteer 无头浏览器的逻辑如下。

```
async createPuppeteer (runOptions: RunOptions) {
    // 启动配置项可以参考 [puppeteerlaunchoptions](https://***.github.io/puppeteer-
    // api-zh_CN/#?product=Puppeteer&version=v5.3.0&show=api-puppeteerlaunchoptions)
  const launchOptions: puppeteer.LaunchOptions = {
    headless: true, // 是否采用无头模式
    defaultViewport: { width: 1440, height: 960 }, // 指定页面视口的宽和高
    args: ['--no-sandbox', '--disable-dev-shm-usage'],
    // Chromium 安装路径
    executablePath: 'xxx',
  };
  // 创建一个浏览器对象
  const browser = await puppeteer.launch(launchOptions);
  const page = (await browser.pages())[0];
  // 返回浏览器对象和页面对象
  return { browser, page };
}
```

打开相关页面，运行 Lighthouse 工具相关代码，如下。

```
async getLighthouseResult(context: Context) {
    // 获取上下文信息
  const { browser, url } = context;
  // 使用 Lighthouse 进行性能采集
  const { artifacts, lhr } = await lighthouse(url, {
    port: new URL(browser.wsEndpoint()).port,
    output: 'json',
    logLevel: 'info',
    emulatedFormFactor: 'desktop',
    throttling: {
      rttMs: 40,
      throughputKbps: 10 * 1024,
      cpuSlowdownMultiplier: 1,
      requestLatencyMs: 0,
      downloadThroughputKbps: 0,
      uploadThroughputKbps: 0,
    },
    disableDeviceEmulation: true,
    // 只检测 performance 模块
    onlyCategories: ['performance'],
  });
  // 回填数据
  context.lhr = lhr;
  context.artifacts = artifacts;
}
```

上述流程是在 Node.js 环境下对相关页面执行 Lighthouse 性能检查的逻辑。

我们自定义的逻辑往往可以通过 Lighthouse 插件实现，一个 Lighthouse 插件就是一个 Node.js 模块，在插件中我们可以定义 Lighthouse 的检查项，并在产出报告中以一个新的 category 的形式呈现。

举个例子，我们想要实现"检查页面中是否含有大小超过 5MB 的 GIF 图片"的任务，代码如下。

```javascript
module.exports = {
  // 对应的 Audits
  audits: [{
    path: 'lighthouse-plugin-cinememe/audits/cinememe.js',
  }],
  // 对应的 category
  category: {
    title: 'Obligatory Cinememes',
    description: 'Modern webapps should have cinememes to ensure a positive ' +
      'user experience.',
    auditRefs: [
      {id: 'cinememe', weight: 1},
    ],
  },
};
```

自定义 Audits，我们也可以通过如下代码实现。

```javascript
'use strict';

const Audit = require('lighthouse').Audit;
// 继承 Audit 类
class CinememeAudit extends Audit {
  static get meta() {
    return {
      id: 'cinememe',
      title: 'Has cinememes',
      failureTitle: 'Does not have cinememes',
      description: 'This page should have a cinememe in order to be a modern ' +
        'webapp.',
      requiredArtifacts: ['ImageElements'],
    };
  }

  static audit(artifacts) {
    // 默认的 hasCinememe 为 false（大小超过 5MB 的 GIF 图片）
    let hasCinememe = false;
    // 非 Cinememe 图片结果
    const results = [];
    // 过滤筛选相关图片
    artifacts.ImageElements.filter(image => {
      return !image.isCss &&
```

```
      image.mimeType &&
      image.mimeType !== 'image/svg+xml' &&
      image.naturalHeight > 5 &&
      image.naturalWidth > 5 &&
      image.displayedWidth &&
      image.displayedHeight;
  }).forEach(image => {
    if (image.mimeType === 'image/gif' && image.resourceSize >= 5000000) {
      hasCinememe = true;
    } else {
      results.push(image);
    }
  });

  const headings = [
    {key: 'src', itemType: 'thumbnail', text: ''},
    {key: 'src', itemType: 'url', text: 'url'},
    {key: 'mimeType', itemType: 'text', text: 'MIME type'},
    {key: 'resourceSize', itemType: 'text', text: 'Resource Size'},
  ];

  return {
    score: hasCinememe > 0 ? 1 : 0,
    details: Audit.makeTableDetails(headings, results),
  };
  }
}

module.exports = CinememeAudit;
```

　　通过上面的插件，我们就可以在 Node.js 环境下结合 CI/CD 流程，找出页面中大小超过 5MB 的 GIF 图片。由插件原理可知，一个性能守卫系统是通过常规插件和自定义插件共同实现的。

总结

　　本篇通过实现一个性能守卫系统，拓宽了 Node.js 的应用场景。我们需要对性能话题有一个更现代化的理论认知：传统的性能指标数据依然重要，但是现代化的性能指标数据也在很大程度上反映了用户体验。

　　性能知识把基于 Lighthouse 的 Node.js 相关模块搬上了 CI/CD 流程，这样一来，我们能够守卫每一次上线，分析每一次上线对性能产生的影响——这是非常重要的实践。任何能力和扩展如果只在本地，或通过 Chrome 插件的形式尝鲜显然是不够的，借助 Node.js，我们能实现更多功能。

29

打造网关：改造企业级 BFF 方案

前面几篇分别介绍了 Node.js 在同构项目及性能守卫系统中的应用。结合当下的热点，本篇将继续深入讲解 Node.js 的另外一个重要应用场景：企业级 BFF 网关。网关可以和微服务、Serverless 等相结合，延伸空间无限大，需要我们抽丝剥茧，一探究竟。

BFF 网关定义及优缺点梳理

首先，我们对 BFF 网关下一个定义。

BFF 即 Backend For Frontend，翻译为"服务于前端的后端"。这个概念最早在 *Pattern: Backends For Frontends* 一文中被提出，它不是一项技术，而是一种逻辑分层理念：在后端普遍采用微服务的技术背景下，适配层能够更好地为前端服务，而传统业务后端只需要关注自身的微服务即可。

如图 29-1 所示，我们把用户体验适配和 API 网关聚合层合称为广义 BFF 层，BFF 层的上游是各种后端业务微服务，BFF 层的上游就是各端设备。从职责上看，BFF 层向上给前端提供 HTTP 接口，向下通过调用 HTTP 或 RPC 获取数据进行加工，最终形成 BFF 层闭环。

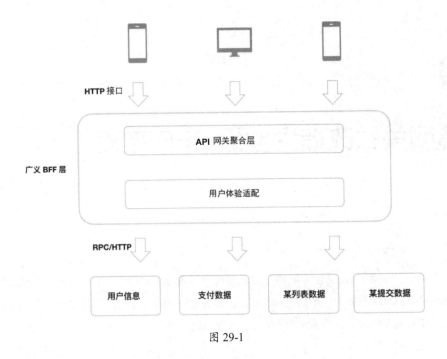

图 29-1

对比传统架构，我们可以得出 BFF 层的设计优势。

- 降低沟通成本，使领域模型与页面数据更好地解耦。

- 提供更好的用户体验，比如可以做到多端应用适配，为各端提供更精简的数据。

但是 BFF 层应该由谁来开发呢？这就引出了 BFF 网关开发中的一些痛点。

- 需要解决分工问题：作为衔接前端与后端的环节，需要界定前后端职责，明确任务归属。

- 链路复杂：引入 BFF 层之后，流程会变得更加烦琐。

- 资源浪费：BFF 层会带来额外的资源占用，需要有较好的弹性伸缩扩容机制。

通过分析 BFF 层的优缺点，我们明确了打造一个 BFF 网关需要考虑的问题。对于前端开发者来说，使用 Node.js 实现一个 BFF 网关是非常好的选择。

打造 BFF 网关需要考虑的问题

打造 BFF 网关时通常需要考虑一些特殊场景，比如数据处理、流量处理等，下面我们具体介绍。

数据处理

这里的数据处理主要包括以下几点。

- 数据聚合和裁剪。

- 序列化格式转换。

- 协议转换。

- Node.js 调用 RPC。

在微服务体系结构中，各个微服务的数据实体规范可能并不统一，如果没有 BFF 网关的统一处理，在前端上进行不同格式数据的聚合会是一件非常痛苦的事情。因此，数据裁剪对于 BFF 网关来说就变得尤为重要了。

同时，不同端可能也会需要不同序列化格式的数据。比如，某个微服务使用 JSON 格式数据，而某个客户只能使用 XML 格式数据，那么 JSON 格式转换为 XML 格式的工作也应当合理地在 BFF 层实现。

再比如，微服务架构一般支持多语言协议，比如客户端需要通过 HTTP REST 进行所有的通信，而某个微服务内部使用了 gRPC 或 GraphQL，其中的协议转换也需要在 BFF 层实现。

还需要了解的是，在传统开发模式中，前端请求 BFF 层提供的接口，BFF 层直接通过 HTTP 客户端或 cURL 方式请求微服务。在这种模式下，BFF 层不做任何逻辑处理。而 Node.js 是一个 Proxy，我们可以思考如何让 Node.js 调用 RPC，以最大限度发挥 BFF 层的能力。

流量处理

这里的流量处理主要是指请求分发、代理及可用性保障。

在 BFF 网关中，我们需要执行一些代理操作，比如将请求路由到特定服务。在 Node.js 中，可以使用 http-proxy 来简单代理特定服务。

我们需要考虑网关如何维护分发路由这个关键问题。简单来说，我们可以硬编码在代码里，也可以实现网关的服务发现。比如，在 URL 规范化的基础上，网关进行请求匹配时，可以只根据 URL 内容对应到不同的命名空间进而对应到不同的微服务。当然也可以使用中心化配置，通过配置来维护网关路由分发。

除此之外，网关也要考虑条件路由，即对具有特定内容（或者一定流量比例）的请求进行筛选并分发到特定实例组上，这种条件路由能力是实现灰度发布、蓝绿发布、A/B 测试等功能的基础。

另外，网关直面用户，因此该层要有良好的限速、隔离、熔断降级、负载均衡和缓存能力。

安全问题

鉴于 BFF 网关处于承上启下的位置，因此它要考虑数据流向的安全性，完成必要的校验逻辑，原则如下。

- 网关不需要完成全部的校验逻辑，部分业务校验应该留在微服务中完成。

- 网关需要完成必要的请求头检查和数据消毒。

- 合理使用 Content-Security-Policy。

- 使用 HTTPS/HSTS。

- 设置监控报警及调用链追踪功能。

同时，在使用 Node.js 实现 BFF 网关时，开发者要时刻注意依赖包的安全性，可以考虑在 CI/CD 环节使用 nsp、 npm audit 等工具进行安全审计。

权限校验设计

对于大多数微服务基础架构来说，需要将身份验证和权限校验等共享逻辑放入 BFF 网关，这样不仅能够缩小服务的体积，也能让后端开发者更专注于自身领域。

在网关中，我们需要支持基于 cookie 或 token 的身份验证。关于身份验证的话题这里不详细展开，需要开发者关注 SSO 单点登录的设计。

关于权限校验问题，一般采用 ACL 或 RBAC 方式，这要求开发者系统学习权限设计知识。简单来说，ACL 即访问控制列表，它的核心是，用户直接和权限挂钩。RBAC 的核心是，用户只和角色关联，而角色对应了权限。这样设计的优势在于，对用户而言，只需为其分配角色即可实现权限校验，一个角色可以拥有各种各样的权限，这些权限可以继承。

RBAC 和 ACL 相比，缺点在于授权复杂。虽然可以利用角色来降低复杂性，但 RBAC 仍然会导致系统在判断用户是否具有权限时比较困难，一定程度上影响了效率。

总之，设计一个良好的 BFF 网关，要求开发者具有较强的综合能力。下面，我们来实现一个精简的 BFF 网关，该网关只保留了核心功能，以保障性能为重要目标，同时支持能力扩展。

实现一个 lucas-gateway

如何设计一个扩展性良好的 BFF 网关，以灵活支持上述流量处理、数据处理等场景呢？关键思路如下。

- 插件化：一个良好的 BFF 网关可以内置或可插拔多种插件，比如 Logger 等，也可以接受第三方插件。

- 中间件化：SSO、限流、熔断等策略可以通过中间件实现，类似于插件，中间件也可以进行定制和扩展。

本节实现的 BFF 网关，其必要依赖如下。

- fast-proxy：支持 HTTP、HTTPS、HTTP2 三种协议，可以高性能完成请求的转发、代理。

- @polka/send-type：处理 HTTP 响应的工具函数。

- http-cache-middleware：高性能的 HTTP 缓存中间件。

- restana：一个极简的 REST 风格的 Node.js 框架。

我们的设计主要从基本反向代理、中间件、缓存策略、Hooks 设计几个方向展开。

基本反向代理

基本反向代理的设计代码如下。

```
const gateway = require('lucas-gateway')
const server = gateway({
  routes: [{
    prefix: '/service',
    target: 'http://127.0.0.1:3000'
  }]
})

server.start(8080)
```

网关层暴露出 gateway 方法进行请求反向代理。如上面的代码所示，我们将 prefix 为/service 的请求反向代理到 http://127.0.0.1:3000 地址。gateway 方法的实现如下。

```javascript
const proxyFactory = require('./lib/proxy-factory')
// 一个简易的高性能 Node.js 框架
const restana = require('restana')
// 默认的代理 handler
const defaultProxyHandler = (req, res, url, proxy, proxyOpts) => proxy(req, res, url,
proxyOpts)
// 默认支持的方法，包括 ['get', 'delete', 'put', 'patch', 'post', 'head', 'options', 'trace']
const DEFAULT_METHODS = require('restana/libs/methods').filter(method => method !==
'all')
// 一个简易的 HTTP 响应库
const send = require('@polka/send-type')
// 支持 HTTP 代理
const PROXY_TYPES = ['http']

const gateway = (opts) => {
  opts = Object.assign({
    middlewares: [],
    pathRegex: '/*'
  }, opts)
    // 允许开发者传入自定义的 server 实例，默认使用 restana server
  const server = opts.server || restana(opts.restana)

  // 注册中间件
  opts.middlewares.forEach(middleware => {
    server.use(middleware)
  })

  // 一个简易的接口 '/services.json'，该接口罗列出网关代理的所有请求和相应信息
  const services = opts.routes.map(route => ({
    prefix: route.prefix,
    docs: route.docs
  }))
  server.get('/services.json', (req, res) => {
    send(res, 200, services)
  })

  // 路由处理
  opts.routes.forEach(route => {
    if (undefined === route.prefixRewrite) {
      route.prefixRewrite = ''
    }

    const { proxyType = 'http' } = route
    if (!PROXY_TYPES.includes(proxyType)) {
      throw new Error('Unsupported proxy type, expecting one of ' + PROXY_TYPES.toString())
    }
```

```
    // 加载默认的 Hooks
    const { onRequestNoOp, onResponse } = require('./lib/default-hooks')[proxyType]

    // 加载自定义的 Hooks，允许开发者拦截并响应自己的 Hooks
    route.hooks = route.hooks || {}
    route.hooks.onRequest = route.hooks.onRequest || onRequestNoOp
    route.hooks.onResponse = route.hooks.onResponse || onResponse

    // 加载中间件，允许开发者传入自定义中间件
    route.middlewares = route.middlewares || []

    // 支持正则形式的 route path
    route.pathRegex = undefined === route.pathRegex ? opts.pathRegex :
  String(route.pathRegex)

    // 使用 proxyFactory 创建 proxy 实例
    const proxy = proxyFactory({ opts, route, proxyType })

    // 允许开发者传入一个自定义的 proxyHandler，否则使用默认的 defaultProxyHandler
    const proxyHandler = route.proxyHandler || defaultProxyHandler

    // 设置超时时间
    route.timeout = route.timeout || opts.timeout
    const methods = route.methods || DEFAULT_METHODS

    const args = [
      // path
      route.prefix + route.pathRegex,
      // route middlewares
      ...route.middlewares,
      // 相关的 handler 函数
      handler(route, proxy, proxyHandler)
    ]

    methods.forEach(method => {
      method = method.toLowerCase()
      if (server[method]) {
        server[method].apply(server, args)
      }
    })
  })

  return server
}

const handler = (route, proxy, proxyHandler) => async (req, res, next) => {
  try {
```

```
  // 支持 urlRewrite 配置
  req.url = route.urlRewrite
    ? route.urlRewrite(req)
    : req.url.replace(route.prefix, route.prefixRewrite)
  const shouldAbortProxy = await route.hooks.onRequest(req, res)
  // 如果 onRequest 返回一个 false 值，则执行 proxyHandler，否则停止代理
  if (!shouldAbortProxy) {
    const proxyOpts = Object.assign({
      request: {
        timeout: req.timeout || route.timeout
      },
      queryString: req.query
    }, route.hooks)

    proxyHandler(req, res, req.url, proxy, proxyOpts)
  }
} catch (err) {
  return next(err)
}
}

module.exports = gateway
```

上述代码并不复杂，我已经加入了相应的注释。gateway 方法是整个网关的入口，包含了所有核心流程。这里我们对上述代码中的 proxyFactory 函数进行简单梳理。

```
const fastProxy = require('fast-proxy')

module.exports = ({ proxyType, opts, route }) => {
  let proxy = fastProxy({
    base: opts.targetOverride || route.target,
    http2: !!route.http2,
    ...(route.fastProxy)
  }).proxy

  return proxy
}
```

如上面的代码所示，开发者可通过 fastProxy 字段对 fast-proxy 库进行配置，具体配置信息可以参考 fast-proxy 库源码，这里不再展开。

中间件

中间件思想已经深刻渗透到前端编程理念中，能够帮助我们在解耦合的基础上实现能力扩展。

本节涉及的 BFF 网关的中间件能力如下。

```
const rateLimit = require('express-rate-limit')
const requestIp = require('request-ip')

gateway({
  // 定义一个全局中间件
  middlewares: [
    // 记录访问 IP 地址
    (req, res, next) => {
      req.ip = requestIp.getClientIp(req)
      return next()
    },
    // 使用 RateLimit 模块
    rateLimit({
      // 1 分钟窗口期
      windowMs: 1 * 60 * 1000, // 1 minutes
      // 在窗口期内，同一个 IP 地址只允许访问 60 次
      max: 60,
      handler: (req, res) => res.send('Too many requests, please try again later.', 429)
    })
  ],

  // downstream 服务代理
  routes: [{
    prefix: '/public',
    target: 'http://localhost:3000'
  }, {
    // ...
  }]
})
```

在上面的代码中，我们实现了两个中间件。第一个中间件通过 request-ip 库获取访问的真实 IP 地址，并将 IP 地址挂载在 req 对象上。第二个中间件通过 express-rate-limit 执行"在窗口期内，同一个 IP 地址只允许访问 60 次"的限流策略。因为 express-rate-limit 库默认使用 req.ip 作为 keyGenerator，所以第一个中间件将 IP 地址记录在了 req.ip 上。

这是一个简单的运用中间件实现限流策略的案例，开发者可以自己编写，或依赖其他库实现相关策略。

缓存策略

缓存能够有效提升网关对于请求的处理能力和吞吐量。BFF 网关设计支持多种缓存方案，以下代码是一个使用 Node.js 应用内存进行缓存的案例。

```
// 使用 http-cache-middleware 作为缓存中间件
const cache = require('http-cache-middleware')()
```

```
const gateway = require('fast-gateway')
const server = gateway({
  middlewares: [cache],
  routes: [...]
})
```

如果不担心缓存数据的丢失，即缓存数据不需要持久化，且只有一个网关实例时，使用内存进行缓存是一个很好的选择。

当然，BFF 网关也支持使用 Redis 进行缓存，示例如下。

```
// 初始化 Redis
const CacheManager = require('cache-manager')
const redisStore = require('cache-manager-ioredis')
const redisCache = CacheManager.caching({
  store: redisStore,
  db: 0,
  host: 'localhost',
  port: 6379,
  ttl: 30
})

// 缓存中间件
const cache = require('http-cache-middleware')({
  stores: [redisCache]
})

const gateway = require('fast-gateway')
const server = gateway({
  middlewares: [cache],
  routes: [...]
})
```

在网关的设计中，我们依赖 http-cache-middleware 库作为缓存中间件，参考其源码，可以看到其中使用了 req.method + req.url + cacheAppendKey 作为缓存的 key，cacheAppendKey 出自 req 对象，因此开发者可以通过设置 req.cacheAppendKey = (req) => req.user.id，自定义缓存的 key。

当然，网关也支持对某个接口 Endpoint 禁用缓存，这也是通过中间件实现的，代码如下。

```
routes: [{
  prefix: '/users',
  target: 'http://localhost:3000',
  middlewares: [(req, res, next) => {
    req.cacheDisabled = true
    return next()
  }]
}]
```

Hooks 设计

有了中间件还不够，我们还可以以 Hooks 方式允许开发者介入网关处理流程，比如以下示例。

```
const { multipleHooks } = require('fg-multiple-hooks')

const hook1 = async (req, res) => {
  console.log('hook1 with logic 1 called')
  // 返回 false，不会阻断请求处理流程
  return false
}

const hook2 = async (req, res) => {
  console.log('hook2 with logic 2 called')
  const shouldAbort = true
  if (shouldAbort) {
    res.send('handle a rejected request here')
  }
  // 返回 true，中断请求处理流程
  return shouldAbort
}

gateway({
  routes: [{
    prefix: '/service',
    target: 'http://127.0.0.1:3000',
    hooks: {
      // 使用多个 Hooks 函数，处理 onRequest
      onRequest: (req, res) => multipleHooks(req, res, hook1, hook2),
      rewriteHeaders (handlers) {
          // 可以在这里设置响应头
          return headers
      }
      // 使用多个 Hooks 函数，处理 onResponse
      onResponse (req, res, stream) {

      }
    }
  }]
}).start(PORT).then(server => {
  console.log(`API Gateway listening on ${PORT} port!`)
})
```

最后，我们再通过一个负载均衡场景来加强对 BFF 网关设计的理解，如下。

```
const gateway = require('../index')
const { P2cBalancer } = require('load-balancers')
```

```
const targets = [
  'http://localhost:3000',
  'xxxxx',
  'xxxxxxx'
]
const balancer = new P2cBalancer(targets.length)

gateway({
  routes: [{
    // 自定义 proxyHandler
    proxyHandler: (req, res, url, proxy, proxyOpts) => {
      // 负载均衡
      const target = targets[balancer.pick()]
      if (typeof target === 'string') {
        proxyOpts.base = target
      } else {
        proxyOpts.onResponse = onResponse
        proxyOpts.onRequest = onRequestNoOp
        proxy = target
      }

      return proxy(req, res, url, proxyOpts)
    },
    prefix: '/balanced'
  }]
})
```

通过以上代码可以看出，网关设计既支持默认的 proxyHandler，又支持开发者自定义的 proxyHandler。对于自定义的 proxyHandler，网关层面提供 req、res、url、proxyOpts 相关参数，方便开发者使用。至此，我们就从源码和设计层面对一个基础的网关设计过程进行了解析，大家可以结合源码进行学习。

总结

本篇深入讲解了 BFF 网关的优缺点、打造 BFF 网关需要考虑的问题。事实上，BFF 网关理念已经完全被业界接受，作为前端开发者，向 BFF 进军是一个必然的发展方向。另外，Serverless 是一种无服务器架构，它的弹性伸缩、按需使用、无运维等特性都是未来的发展方向。将 Serverless 与 BFF 结合，业界提出了 SFF（Serverless For Frontend）的概念。其实，这些概念万变不离其宗，掌握了 BFF 网关，能够设计一个高可用的网关层，你会在技术上收获颇多，同时也能在业务上有所精进。

30

实现高可用：Puppeteer 实战

在第 28 篇中，我们提到了 Puppeteer。事实上，以 Puppeteer 为代表的无头浏览器在 Node.js 中的应用极为广泛，本篇将对 Puppeteer 进行深入分析。

Puppeteer 简介和原理

我们先对 Puppeteer 进行基本介绍（引自 Puppeteer 官方）。

Puppeteer 是一个 Node.js 库，它提供了一整套高级 API，通过 DevTools 协议控制 Chromium 或 Chrome。正如其被翻译为"操纵木偶的人"一样，你可以通过 Puppeteer 提供的 API 直接控制 Chrome，模拟大部分用户操作场景，进行 UI 测试或作为爬虫访问页面来收集数据。

这个定义非常容易理解，这里需要开发者注意的是，Puppeteer 在 1.7.0 版本之后，会同时给开发者提供 Puppeteer、Puppeteer-core 两个工具。它们的区别在于载入安装 Puppeteer 时是否会下载 Chromium。Puppeteer-core 默认不下载 Chromium，同时会忽略所有 puppeteer_*环境变量。对于开发者来说，使用 Puppeteer-core 无疑更加轻便，但需要保证环境中已经具有可执行的 Chromium。

Puppeteer 的应用场景如下。

- 为网页生成页面 PDF 或截取图片。

- 抓取 SPA（单页应用）并生成预渲染内容。

- 自动提交表单，进行 UI 测试、键盘输入等。

- 创建一个随时更新的自动化测试环境，使用最新的 JavaScript 和浏览器功能直接在最新版本的 Chrome 中执行测试。

- 捕获网站的时间跟踪信息，用来帮助分析性能问题。

- 测试浏览器扩展。

下面我们具体梳理 Puppeteer 的重点应用场景，并详细介绍如何使用 Puppeteer 实现一个高性能的 Node.js 服务。

Puppeteer 在 SSR 中的应用

区别于第 27 篇介绍的实现 SSR 应用的内容，使用 Puppeteer 实现服务器端预渲染的出发点完全不同。这种方案最大的好处是不需要对项目代码进行任何调整就能获取 SSR 应用的收益。诚然，基于 Puppeteer 技术的 SSR 在灵活性和扩展性上都有所局限，甚至在 Node.js 端渲染的性能成本也较高。不过，该技术已逐渐落地，并在很多场景中发挥了重要作用。

以下是一个典型的 CSR 页面的实现代码。

```html
<html>
<body>
 <div id="container">
   <!-- Populated by the JS below. -->
 </div>
</body>
<script>
// 使用 JavaScript 脚本，进行 CSR 渲染
function renderPosts(posts, container) {
 const html = posts.reduce((html, post) => {
   return '${html}
     <li class="post">
       <h2>${post.title}</h2>
       <div class="summary">${post.summary}</div>
       <p>${post.content}</p>
     </li>';
 }, '');

 container.innerHTML = `<ul id="posts">${html}</ul>`;
}

(async () => {
```

```
  const container = document.querySelector('#container');
  // 发送数据请求
  const posts = await fetch('/posts').then(resp => resp.json());
  renderPosts(posts, container);
})();
</script>
</html>
```

上述代码依靠 Ajax 实现了 CSR 渲染。当在 Node.js 端使用 Puppeteer 渲染时，我们需要编写 ssr.mjs 完成渲染任务，代码如下。

```
import puppeteer from 'puppeteer';

// 将已经渲染过的页面，缓存在内存中
const RENDER_CACHE = new Map();

async function ssr(url) {
    // 命中缓存
  if (RENDER_CACHE.has(url)) {
    return {html: RENDER_CACHE.get(url), ttRenderMs: 0};
  }

  const start = Date.now();
  // 使用 Puppeteer 无头浏览器
  const browser = await puppeteer.launch();
  const page = await browser.newPage();
  try {
    // 访问页面地址，直到页面网络状态为 idle
    await page.goto(url, {waitUntil: 'networkidle0'});
    // 确保#posts 节点已经存在
    await page.waitForSelector('#posts');
  } catch (err) {
    console.error(err);
    throw new Error('page.goto/waitForSelector timed out.');
  }
    // 获取 HTML
  const html = await page.content();
  // 关闭无头浏览器
  await browser.close();

  const ttRenderMs = Date.now() - start;
  console.info(`Headless rendered page in: ${ttRenderMs}ms`);
    // 进行缓存存储
  RENDER_CACHE.set(url, html);

  return {html, ttRenderMs};
}
```

```
export {ssr as default};
```

上述代码对应的 server.mjs 代码如下。

```
import express from 'express';
import ssr from './ssr.mjs';

const app = express();

app.get('/', async (req, res, next) => {
 // 调用 SSR 方法渲染页面
 const {html, ttRenderMs} = await ssr(`xxx/index.html`);
 res.set('Server-Timing', `Prerender;dur=${ttRenderMs};desc="Headless render time
(ms)"`);
 return res.status(200).send(html);
});

app.listen(8080, () => console.log('Server started. Press Ctrl+C to quit'));
```

上述实现比较简单，只进行了原理说明。如果更进一步，我们可以从以下几个角度进行优化。

- 改造浏览器端代码，防止重复请求数据接口。

- 在 Node.js 端，取消不必要的请求，以得到更快的服务器端渲染响应速度。

- 将关键资源内连进 HTML。

- 自动压缩静态资源。

- 在 Node.js 端渲染页面时，重复使用 Chrome 实例。

这里我们用简单的代码进行说明，如下。

```
import express from 'express';
import puppeteer from 'puppeteer';
import ssr from './ssr.mjs';
// 重复使用 Chrome 实例
let browserWSEndpoint = null;
const app = express();

app.get('/', async (req, res, next) => {
  if (!browserWSEndpoint) {
    // 以下两行代码不必随着渲染重复执行
    const browser = await puppeteer.launch();
    browserWSEndpoint = await browser.wsEndpoint();
  }

  const url = `${req.protocol}://${req.get('host')}/index.html`;
  const {html} = await ssr(url, browserWSEndpoint);
```

```
    return res.status(200).send(html);
});
```

至此，我们从原理和代码层面分析了 Puppeteer 在 SSR 中的应用。接下来，我们将介绍更多关于 Puppeteer 的使用场景。

Puppeteer 在 UI 测试中的应用

Puppeteer 在 UI 测试（即端到端测试）中也可以大显身手，比如和 Jest 结合，通过断言能力实现一个完备的 UI 测试框架，代码如下。

```
const puppeteer = require('puppeteer');
// 测试页面 title 符合预期
test('baidu title is correct', async () => {
    // 启动一个无头浏览器
    const browser = await puppeteer.launch()
    // 通过无头浏览器访问页面
    const page = await browser.newPage()
    await page.goto('https://xxxxx')
    // 获取页面 title
    const title = await page.title()
    // 使用 Jest 的 expect 全局函数进行断言
    expect(title).toBe('xxxx')
    await browser.close()
});
```

上面代码简单地勾勒出了 Puppeteer 结合 Jest 实现 UI 测试的场景。实际上，现在流行的主流 UI 测试框架，比如 Cypress，其原理都与上述代码吻合。

Puppeteer 结合 Lighthouse 的应用场景

在第 28 篇中，我们提到了 Lighthouse，既然 Puppeteer 可以和 Jest 结合实现一个 UI 测试框架，当然也可以和 Lighthouse 结合——实现一个简单的性能守卫系统。

```
const chromeLauncher = require('chrome-launcher');
const puppeteer = require('puppeteer');
const lighthouse = require('lighthouse');
const config = require('lighthouse/lighthouse-core/config/lr-desktop-config.js');
const reportGenerator = require('lighthouse/lighthouse-core/report/report-generator');
const request = require('request');
```

```
const util = require('util');
const fs = require('fs');

(async() => {
    // 默认配置
    const opts = {
        logLevel: 'info',
        output: 'json',
        disableDeviceEmulation: true,
        defaultViewport: {
            width: 1200,
            height: 900
        },
        chromeFlags: ['--disable-mobile-emulation']
    };

        // 使用 chromeLauncher 启动一个 Chrome 实例
    const chrome = await chromeLauncher.launch(opts);
    opts.port = chrome.port;

    // 使用 puppeteer.connect 连接 Chrome 实例
    const resp = await util.promisify(request)('http://localhost:${opts.port}/json/version');
    const {webSocketDebuggerUrl} = JSON.parse(resp.body);
    const browser = await puppeteer.connect({browserWSEndpoint: webSocketDebuggerUrl});


    // Puppeteer 访问逻辑
    page = (await browser.pages())[0];
    await page.setViewport({ width: 1200, height: 900});
    console.log(page.url());

    // 使用 Lighthouse 产出报告
    const report = await lighthouse(page.url(), opts, config).then(results => {
        return results;
    });
    const html = reportGenerator.generateReport(report.lhr, 'html');
    const json = reportGenerator.generateReport(report.lhr, 'json');

    await browser.disconnect();
    await chrome.kill();

    // 将报告写入文件系统
    fs.writeFile('report.html', html, (err) => {
        if (err) {
            console.error(err);
        }
    });
```

```
    fs.writeFile('report.json', json, (err) => {
        if (err) {
            console.error(err);
        }
    });
})();
```

以上实现流程非常清晰，是一个典型的 Puppeteer 与 Lighthouse 结合的案例。事实上，我们看到 Puppeteer 或 Headless 浏览器可以和多个领域技能相结合，在 Node.js 服务上实现平台化能力。

通过 Puppeteer 实现海报 Node.js 服务

社区中常见关于生成海报的技术分享，其应用场景很多，比如将文稿中的金句进行分享，如图 30-1 所示。

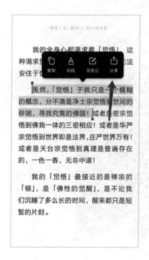

图 30-1

一般来说，生成海报可以使用 html2canvas 这样的类库实现，这里面的技术难点主要有跨域处理、分页处理、页面截图时机处理等，整体来说并不难，但稳定性一般。另一种生成海报的方式是使用 Puppeteer 构建一个 Node.js 服务，形成页面截图。

下面我们来实现一个名为 posterMan 的海报 Node.js 服务，其整体技术链路如图 30-2 所示。

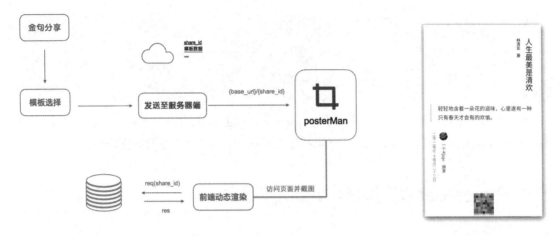

图 30-2

核心技术无外乎使用 Puppeteer，访问页面并截图，这与前面几个场景是一样的，如图 30-3 所示。

图 30-3

这里需要特别强调的是，为了实现最好的性能，我们设计了一个连接池来存储 Puppeteer 实例，以备所需，如图 30-4 所示。

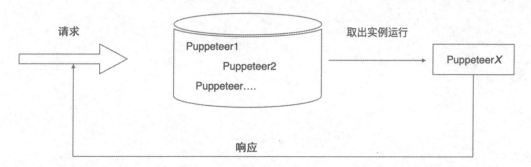

图 30-4

在实现上，我们依赖 generic-pool 库，这个库提供了 Promise 风格的通用连接池，可以在调用一些高消耗、高成本资源时实现防抖或拒绝服务能力，一个典型的场景是连接数据库。这里我们用 generic-pool 库进行 Puppeteer 实例创建，代码如下。

```
const puppeteer = require('puppeteer')
const genericPool = require('generic-pool')

const createPuppeteerPool = ({
 // 连接池的最大容量
 max = 10,
 // 连接池的最小容量
 min = 2,
 // 数据连接在池中保持空闲而不被回收的最小时间值
 idleTimeoutMillis = 30000,
 // 最大使用数
 maxUses = 50,
 // 在连接池交付实例前是否先经过 factory.validate 测试
 testOnBorrow = true,
 puppeteerArgs = {},
 validator = () => Promise.resolve(true),
 ...otherConfig
} = {}) => {
 const factory = {
   // 创建实例
   create: () =>
     puppeteer.launch(puppeteerArgs).then(instance => {
       instance.useCount = 0
       return instance
     }),
   // 销毁实例
   destroy: instance => {
```

```
      instance.close()
    },
    // 验证实例的可用性
    validate: instance => {
      return validator(instance).then(valid =>
        // maxUses 小于 0 或 instance 使用计数小于 maxUses 时可用
        Promise.resolve(valid && (maxUses <= 0 || instance.useCount < maxUses))
      )
    }
  }
}
const config = {
  max,
  min,
  idleTimeoutMillis,
  testOnBorrow,
  ...otherConfig
}
// 创建连接池
const pool = genericPool.createPool(factory, config)
const genericAcquire = pool.acquire.bind(pool)
// 资源连接时进行以下操作
pool.acquire = () =>
  genericAcquire().then(instance => {
    instance.useCount += 1
    return instance
  })
pool.use = fn => {
  let resource
  return pool
    .acquire()
    .then(r => {
      resource = r
      return r
    })
    .then(fn)
    .then(
      result => {
        // 释放资源
        pool.release(resource)
        return result
      },
      err => {
        pool.release(resource)
        throw err
      }
    )
}
```

```
  return pool
}

module.exports = createPuppeteerPool
```

使用连接池的方式也很简单，如下。

```
const pool = createPuppeteerPool({
 puppeteerArgs: {
  args: config.browserArgs
 }
})

module.exports = pool
```

有了"武器弹药"，我们来看看将一个页面渲染为海报的具体逻辑。以下代码中的 render 方法可以接收一个 URL，也可以接收具体的 HTML 字符串以生成相应海报。

```
// 获取连接池
const pool = require('./pool')
const config = require('./config')

const render = (ctx, handleFetchPicoImageError) =>
 // 使用连接池资源
 pool.use(async browser => {
  const { body, query } = ctx.request
  // 打开新的页面
  const page = await browser.newPage()
  // 支持直接传递 HTML 字符串内容
  let html = body
        // 从请求服务的 query 中获取默认参数
  const {
   width = 300,
   height = 480,
   ratio: deviceScaleFactor = 2,
   type = 'png',
   filename = 'poster',
   waitUntil = 'domcontentloaded',
   quality = 100,
   omitBackground,
   fullPage,
   url,
   useCache = 'true',
   usePicoAutoJPG = 'true'
  } = query

  let image
```

```javascript
  try {
    // 设置浏览器视口
    await page.setViewport({
      width: Number(width),
      height: Number(height),
      deviceScaleFactor: Number(deviceScaleFactor)
    })

    if (html.length > 1.25e6) {
      throw new Error('image size out of limits, at most 1 MB')
    }
            // 访问 URL 页面
    await page.goto(url || `data:text/html,${html}`, {
      waitUntil: waitUntil.split(',')
    })
            // 进行截图
    image = await page.screenshot({
      type: type === 'jpg' ? 'jpeg' : type,
      quality: type === 'png' ? undefined : Number(quality),
      omitBackground: omitBackground === 'true',
      fullPage: fullPage === 'true'
    })
  } catch (error) {
    throw error
  }

  ctx.set('Content-Type', `image/${type}`)
  ctx.set('Content-Disposition', `inline; filename=${filename}.${type}`)

  await page.close()
  return image
})

module.exports = render
```

至此，基于 Puppeteer 的海报生成系统就已经开发完成了。它是一个对外的 Node.js 服务。

我们也可以生成支持各种语言的 SDK 客户端，调用该海报服务。比如一个简单的 Python 版 SDK 客户端实现如下。

```python
import requests

class PosterGenerator(object):
    # ...
    def generate(self, **kwargs):
        """
        生成海报，返回二进制海报数据
```

```
:param kwargs: 渲染时需要传递的参数字典
:return: 二进制图片数据
"""
html_content = render(self._syntax, self._template_content, **kwargs)
url = POSTER_MAN_HA_PROXIES[self._api_env.value]

try:
    // 请求海报服务
    resp = requests.post(
        url,
        data=html_content.encode('utf8'),
        headers={
            'Content-Type': 'text/plain'
        },
        timeout=60,
        params=self.config
    )
except RequestException as err:
    raise GenerateFailed(err.message)
else:
    if not resp:
        raise GenerateFailed(u"Failed to generate poster,
                got NOTHING from poster-man")

    try:
        resp.raise_for_status()
    except requests.HTTPError as err:
        raise GenerateFailed(err.message)
    else:
        return resp.content
```

总结

本篇介绍了 Puppeteer 的各种应用场景，并重点介绍了基于 Puppeteer 实现的海报 Node.js 服务的设计方法。通过这几篇的学习，希望你能够从实践出发，对 Node.js 落地有一个更全面的认知。